项目资助

本书是国家社科基金青年项目"'微时代'技术引发的青少年虚拟自我认同危机及良性虚拟自我意识养成研究"（批准号14CZX057）结题成果

沈阳师范大学学术文库

微时代技术
与青少年虚拟自我认同危机

徐琳琳　著

Micro-era Technology and Youth Virtual Self-identity Crisis

中国社会科学出版社

图书在版编目（CIP）数据

微时代技术与青少年虚拟自我认同危机 / 徐琳琳著 . —北京：中国社会科学出版社，2022.1

（沈阳师范大学学术文库）

ISBN 978-7-5203-9496-3

Ⅰ.①微… Ⅱ.①徐… Ⅲ.①青少年—自我意识—研究 Ⅳ.①B844.2

中国版本图书馆 CIP 数据核字（2021）第 274529 号

出 版 人	赵剑英
责任编辑	赵 丽
责任校对	季 静
责任印制	王 超

出　　版	中国社会科学出版社
社　　址	北京鼓楼西大街甲 158 号
邮　　编	100720
网　　址	http://www.csspw.cn
发 行 部	010-84083685
门 市 部	010-84029450
经　　销	新华书店及其他书店
印　　刷	北京明恒达印务有限公司
装　　订	廊坊市广阳区广增装订厂
版　　次	2022 年 1 月第 1 版
印　　次	2022 年 1 月第 1 次印刷
开　　本	710×1000　1/16
印　　张	16.25
插　　页	2
字　　数	235 千字
定　　价	88.00 元

凡购买中国社会科学出版社图书，如有质量问题请与本社营销中心联系调换
电话：010-84083683
版权所有　侵权必究

序

　　以微博、微信、微视频等传播手段为代表的"微时代",带给人们的改变可以说超过了以往任何一个时代,并且正以其独特方式重新定义当下社会生活。人们的生存状态、生活方式、交际模式、精神世界以及自我意识等方面,都较以往发生了巨大的改变。青少年在享受"微时代"带来的网络自由的同时,"网瘾"问题也进一步严重,情绪泡沫、诚信危机、审美颠覆等社会问题进一步凸显。现在网吧作为青少年主要上网场所的功能已经在弱化,手机上网已成为青少年上网首选。这个群体在大部分网络手段上的使用率都最高,这意味着广大青少年群体正进入一种越来越广泛的网络化生存状态。随着"微时代"网络传播新工具不断出现,青少年在网络中的虚拟自我也相应地表现出新的形态,这使得青少年对网络的依赖性进一步增强,自主性进一步下降,甚至导致认知能力退化和自我认同危机问题的出现。青少年作为网民的主体,他们的网络使用行为对网络文化的走向有着重要的影响,同时也最可能受到互联网不良信息影响。在这样一种时代背景下,对"微时代"传播技术引发的青少年虚拟自我问题进行哲学研究,对于促进转型时期青少年的全面发展,尤其是健康心灵的建设,进而协调科学、技术与社会的相互关系,就显得极为重要。

　　"微时代"技术带来的虚拟自我问题的研究,涉及哲学、心理学、语言学、社会学、传播学等诸多领域。当前这方面研究在许多方面还处于起步阶段,注重概念分析和移植心理学人格理论的成果较多,而能切实解决认识论、价值观、伦理学深层次问题的成果较少。这本书针对以上问题，以"微时代"网络传播技术引发青少年虚拟自我认同危机问题作为突破口，结合我国社会现实状况剖析"微时代"的技术和文化特征，揭示其对虚拟自我潜移默化的影响以及由此带来的某些道德失范现象，尤其是青少年的自我认同危机问题，进而探讨青少年虚拟自我良性发展的环境和完善途径，这种理论探索是值得鼓励的。值得特别指出的是，书中运用唐·伊德的后现象学技术哲学来思考青少年手机依赖现象的成因，是别开生面的。唐·伊德聚焦于生活世界，提出了人—技术—世界的四种关系，而手机作为一种特殊的技术人工物，也遵循技术中介作用的一般规律。青少年手机依赖现象的成因恰好同这四种关系紧密相连，"具身关系"导致青少年自主性的非理性扩张，"解释关系"导致青少年被隐蔽地操控，"它异关系"促逼着青少年成为技术对象物，"背景关系"导致青少年丧失批判能力。这种新的视角很有启发意义。

总的看来，这本书探讨"微时代"网络中的虚拟自我对青少年认知能力和心理品质的影响，寻找从根本上解决问题的途径，由此开辟了对网络技术哲学问题研究的新途径，有着重要的理论意义和应用价值。希望本书的出版能够引起学术界和社会上对这方面问题的更多关注，促进更多相关研究成果不断涌现，使青少年在"微时代"能够保持身心健康，顺利成长，以利于国家的繁荣昌盛和人类社会的可持续发展。

王　前

2019 年 12 月 20 日

前　言

"微时代"是一个包含复杂含义的时代命题，它依托现代网络与通信技术，利用软硬件平台、多媒体等介质实现信息传递，涉及思想文化、生活方式、人际交往、社会心理等多个领域。在"微时代"，每一部手机都可以是一个移动公共舆论平台，人们进行相互沟通以及传播活动的门槛较固定地点上网的"网络时代"进一步降低，信息交流变得更加便捷与草根化，对信息的传播具有传播速度更快、内容更精简、信息量更大、受众范围更广、效果更震撼等特点。"微时代"满足了人们在快节奏生活中，以最快速度拥有最大信息量的需求，也在无形中改变了自我思考及生存方式，促使了新的自我存在形态的出现。本书具体研究内容主要集中在如下四方面。

1. 虚拟自我的基本理论问题研究。在网络出现之前，生活在现实环境中的个体就已经通过思维的能动作用，创造出虚拟自我的某些形态。我国古代志士仁人追求的"理想人格"、西方宗教信徒追求的神圣境界，其实都要以这个相对隐蔽的虚拟自我为体验载体。当古代思想家反思"自我"观念的时候，已经在不同程度上触及虚拟自我的问题。人们都有各自的与神、上帝或理想世界直接打交道的虚拟自我，但这些虚拟自我彼此并不来往，这是一种相互隔离的"类存在物"，处于比较隐蔽的状态。

网络环境使虚拟自我衍生出新的形态，网络中的虚拟自我的发展可以分为初级阶段和高级阶段，初级阶段的虚拟自我是网络环境衍生出来的，还不够成熟，具有明显的感性特征，往往不能自控。高级阶段的虚拟自我是经过自觉反思和道德提升形成的，是理性支配下具有自觉意识的自我。网络中的虚拟自我只有达到这一阶段，其本质特征才能充分显现出来，网络才能真正成为人的有利工具而不是束缚或误导人的设施。

2. "微时代"环境下青少年虚拟自我认同危机问题的哲学研究。"微时代"互联网所具有的移动即时、互动隐匿、组织动员等特点，使青少年在享受"微时代"技术带来便利的同时，网络沉溺现象进一步恶化，也引发了自我认同危机问题：第一，青少年自我同一性的消解。多重自我出现在同一个人身上，这些虚拟自我可能相互矛盾冲突，导致多重自我无法统一于一个完整的自我之下，个体没有确切一致的行为范式指导。当个体进行自我反思时，无法将自我的各种观念整合到一个统一的自我概念中去，意味着自我同一性的消解。第二，青少年自我社会角色归属感的匮乏。虚拟世界中个体所具有的多元分裂式的角色和身份，使得自我认同失去了稳固的基础，自我不再是与稳固的现实社会结构相一致的固定范式。个体与固有的人身依附关系产生剥离，多种身份认同同时出现，无法确定自我群体性，丧失了自我社会角色归属感。第三，青少年自我价值的丧失。虚拟世界中经常会出现对自己否定的现象，表现为对自己的行为无法控制和预测，经常会懊恼后悔，找不到过去的"我"，但又建构不出理想的"我"；极力想给自己定位，但又不明确自己是谁，现实自我和虚拟自我出现断裂。此时角色的完整感被打碎，对自己的评价偏低，甚至陷于自我价值丧失的状态，进而出现自我认同危机。

3. 分析"微时代"技术引发青少年虚拟自我认同危机的原因。一方面，虚拟自我认同危机的产生，是由于"微时代"网络作为影响人们自我认同的一个外在环境，对自我恒常性进行了挑战。网络改变了社会变迁的进程，对此许多人产生了强烈的自我认同危机感。网络背景使得个体与他人、社会环境之间固有的模式发生了改变和重组，在这一过程中个体承受着巨大的压力，常常感到不适，与这种不适相伴随的就是风险、怀疑的产生，这实质上意味着自我认同危机的到来。

另一方面,"微时代"网络本身所特有的内部环境特点,为虚拟自我认同危机的产生提供了条件。网络以其独有的特点造成了现实主体对以往经验的质疑,以往经验无法为网络空间出现的新问题,如虚拟自我、新的人际互动方式、时空阻隔的突然消失等,提供现成的答案,自我的恒常性赖以存在的因素消失殆尽,使自我认同危机更容易出现。

青少年虚拟自我认同危机问题的产生很大程度上源自对手机的依赖,后现象学技术哲学所探讨的技术的中介调节作用,为思考手机依赖现象的成因提供了重要理论基础和方法。这一理论在人—技术—世界的关系中研究具体的技术现象,而恰恰是人与技术的关系在手机上的耦合与凸显,促使青少年对手机的过度依赖,进而丧失了理性的自主性,导致自我认同危机问题出现。

4. 探讨青少年良性虚拟自我意识养成路径。"养成"意味着通过培养而形成,"微时代"下青少年良性虚拟自我意识的养成,是指通过一定的方法使青少年掌握良性虚拟自我意识的理论及重要内容,这样才能够在网络实践中自觉地将良性虚拟自我意识的要求内化于自身,自觉应用于实践活动。因此,青少年良性虚拟自我意识养成,是对青少年网络道德意识认知,及网络道德思维内化培养的过程,可分为两个方面,一是"养";二是"成","养",强调的是一个过程,指采取一定的方法,通过一定的渠道对青少年进行良性虚拟自我意识培养;"成",强调的是结果,指将良性虚拟自我意识内化为青少年思维、行为习惯,形成青少年良性虚拟自我的结果。青少年对良性虚拟自我意识有所了解不等于会在网络实践中自觉运用,因此,良性虚拟自我意识养成的过程强调青少年将伦理意识上升为道德情感,在道德情感的支配下指导"微时代"网络虚拟自我实践活动。青少年网络良性虚拟自我意识的养成,是对网络技术带来的虚拟自我与伦理关系的道德认知与道德情感由少至多,直至产生质变的积累过程。

在社会教育中,学校要发挥教育主体的作用,同时要优化家庭教育方式和培养青少年健康向上的自我意识。媒体要发挥健康舆论导向作用,网络企业也要自律,承担起相应的社会责任。最后要加强公众和网络媒体人的媒介素养的培养,从多方面促成"微时代"下青少年虚拟自我的良性发展,即不断由缺乏理性自觉的初级阶段的虚拟自我发展到真正由理性支配的自主的高级阶段的虚拟自我。

目　　录

第一章　"微时代"技术对青少年影响的社会背景 …………（1）
　第一节　"微时代"的兴起 ………………………………（2）
　第二节　"微时代"影响下的青少年身心特点 …………（10）
　第三节　青少年用户黏性较高的"微时代"技术分类 ………（20）

第二章　青少年虚拟自我的基本理论问题 ……………（42）
　第一节　虚拟自我的由来 …………………………………（42）
　第二节　"微时代"下网络中的虚拟自我 ………………（54）
　第三节　"微时代"下青少年网络虚拟自我的成因及
　　　　　类型 ……………………………………………（70）
　第四节　"微时代"下青少年网络虚拟自我存在的价值 ………（83）

**第三章　"微时代"技术引发的青少年虚拟自我认同
　　　　　危机的表现** ……………………………………（95）
　第一节　自我认同危机基本理论问题 ……………………（96）
　第二节　"微时代"技术引发的青少年自我同一性问题 ……（103）
　第三节　"微时代"技术引发的青少年自我社会角色
　　　　　归属问题 ………………………………………（108）
　第四节　"微时代"技术引发的青少年自我价值问题 ………（116）

第四章 "微时代"技术引发的青少年虚拟自我认同危机形成原因 ………………………………………… (128)
 第一节 "微时代"下的技术设计原因 ……………………… (128)
 第二节 "微时代"下网络媒介使用主体原因 ……………… (136)
 第三节 "微时代"下网络媒介的环境影响 ………………… (148)
 第四节 "微时代"技术主客体关系的后现象学技术哲学解读 ……………………………………………… (157)

第五章 青少年良性虚拟自我意识养成路径选择 ……………… (171)
 第一节 青少年良性虚拟自我意识养成概念 ……………… (171)
 第二节 "微时代"环境下青少年良性虚拟自我的伦理建构 ……………………………………………… (176)
 第三节 强化青少年良性虚拟自我意识养成的教育改革与普及 …………………………………………… (195)
 第四节 促进青少年良性虚拟自我意识养成的监管与舆论引导 …………………………………………… (205)

附录 后现象学技术哲学视野中的手机依赖现象探析 ………… (217)

参考文献 ………………………………………………………………… (227)

后　记 ………………………………………………………………… (249)

第 一 章

"微时代"技术对青少年影响的社会背景

  微博、微信作为"微时代"信息交流平台，使人们的交际与沟通方式发生了深刻的变化；微支付、微营销、微媒体的出现使传统的营销、传播模式发生了颠覆性变革；微会议、微选举、微宣传也重组了社会的政治经济格局。这些新生事物都冠以"微"的名号，意味着社会的方方面面逐渐开始了"细、微"的变化，人们的生活方式也随之发生了革命性变化。新的生活方式不仅改变了人类自身原有的行为环境，也使我们进入了一个无"微"不至的全新时代，即"微时代"。"微时代"，生活节奏日益加快，人们之间的信息传播更加方便快捷，这也提升了社会的共享性与开放性。信息共享与个性独立相互融合，社会更加多元化，在快节奏的生活过程中，人们更加倾向借助数字媒体来丰富生活空间，构成了"微时代"的主要表现形式。"微时代"满足了人们在快节奏生活中，以最快速度拥有最大信息量的需求，但却在无形中改变了自我思考及生存方式，使之成为自我的一种新的存在形态。麦克卢汉说，"任何技术都倾向于创造一个新的人类环境"。[①]在"微时代"，人们会选择零散时间通过网络相互沟通，时间的琐碎性决定了人们缺乏耐心接受稍长一些或较为深沉的内容，快餐文化和浮躁焦虑的氛围日渐明显。"微时代"，人们的生活状态、生活方式、

---

  ① ［加］马歇尔·麦克卢汉：《理解媒介——论人的延伸》，何道宽译，商务印书馆2000年版，第79页。

交际模式甚至精神生活与自我问题等都较以往发生了巨大的改变，其带给人们的改变超过了以往任何一个时代，且正以其独有的方式重新定义当下社会。

第一节 "微时代"的兴起

一 "微时代"的含义

"微时代"概念的第一次出现是在2009年，当时伊朗德黑兰大选发生骚乱，其间自媒体平台将这一事件在短时间内传播到世界各处。由于微媒体的出现推动了政府革命，因此，这次传播革命行为最终以"微革命"命名。广泛使用网络新媒介是"微时代"最为突出的呈现方式，主要以微技术的高效信息传播和智能手机的拓展应用为传播载体。

从技术角度来讲，在云计算、网络通信以及移动互联网高速发展的今天，生活方式相对于过去产生了翻天覆地的变化，信息化、数字化被广泛应用，各种新型终端设备和平台的研制开发为信息的传播提供了高速便捷的通道，各种新技术、新思维的广泛应用，使社会在各个方面都向着"微"变化方向发展，从而开创了一个全新的时代——"微时代"。从传播信息的角度上讲，"微时代"以自媒体的普及为典型特征，颠覆了传统的传播形式，受众参与了信息传播的过程，成为信息的发布者，这使得信息的流动性更大，影响范围更广，信息的发布更加快捷，改变了传统社会交流的方式和格局，这一方面降低了信息传播与相互交流的成本；另一方面也降低了群体行动的成本，使人类在认识世界和改造世界过程中变得越来越主动。"微时代"是网络时代的进一步延续与发展。

从"微时代"包含的内容来说，"微时代"主要通过微博、微信等载体进行传播，包括微电影、微小说、微视频等多种传播方式。从"微时代"传播中的受众群体来说，"微时代"的受众可以看作是生活在"微时代"下的每个个体，"微时代"中每个个体被称作"微民"，微民的生活方式、存在方式、思维方式都受"微时代"的影响。同时，微民的参与和创造实现了"微时代"的理想，微民是"微时代"发展的"微动力"，是"微时代"的力量源泉。从后现代主义视角来看，"微时代"是一个"后福特主义"文化逻辑在空间深度拓展的时代。由于信息异化问题，使"微时代"有着重要的理论和实践研究价值。

总之，"微时代"作为一个时代的命题，它包含着社会交往、人际关系、信息传播、生活方式等多种丰富的内涵。"微时代"这一词用来描述一种新的社会现象，指称一种新的历史语境。"微时代"伴随着智能手机与移动互联网而来，与"信息时代""自媒体时代""5G时代"一样，是众多关于时代表达中的一种议题。"微时代"是"网络时代"的延伸，相对于"网络时代"，"微时代"覆盖人群更多，信息传播更便捷、更加碎片化，带来的问题也更加复杂多变。

二 "微时代"的表现形式

"微时代"的表达方式为与"微"相关的内容，如微应用、微传播、微表达、微议题、微小说、微信、微博等短小精湛的新鲜事物。

（一）微媒体丰富多样

与传统媒体相比，微媒体的首要特征为可移动性与双向传播性。微媒体具有可携带的特点，随时随地即时互动的传播方式吸引了大批受众。按照微媒体终端，可分为移动终端和平台终端两种类型。其中移动终端媒体可进一步划分为移动硬终端媒体，如智能手机，与移动软终端媒体，如移动终端设备上装载的应用和软件。平台型媒体主要指传播信息的第三方平台，如微信、微博等，尤其在当前智能手机普及以及移动互联网资费降低的条件下，微媒体也特指移动微媒体。

微媒体是"微时代"的重要表达渠道，以诸多平台为传播手段，以移动数据终端为传播载体，以短小精湛的信息为传播内容，以即时性、流动性、碎片化为基本特征。因此，"微时代"中信息的传递过程是以微媒体为载体，向"微圈"传播微内容的过程。这一过程中最为核心的因素即为微媒体，没有微媒体也就不存在"微时代"，"媒介即信息"是对"微时代"最好的诠释。

（二）微内容生产丰富

相对于传统媒体的大制作、重要内容，微用户在网上产生的任何数据都可以称作微内容。140 字的微博，10 秒钟的微视频，5 分钟的情景喜剧，10 分钟的微电影等都是微内容的表达方式。微动漫、微赛事、微娱乐、微音乐、微博中的日志、论坛中的留言、微信朋友圈的图片、网络直播中的视频，甚至支持和反对的点击，都可以称为微内容。

（三）微传播活动高度活跃

微传播按传播媒体可分为广义和狭义两种，借助互联网通过移动数据终端进行的传播为广义上的微传播，通过平台媒体的传播称为狭义上的微传播。微传播最典型的特征即为"微"，微传播是媒体传递微内容的过程，也是微受众接收微内容的过程。与传统传播方式不同，微传播的传播途径更加便捷，传播速度更加迅速，受众群体更加广泛。2014 年 7 月，新华社新媒体中心发布《中国新兴媒体融合发展报告（2013—2014）》称："2013 年中，微传播已成为主流传播。"[①]

"微时代"下，微技术层出不穷，信息传递方式发生根本性改变。微传播的无边界化的传播方式，使得传播由点及面的扩散开来，去中心化的传播方式，使得传播速度呈现出几何级增长，超越了互联网时代的多项传播方式，传播效果更好，受众人群更广，对用户使用黏性更大。尤其微传播打出了人人皆有麦克风的口号，使得信息传递过程中的接收者也可以成为信息的发布者，微传播的影响日益扩大。

（四）微应用层出不穷

微应用是指针对移动终端开发的具有微传播功能的各种软件和应用，简称 App。"微时代"下，种类繁多的微应用日新月异，契合了使用者的各种需求。一款设计优良的微应用具备强大的功能，能够实现

---

① 许艳：《4G 背景下广电媒体发展路径转型》，《电视研究》2014 年第 11 期。

媒介的巨大整合能力，并且创造出新的媒介环境。如微信整合了多种功能，成了微民的一种生活方式，实现了应用价值的最大化。

2018年，中国第三方移动应用商店活跃用户达4.72亿人，微应用（App）的广泛使用和发展状况可见一斑。根据来自CNNIC的数据，截至2018年5月，中国市场上监测到的App数量为415万款，微应用的开发商越来越多，安卓商店、苹果商店等应用商店的App竞争也愈演愈烈，说明了微应用成为"微时代"的重要特征。

（五）微用户圈不断涌现

"微时代"的"微"还表现在受众圈子的变化上。大众传媒时代的受众圈子受传播方式的影响表现为整齐划一的大受众圈，而处于"微时代"下的受众，受微媒体所进行的微传播的影响，表现为圈子化和社群化。"微时代"下的形形色色的微媒体使得每个微民都参与了信息的传播，由信息的接收者转化为信息的制造者和传播者，这带来了同类兴趣爱好的微民的大汇集，进而形成了小众化的微圈子，如微信的朋友圈、微博的粉丝群等微用户圈。另外，网络巨头还会借助一些热门话题，建立微平台圈子，如新浪微博开设的微话题栏目，设置微话题主持人，微民可以针对该话题进行相关讨论，有时会建立投票通道，增加关注度。如2019年年初一新浪微博的"晒晒新年照"的微话题，一天之内阅读达到32.5亿次，参加讨论275.5万次。

（六）微技术不断更新

"微时代"的基本形式体现于"微时代"的各种微技术，以网络技术平台为媒介，快速传播语音信息、视频、音频、图片、文字等消息，其中以微博、微信为代表，还包括直播、社区、贴吧论坛等。随着时代的不断发展，技术的不断更新，越来越多的"微时代"技术将出现在互联网的舞台上，这使得信息传播更具及时性，瞬时的传播内容使得信息更具冲击力。这不但为信息发布者提供快捷的发布渠道，也为信息接收者第一时间接收信息提供了平台。另外，各种移动数据终端的体积照传统的PC机大大缩小，平板电脑10寸左右，手机屏幕5寸左右，这种技术设计更加适合碎片化的信息传播，宏大的叙事体系逐渐淡出移动数据终端。

三 "微时代"的基本特征

(一) 碎片化的"微信息"

"微时代"的信息传播载体以智能手机为代表，其便携式的特点迎合了使用者随时随地接收、发送信息的需求，也带来了信息的简洁化和碎片化的发展趋势，影响了人们的阅读习惯，甚至导致了思维方式的变革。智能手机的高普及率带来了信息传递的流动性，碎片化时间的阅读习惯导致人们较少会花大量的时间来阅读有深刻内涵的长篇文字。140字的微博、140字的微小说、15秒的微信短视频，充分体现了"微信息"体系更加符合现代人的快节奏生活模式。碎片化的信息传播方式成为"微时代"的显著特征，人们较之以往时代更加繁忙，注意力很难长时间集中，喜欢利用乘车、等餐这样的碎片化时间来浏览信息，微博、微小说、微电影均是在这种背景下发展起来的，颇受繁忙的现代人欢迎。碎片化信息便于阅读，传播迅速，短小精悍，但是也缺乏深度，这侵蚀了人们的深度阅读时间。"微时代"碎片化存在模式的影响体现在各个领域，且都在经历着改变重组，甚至体现在社会阶层的分化，消费习惯的改变等方面。作为伴随着网络成长的青少年一代，智能手机＋移动互联网已成为其生活的重要部分，他们的思维方式和行为习惯，不可避免地受到"微时代"碎片化信息传播方式的影响而变得浅尝辄止，倾向于选择通俗易懂的简短叙事风格。

另外，随着"微时代"的到来，移动互联网和移动数据终端使信息的传播有了更为广阔的平台，人们可以利用任何碎片化时间来获取信息和传递信息，这种传播方式使传者可以随时发布信息，使受众可以随时接收信息。"微时代"技术使时间、空间的概念发生了碎片化，将个体之间的关系从现实空间转入虚拟空间。青少年是"微时代"技术产品的主要受众，他们现实生活中的社交活动范围受到很大的限制，因此，社交关系倾向于转向不受限制的网络虚拟世界。无论是国内还是国外，这些社交平台因其方便的使用方式，快速的信息传播速度，都能在短时间内吸引大批的青少年粉丝。中国互联网络信息中心发布的第42次《中国互联网络发展状况统计报告》中指出，中国即时通信用户规模为7.5亿人，网民使用率94.3%，网络视频用户规模为6.1亿人，网民使用率76%，网络游戏用户规模为4.8亿人，网民使用率60.6%，这些用户中青少年比重较高，占比接近1/3。[①] "微时代"人与人面对面的交流逐渐被网络虚拟交往所代替，足不出户即可了解世界。时间被分割，空间感被缩短，现实和虚拟的界限越来越模糊，时空距离都变得碎片化。

这种碎片化的表达表面上内容简洁，充满原创，却因其随意性而使得真实性得不到保障，较少逻辑性而经不起推敲，更加助长了网络中虚拟自我的心性虚无与不确定性。当然，碎片与碎片相拼合，具备了成像的特质。一个个碎片化的网络中的虚拟自我，拼接成整体上相对成型且易于流变的虚拟自我，但这种整合是一件较为艰难的事情，很少有人会去做这种整合的工作。

（二）去中心化的"微链接"

在"微时代"，不同社会阶层的人均可以通过自媒体在公共平台上发表自己的看法，公布自己的状态，信息传播的去中心化趋势在"微时代"得到了充分体现。在去中心化过程中，将会淡化权威的信息，各主体间以平等和自由为交往基础，一种新的文化构成模式由此产生。

微链接是指所在网页指向其他目标的链接关系，当点击链接后，将会跳转到目标页面上。微链接是"微时代"特有的信息链接方式，它能为受众提供方便的获取信息的途径。然而，部分商家为了谋取利益将链接中植入大量广告，误导受众点击广告，以此获得点击量，造成受众对链接信息真实性的质疑以及信息关注度的淡化。"微时代"信息的碎片化，使得触点和路径不断地分散和改变，搜索引擎已经无法满足传者与受者之间的沟通，链接模式的出现很好地改变了这一问

---

① 中国互联网络信息中心：第42次《中国互联网络发展状况统计报告》，2018年8月20日，http://www.cac.gov.cn/2018-08/20/c_1123296882.htm。

题，改变了以往信息收集模式。网状、多项互动的方式成为主导，但同时也造成了受众在信息选择时对初始目标的淡化以及对生发出的衍生目标的难掌控性。

微链接的设计更易于调动人的感性诉求，微媒体平台整合大量资源，运用算法进行设置，引导受众在打开感兴趣的信息之后，不断地点击大量同质化信息，使自我陷入无止境的信息链中，而很难寻得确定的目标。最直接的表现就是无意识的媒体使用，这导致自我的精力被分散，理性思维被消解。

（三）交互性的主体"微互动"

"微时代"中青少年更愿意通过自我意识甄别和理解新观点、新理论、新现象。不同于过去被动接受新事物，青少年会依据自己的想法在这些新事物中寻找和发现自己感兴趣并认为有价值的内容，选择的多样性也充分体现了当代青少年的个性差异。他们会借助各种微媒体、微平台结交新朋友，关注各种公众号，通过朋友圈分享与浏览等方式获得自己所需要的信息。与此同时，他们会依据自身的认知能力，通过思考对信息包含的内容进行重构，使各种思想能够在微平台交织并不断裂变出更多的观点，不断形成新的逻辑思维与社会知识架构。

信息传播方式的巨变是"微时代"的本质特征，互动性是信息传播过程中一个重要表象。青少年对"微时代"新事物的认知是通过互动往复的过程而实现的，这也是区别于以往青少年单方向获取新知识的一个重要转变过程。在这个过程中，微媒体的广泛应用，为实现信息交互提供了极为方便的环境。在这个虚拟环境中，青少年可以转换各种身份，及时、高效地传播、分享、获取信息。每个人作为独立的发声体都会有向他人甚至向名人、政府表达自己所想所感并得到相应回复的机会。这种互动过程极大地激发了青少年情感表达的热情，对时政热点、经济问题、生活琐事都可以通过微媒体表达自己的观点和想法。主流传播者通过微媒体可以迅速收集青少年信息反馈，这种反馈相比过去，样本量更大，观点更为丰富多样，有利于主流传播者实现对发表内容与方向的把握。因此，这种互动机制不仅可以满足青少年表达思想，获取信息，提出反驳等社交需求，也为主流传播者更好地把握个性诉求提供了可能。

（四）信息茧房的"微环境"

"信息茧房"用来表示个体根据个人认知选择信息所形成的思维定式，个体被这类信息包裹，就像生存在用信息编织出来的茧房里一样，思想被同质信息束缚，听不到异质的声音。在同一信息茧房中的成员，基本具有相同的思想观点，因此，这为社会思想的形成和扩散提供了有利环境条件。

第一，青少年的身心特点容易形成"信息茧房"。"微时代"获取信息方式变得十分迅速和便利，青少年较以往时代获得了更多选取信息的自由。青少年的自我意识强烈，急于表现出自我价值，寻求认同感，因此，乐于与自己观点相同的人互动，这就在一定程度上消解了异质思想，在不经意间形成了一个牢固的信息茧房。[①]

第二，"微时代"信息的制造者和传播者倾向于为青少年打造"信息茧房"。青少年群体是上网的主要群体，为了吸引这一部分人群，信息制作和传播者会专门针对青少年人群制造和传播专属信息。这种方式进一步强化了青少年形成的信息茧房，使他们的思维模式进一步固化，为相关社会思想的传播提供了有利环境。

第三，"微时代"媒体自身属性即符合"信息茧房"的特征。微媒体信息传播具有个性化、情绪化特征，其自说自语，自我表达的属性迎合了信息茧房的特质。青少年在现实中不便表达的思想，在虚拟世界中得以自由表达，然而这种释放包含着大量非理性因素，非理性的情绪在信息茧房中特别容易得到情绪感染，产生共鸣，从而进一步加强"信息茧房"的作用。

（五）糅合性的观点"微建构"

青少年获取信息时，通常不会直接全盘接受，而是会对信息内容根据自我认知水平进行重新构建。青少年由于知识储备、视野、价值

[①] 毕红梅、李婉玉：《微时代社会思潮对大学生的作用机制》，《思想理论教育》2015年第10期。

观等方面存在个体差异，因此对外来信息会通过自我选择，对这些信息进行混编与重构，把从不同来源获得破碎的、无序的信息与观点进行整合，从而形成一套具有自身特点属性的观点体系。

基于青少年对信息的重构特点，青少年获得的认知存在如下两方面问题：一是重构的信息与原信息存在偏差。由于青少年获取信息过程存在片面性、分散性、碎片化特点，加之个人的认知程度存在差异，势必造成青少年对某种观点存在不同的理解，从而导致建构的观点与原观点和信息存在一定差异；二是自我验证心理。青少年自我独立性人格尚未完全形成，希望得到他人的认可与认同，因此对符合他们思想的观点会产生趋同倾向。例如，部分新兴理念倡导消费主义的生活方式，迎合了部分青少年希望打造高端品味，树立时尚消费的价值追求，这些观点被具有相同认知取向的青少年迅速接受，并认为个人的观点得到了社会相同观点的认可，但是这些观点并不一定具有科学性和普世价值观，仅仅是青少年寻找对自己构建观念的验证。

第二节 "微时代"影响下的青少年身心特点

"微时代"技术的不断更新，移动互联网的迅速普及，使得以手机为代表的移动数据终端得到了越来越广泛的应用，青少年接触并使用手机上网变得越来越方便。截至2018年12月31日，中国手机网民数量已达到8.17亿，其中10—39岁群体占网民整体的67.8%。青少年利用手机主要进行网络游戏活动或者通过App进行社交活动，以及从事收看微视频、收看网络直播、网络购物等活动。"微时代"以其"快、简、灵、便"等特点取代了过去"博客、聊天室、论坛"的社交时代，吸引了越来越多的青少年投身其中，对青少年的身心发展带来诸多影响。

一 身心发展的顺序性紊乱

青少年身心发展应遵循循序渐进的规则，从低级阶段到高级阶段，从简单思维到复杂思维，从具体思维到抽象思维的过程。青少年在不同的发展阶段应具有不同的特征，如儿童期不同于少年期，少年期与青年期身心特点也是完全不同的，因此教育也有相应的顺序性，会根据青少年的不同身心发展特点和阶段，安排不同的内容。然而，"微时代"下的青少年身心发展出现了一定程度的不均衡性，某些方面的发展不符合所处的年龄阶段。青少年属于网络原住民，他们出生在被网络包裹的时代，"微时代"信息的爆炸式传播，使青少年接触并学会了与他们年龄不相符的信息与语言，扰乱了身心发展的正常顺序。

青少年由于身心的不断发展，社会实践能力和社会实践范围也在不断扩展，由此带来的自我认知能力也得到了进步。处于这一时期的青少年思维敏捷，记忆力较好，逻辑判断力也得到了极大地提高，一定程度上能够用理性的判断来思考问题。青少年具有很大的可塑性，极易受到客观外界条件的影响，具有意志薄弱、自制力差、反复性大等特点。面对现实社会问题和自我成长带来的问题，他们有时会感到迷茫困惑。这一时期如果正面引导的缺位将会导致错误思想的误入，使青少年身心发展遭遇混乱。

青少年的知觉、组织能力都处在发展阶段，尚不健全，因而在获得和利用信息的认知结构时，自我图式会出现混乱的现象，这就容易造成青少年对自我认知的误区。想要努力认识自己，希望他人认可自己，但缺乏对自我的加工能力，或者是进行了错误的加工；追求特立独行吸引他人目光，但因为无法认清自身特点，而导致自身认知错误。青少年的成长面临着不同角色的相互转化，不断有新的角色加入，旧的角色消失，如果没有掌握好转变的方式方法，就会感到生活的完整感被打碎，过去的自己与未来的自己的联系被斩断。想要给自己找准位置，却又因人生观、价值观的混乱而无法确定，他们急于摆脱贫乏、单调，想给周围的人最完美的自己，但却忘了真实的自己。"微时代"下，网络创造了不同身份背景的角色，不同角色之间的交流只是局部人格间的交流，由于网络的匿名性和虚拟性，在某些时候这种局部人格交流也可以是深入的。相比整体人格交流，在虚拟环境下人与人之间的关系会减弱，对自身的保护会增强，部分人格的联系可以随时转变。同时，虚拟网络也导致沟通方式的单一性，缺少了非语言沟通的具体经验感受。

很多青少年在现实生活中循规蹈矩，但是在"微时代"网络中却是截然不同的"另类"。这表明，青少年最容易受网络双重人格的困扰，使他们的自我发生很大的变化。青少年时期是人生发展的关键时期，也是"危险期"，在这一时期会出现一系列的生理、认知和情绪方面的变化发展。[①] 这一时期的青少年的特点是心理还不够成熟，他们正处于猎奇的年龄段，人生观、价值观以及对个人、家庭乃至社会和国家的责任感都处于形成阶段。而青少年面临的现实是：由升学的压力所带来的繁重学业；望子成龙心切的家长带来的额外的课外负担和被压制的天性，以致许多青少年在心理上普遍存在焦虑感、不安感、孤独感。"微时代"网络世界所具有的特性，恰恰能迎合青少年的某些需要，缓解他们的负面感受和情绪。[②] 所以如果缺乏良好的教育和积极的引导，青少年就很容易到虚拟世界去寻求即时快感，从而导致心理问题和行为偏差，甚至表现出明显的攻击倾向和反社会倾向。青少年作为"微时代"网络的主要参与群体，在网络成瘾者中占有极大的比例，这与"微时代"青少年心理自我发育特点密切关系。

此外，"微时代"网络技术所带来的观察学习过程的变化，也可能导致青少年身心发展出现混乱。美国当代心理学家班杜拉在其社会学习理论（无尝试学习理论、替代性学习理论）中提出，人的行为主要靠后天学习而来，受环境、行为、主体三方面因素制约。班杜拉认为人的行为是内外双重作用的结果，外界因素是人所处的当下外界环境刺激，内部因素是自我生成的内部主体。对于人类的社

---

① 钟晓琳、罗邦士：《青少年沉迷网络游戏的心理分析和教育对策》，《中小学心理健康教育》2009年第9期。

② 李永亮：《青少年沉迷网络游戏的危害及教育对策研究》，硕士学位论文，山东师范大学，2010年，第21页。

会化学习如何完成这一问题，班杜拉认为是通过观察和模仿榜样的示范行为实现的。在学习过程中，学习者仅需通过观察他人在一定环境中的反应和经历即可以学习，无须做出直接反应，或亲自经历强化。观察学习有四个步骤，即注意过程、保持过程、运动再现过程以及动机作用过程。

第一，注意过程是指学习者对示范者行为的注意，在现实世界中，学习者注意的对象是其周围真实的个体。第二，保持过程是指注意到示范者行为后，学习者需要对示范者行为进行保持。如果学习者对示范者行为没有产生有效记忆，注意过程就失去意义。因此，为使示范者的行为长期保存在学习者记忆中，需要将示范行为符号化或表象化。第三，运动再现过程是指示范行为转化成容易记忆的符号之后，就保存在学习者的记忆中，并指导学习者再现之前观察到的示范者行为。在这一运动过程中学习者会根据他人反馈和自我反馈来调整，以便接近示范者行为。第四，动机作用过程是指学习者能够再现示范行为后，会根据他人对示范者及示范者行为的评价，学习者本人对再现行为进行评估，来决定是否会经常再现示范者行为。

传统社会中，观察学习的四个过程往往来自于熟人社会，是通过与真实的个体进行社会交往实现的。而"微时代"的出现使得学习的过程发生了根本性变革。网民无须直接接触，而可以通过网络了解和注意到他者的生活方式、行为习惯，这种观察学习会给认知尚未成熟的青少年带来方便，也会导致诸多问题的产生。因为青少年观察学习的对象是网络虚拟社会，交往的方式是人机对话，是一种间接性的隐蔽交往方式，交往的对象具有复杂性、观察的内容具有不确定性。而且"微时代"网络虚拟社会的学习规范和原则并不完全与现实社会相符，如果青少年习惯于在网络中观察学习，可能导致不适应现实社会学习原则。尤其是在虚拟社会中掺杂了大量无把关的不良信息，青少年缺少辨别能力，一旦接触有可能带来自我角色迷失、学习过程困惑等问题，进而导致自我成长混乱。

二　张扬个性与去个性化共存

青少年喜欢标新立异，突出自己与他人的不同。青少年时期是自我意识的第二次飞跃，他们将对自己进行探索，更加关注自己，产生强烈的自我体验，对自己的评价更加独立、抽象和稳定。他们追求个性，更加希望独树一帜。同时，他们处于人生的"心理抵抗期"，不喜欢追逐大人的脚步，企图运用特立独行的方式证实自己的存在与价值。戈夫曼的"拟剧理论"认为，每个人都有表演的驱动力，但只会在少数的亲人面前展现真实的自己，其他地方都是"前台"、表演的地方。巴赫金的"狂欢理论"指出，人们面临生活压力，只能通过现实反叛到达"彼岸世界"，借以达到转换心绪的目的。[1] 当代青少年是被网络包裹而成长的一代，移动互联网的无孔不入，以及娱乐造星模式的成型，潜移默化影响青少年的审美观，他们较以往时代年轻人更加崇尚外表的光鲜亮丽，对时尚有着更加热切的追求。受娱乐明星和网红的影响，他们对表演的热爱远超其父辈，而现实中这种表达不被成人世界所鼓励和接受，因受到诸多限制而被压抑。青少年有着充沛的力比多，思维敏捷、乐于探索、率性而为，"微时代"网络虚拟世界提供了青少年展示自我的场所，青少年投身网络迫不及待地表达自我，展现自我，释放了青少年群体压力，成为青少年寻找自我认同的重要场合，现实和虚拟中青少年表现可能完全不同。因此，青少年乐于将生活中的一切发布在网上，晒、刷、评成为"微时代"青少年的典型画像，是青少年身心需求的外部表征，反映了当下青少年的精神状态。

以"微时代"网络游戏为例，网络游戏的设计极具个性，可以符合青少年游戏玩家现实生活中的角色期望。网络游戏中，玩家都有一个身份，扮演一定角色，游戏中的角色人物的外貌、能力和性格都不尽相同，甚至所持的武器、所养的宠物也千奇百怪，这给青少年提供

---

[1] 解金鹏、邓永芳：《从受欢迎短视频看当代年轻人心理特征——以抖音App为例》，《教育传媒研究》2019年第2期。

了展示个性、标新立异的舞台。在这个世界里，每个人都渴望成为英雄，每个人都渴望缔造一段传奇，而作为社会中充满朝气的青年人更是如此，这些都来自青年人的本性。"青年人在自我意识觉醒的过程中，往往会过分强调自我，表现出对现实的激烈反抗或反叛。在激烈的反叛中，过分夸大自己的独特和与众不同，张扬一个放大的自我。"[1] 所以，一些根据国际形势而开发的网络游戏软件受到了广大青年的钟爱和拥护。如 CS（反恐精英）就是游戏软件商根据美国"9·11"事件而开发的，它一问世就吸引了无数的青年加入此网络游戏中。网络游戏能让人感受到"江湖"气氛，也能够制造军事故事，通过网络游戏，得到对自己身份、能力的一种确认。网络游戏为青少年的多元自我表达提供了空间，使青少年抛弃传统社会中的自然特征，重新塑造一个"张扬的自我"。这种自我，可以是现实中"自我"的复制，也可以是"自我"的延伸，更可能是现实中压抑或隐藏"自我"的展现。游戏玩家在游戏过程中不断地塑造自我，使游戏中的"虚拟自我"后天属性不断增强，以此来张扬个性。

然而，在这种集体的狂欢中，在自我展示的表象下，青少年的个性正在被"微时代"技术所消解，是一种去个性化的过程。去个性又叫个性消失，指个人在群体压力或群体意识影响下，会导致自我导向功能的削弱或责任感的丧失，产生一些个人单独活动时不会出现的行为。去个性化是自我意识降低的一种表现，自我评价和自我控制力也都普遍下降。当青少年沉浸在"微时代"网络营造的世界时，就可能处于一种去个性化状态，行为的责任意识都明显削弱，往往会做出一些通常不会做出的行为。"微时代"青少年去个性化表现，积极作用和消极作用共存，如不予以监督和指导，任由其发展必将带来严重后果。

三 期待群体认同感与无视权威共存

青少年时期是个人成长过程中一个重要的过渡时期，随着生理和

---

[1] 黎力：《虚拟的自我实现——网络游戏心理刍议》，《中国传媒科技》2004 年第 4 期。

认知结构的发展，成人感的产生，成人意识的增强，青少年的社会化也发生着变化。他们开始更为明确地意识到自己是独立于他人的、具有独特性的个体。他们开始更加关注自我，以有别于以往的方式来界定自我。他们想要对这个世界，对自己的命运进行控制，他们更加希望自己能够被别人承认，让自己能够享受被承认的权利，扮演新的角色。[①] 个体有获得群体认同的潜在心理需要，而青少年所处的年龄阶段更加渴望与他人的交流，得到他人的认可。"微时代"网络自由的交流空间，为青少年提供了一个畅所欲言，充分表达自我的平台。青少年发布的作品在网络上获得了众多陌生人的点赞，这种互动行为给青少年带来的自我成就感、满足感与在真实世界中无异。传播心理学认为，受众作为主动的个体，对媒体的选择，目的是得到满足。因此，当一种媒体能够满足使用者的需求时，使用者行为即具有高度的积极性。反映在青少年对自媒体的使用上，青少年渴望被关注、被认同，他们即时分享个人的生活点滴，紧跟时尚之风，掌握各种刷屏技巧，目的即是获得他人的关注，期盼别人为其点赞，以获得认同感。青少年是"微时代"网络的"重度围观者"和"广泛参与者"，群体归属感强烈，网络为青少年群体营造了"在场感"，打造了一种"年轻人聚集"的氛围，满足了青少年被关注和被认可的需求，对青少年用户的黏性极高。

青少年正处于这样一个特殊的人生阶段：他们迫切希望独立自主，得到他人的认可，获得成人世界的认同与自我认同。然而他们由于经验不足、缺乏资源或是心理自我不够成熟等原因，导致在现实社会中不断地遇到困难、遭受挫折。在这种情况下，"微时代"网络虚拟世界中相对容易的认同往往使青少年获得了独立自主和得到社会认同的机会，从而导致流连忘返于虚拟世界。一方面，青少年期待被认同，因此到虚拟世界寻找认同感；另一方面，青少年处于青春期，又往往对现实状态不满，无视权威，他们想彰显自我，不受他人支配，表现

[①] 钟晓琳、罗邦士：《青少年沉迷网络游戏的心理分析和教育对策》，《中小学心理健康教育》2009年第9期。

出较强的自尊心和自主意识，自媒体的出现进一步加大了这一问题。当前，网络自媒体已经成为青少年获取知识的重要渠道，传统家庭教育和学校教育受到了严重挑战。传统社会家庭教育模式为孩子围绕家长转，家庭教育一元化，世代延续趋同，而"微时代"，青少年伴随网络成长，孩子有了自己的空间，甚至某些方面的知识超越了家长。对于学校教育，传统教育理念和教育模式也受到了冲击，单向强制被动接受的教育已经不符合时代要求，青少年更愿意接受来自"微时代"网络的形象生动多样性的信息。然而，青少年独自探索网络世界获取知识是不系统的、碎片化的，甚至是良莠不分的，在开阔青少年视野的同时，也导致了青少年价值评判体系模糊，价值取向多元化，价值观混乱等问题的出现。

四 独生子女一代特有的问题

当今社会，一个学生学习不好可能就失去了自我表现的机会。如果"自我"在现实中发展不起来，青少年便会到"微时代"网络中去寻找"虚拟自我"。在欧洲，尽管学生自由支配的时间比较宽裕，但上网不是他们主要的休闲方式，其原因之一是，欧洲学生从小在宽松的环境中成长，家长和老师对学生的成长、交往很少限制，学生个性比较鲜明，在现实社会中的自由度较大，对网络的虚拟世界缺乏特别的兴趣，这同中国当代独生子女一代的情况形成了鲜明对照。中国1994年才引入互联网，网络技术的发展和其他配套设施的状况并不比西方发达国家先进，但对中国孩子的吸引力却比对这些国家同龄孩子大得多。网络所带来的一些社会问题及产生的严重后果，有些只发生在中国，原因可能是多方面的，但非常值得关注的一个特征是，"微时代"网络的特点恰好以一种独特的方式面对中国特殊的社会现象：大量独生子女同网络一起成长。

在我国，由于独生子女在家庭中所处的地位特殊，承载着家庭全部的希望，不少家长都对孩子倾注全部的希望和重托，幻想塑造出出类拔萃的神童。所以，家长不惜倾其所有全方位培养孩子，孩子的所有课余时间几乎都用来补课和培养所谓的"特长",孩子缺乏应有的游戏时间。麦克卢汉在对游戏的分析中认为:"游戏是对日常压力的大众反应的延伸。"① 在他看来,游戏也是一种传播媒介。"任何游戏,正像任何信息媒介一样,是个人或群体的延伸。它对群体或个人的影响,是使群体或个人尚未如此延伸的部分实现重构。"② 作为人的延伸的游戏,在对游戏者的重构之中,实现着游戏者的文化体验和文化认同。席勒认为:"只有当人充分是人的时候,他才会游戏;只有当人游戏的时候,他才完全是人。"③ 人类游戏的历史,与人类的历史同样久远。游戏在席勒眼中被看作是克服人性分裂的治愈手段,是人的自由和解放的真实体现。更有甚者,荷兰现代文学史学家胡伊青加认为:"文明是在游戏中并作为游戏而产生和发展起来的。"④ 游戏构成一种文化秩序。也就是说,在多种多样的游戏形式中建构了某种社会结构。游戏总是承载着某种特定的文化和意识形态功能,承担着对我们日常生活的重新建构。然而,沉重的课业负担使许多学生无暇游戏、交往、亲子沟通、社会实践,缺乏情趣和快乐,这显然不利于培养学习兴趣,形成完善的"自我"意识。而且社会和家庭还往往以分数高低作为评价孩子的主要甚至是唯一标准,而客观上必然使很多学生达不到要求,这些孩子就极易成为"心灵失落的人",他们往往迫切需要舒缓压力,但在目前的教育中又缺乏这样有效的途径,所以他们才寄情于网络。适当的期望和压力会推进孩子各方面的进步,但过度的、不切实际的愿望只会使孩子担心、烦恼、害怕,心理压力过重的孩子在其性格上也相应地会出现一些问题。

不少独生子女家庭的结构是四位老人、父母二人加一名独生子女,这种家庭模式的出现改变了中国传统的家庭模式与结构。在这样的家

---

① 黎力:《虚拟的自我实现——网络游戏心理刍议》,《中国传媒科技》2004年第4期。
② [加] 马歇尔·麦克卢汉:《理解媒介:论人的延伸》,何道宽译,商务印书馆2000年版,第291页。
③ [德] 席勒:《美育书简》,徐恒醇译,中国文联出版公司1984年版,第90—95页。
④ [荷] 约翰·胡伊青加:《人:游戏者》,成穷译,贵州人民出版社1998年版,第20页。

庭中，家长只知一味地向子女施爱，把他们看成自己生命的唯一。大多数独生子女家长对孩子的要求，不管是合理的，或是不合理的，都一味满足；孩子能独立完成或不能独立完成的事，都一味代替去做。所以，独生子女一代的现实自我是在家庭的过度呵护下形成的，父母的包办代替与过分控制制约了这一代孩子的自我约束和自我发展，给青少年带来发展中的诸多困惑。他们从小习惯了父母包办，只要学习好，可以不和客人说话，可以不干家务，可以不为学习以外的任何事情操心。他们一方面缺乏自理能力；另一方面缺乏必要的责任感和自制力，较易放纵自己。到了大学或步入社会，失去了家长的时时呵护，没有了老师的事事督促，事事需要自己做主，到处都有竞争，不适应感、失落感徒然而生。而在"微时代"网上可以根据自己的喜好塑造一个虚拟的自我，现实生活中的缺憾可以通过上网制造虚拟来弥补，因而网络成为青少年内心企图寻求理想化状态的一种途径。"微时代"网上的轻松自由和现实生活中的不断遭遇挫折，势必导致更多重复上网行为的发生。

独生子女这一代孩子对社会的认识在广度和深度上都比其父辈们有所提高，更具复杂性、闭锁或者防范心理更为突出，不愿轻易显露深层次的心理活动，即使是最好的朋友，也未必能够进行深层次的交流。但是其心理冲突和问题却比以往更为突出。因为社会的迅猛发展带来的一系列深刻的变革，对他们形成了直接冲击，而教育却未能及时有效地对此作出回应。因此，独生子女一代就不可避免地产生了诸如对就业、前途、情感定位等多种问题的焦虑和困惑。而现在的独生子女在家中比较孤独。室内活动多，户外活动少；模拟体验多，生活体验少；间接体验多，直接体验少，因此从心理上最渴望交流。[①] 这就形成了一对尖锐的矛盾：极其需要交流、宣泄以舒缓心理冲突和问题，却因为缺乏适宜有效的途径而无法交流和宣泄。在此种情况下，他们往往到"微时代"虚拟世界中塑造一个理想的虚拟自我，以此来

---

① 彭文波、徐陶：《青少年网络双重人格分析》，《当代青年研究》2002年第4期。

舒缓压力。

　　总之，成人感和幼稚性是造成青少年各种心理矛盾的根本原因。面对各种复杂的问题，青少年容易陷入困境，进而到"微时代"网络中去寻找迷失的"自我"。青少年产生心理"规避"行为的主要原因，是由于不能正确处理好心理挫折，从而产生消极认知和情绪。他们把注意力从挫折源上转移开，力图"规避"挫折，寻求新的安慰以达到心理平衡。一些青少年沉迷"微时代"网络，可以看作他们"规避"挫折的表现，而具有较强挫折感的青少年更容易陷入网络虚拟世界的情境中去。

第三节　青少年用户黏性较高的"微时代"技术分类

　　技术是人类感觉器官的延伸，可以看作人类的无机身体，不同的技术时代带来了人类不同的生存方式。"微时代"技术使信息传播方式发生了根本性变革，不断突破人类的交往方式、思维方式、行为方式，对人的生存方式产生了巨大的影响。"微时代"技术广义上是指"微时代"背景下的所有新技术，狭义的"微时代"技术特指以网络技术平台为媒介，以智能手机等移动数据终端为传播载体，进行高效信息传播及拓展应用的技术。本书所指的"微时代"技术是狭义的"微时代"技术，其中对青少年用户黏性较高的技术可以分为如下几类。

一　社交类技术

（一）微信

1. 微信概况

　　随着移动互联网技术的不断更新与智能手机的大范围普及，手机上网成为"微时代"网民的主要上网方式，网络交往从固定地点转移到手掌之上，便捷的沟通方式促使了微信的诞生。腾讯公司于 2011 年开发了一款基于手机联系人,并能够与联系人直接建立连接,通过实时的信息推送实现免费聊天和个人状态同步展示功能的社交软件。它实现了现实中的自我与网络中的自我的重合,将现实生活中的人际关系映射到虚拟社会中,使移动终端成了新的社交载体。更多人选择利用微信,通过图片、语音、视频、文字直接表达对生活的感悟。相对于腾讯原有的QQ产品,微信使用方式更加方便,信息交流模式更加丰富。微信支持免费通话功能,可以语音也可以视频,极大地便利了人与人之间的沟通。另外,微信的朋友圈、群聊、小程序、支付、游戏、订阅号等多种功能,带给用户极大便利。当前微信传达出服务化、定制化、社群化的发展模式,成为占有人群最广的一种沟通方式。2018年3月,微信月活跃用户数突破10亿人,这也是中国互联网第一款月活跃用户数超过10亿的软件,也是目前为止唯一的一款,实现了对移动互联网用户的全面覆盖,完全融入国民生活,成为一种生活方式。"微时代",只要有无线网络的地方,就有微信的存在,微信已经潜移默化地改变了人们的交流方式和生活习惯。截至2018年年底活跃的微信公众号累计超过500万,微信公众号作为微信一项重要的功能,已经改变了原有商业秩序,形成了成熟的流量变现模式,为拥有者提供了创造新商业价值的机会。截至2018年3月,微信小程序月活跃用户已经超4亿人,上线小程序数量高达58万个,涉及零售、电商、生活服务、政务民生等二百余领域。

2. 微信的圈子文化

朋友圈功能是微民用来自我展示的平台,用户可以将自己的照片、视频、文字,以及链接分享到朋友圈,供好友观看。朋友圈区别于微博、QQ空间等平台在于,查看及评论仅在于互相认识的人之间,表达的正是一种圈子文化,是对现实朋友圈的虚拟再现,实现了从点对面到点对点的转换,使虚拟交往更具真实性。微信为我们展现了一个个圈子,朋友圈所带来的不仅仅是通讯功能,更是对现实人际关系的重构。

互联网使得人们可以摆脱地域的限制,通过网络轻松地构建一个现实生活圈之外的虚拟生活环境，通过社交圈与他人建立一种虚拟的人际关系，使沟通范围无限放大。社会文化和人们需求表现出多元化、多样化，人们内心更希望被周围的人重视、关注，"自我"存在感增强。微信的出现，使人们可以通过微信平台发表个人的观点，展示自己的生活状态，与朋友圈互动，得到周围人的关注。虽然微信作为一个社交平台具有虚拟的属性，但是微信成员更多的是由亲属、好友、同事、同学构成的现实社交圈，同样呈现了真实的社会关系。

3. 微信的"晒文化"

"晒客"来源于英文单词"share"，意为喜欢分享的人。"晒客"们喜欢将自己的生活片段或私有物品通过网络展示分享给其他人，并引起其他人的关注与讨论。通过分享、评论的互动过程使"晒客"心理得到被认可的满足感。中国早在2006年就出现了第一位"晒客"，当时一位北大教授通过网络分享自己的工资，从此后大家纷纷效仿，"晒客"成为一种普遍现象。随着新媒体平台与通信技术的不断发展，特别是微信、微博等交流平台的出现，使得媒体形式不断创新，"晒客"借助手机、平板电脑等通信设施，通过各种媒体平台更加疯狂地分享自己的生活。人们通常在朋友圈分享的内容一般为两大类，生活琐事的原创随笔和转发的链接。生活随笔包括，旅行美食、当下心情分享、工作学习场景等；链接分享包括新闻热点事件、励志杂文、养生育儿、娱乐八卦等。朋友圈构成人员特征与朋友圈内容有密切关系。

传播学之父美国传播学者施拉姆说："在其他条件都相同的情况下，人们总会选择最简化最方便，使自身满足度最高的路径。"文化和环境在个体选择信息路径时起到多方面的作用，因此，施拉姆提出了信息选择路径的经验法则，即选择的或然率＝可能的报偿/费力的程度，由此可计算出受众信息选择的概率。因此，微信朋友圈晒文化吸引用户的主要原因即为微信平台所提供的易操作性和诸多便捷功能的实用性。微信平台大大降低了用户的使用门槛，发送图片和视频较比编辑一段文字对于用户来说更为容易，信息的发送者能够以自我为核心对信息内容进行多种形式的编辑，以最有利于表达自我和塑造自我形象的方式进行传播，这一方面拓宽了微信的使用人群；另一方面，也拓宽了接收者人群。

4. 微信的模式化设计

微信的设计最初是不想发文字的，微信设计团队认为"一个人写一段文字的难度远远大于发一张图片，图片人人会发"。让所有人有共同的需求是微信设计的目的，而设计出来的共同需求限制了个性发展，最终将个性淹没在微信文化的共性之中。在这样一种工具理性的设计理念下，为了追求利润最大化，微信的文化工厂对产品进行批量化生产，使得微信产生的文化具有模式化的特征，网络中的虚拟自我也被模式化、批量化生产，所有人的虚拟自我被当作一个对象，自我的个性、多样化被解构。正如霍克海默所说："正当技术知识扩大人的思想和活动的范围时，作为个体的人的自主性以及对日益发展的大众操纵机构进行抵抗的能力、想象力、独立的判断，似乎被削弱了。"[1]微信普遍性形式的强大力量，使得自我的理性思维被不断消解，虚拟自我逐渐失去了创造性，变成了懒于思考的平面人。当微信变成个体生活的全部时，没有了"微信公众平台"就失去了知情权，没有了"朋友圈"就没有了关系网，没有了微信就失去了自我。当虚拟自我的生存环境被功能化、模式化时，虚拟自我"存在焦虑"也就越发严重。

（二）微博

1. 微博概况

微博的出现是"微时代"全面来临的标志，微博可以为使用者带来最前沿的信息，也可以使用户转化为信息发布者，随时随地发布身边发生的事情。《2010—2011年中国微博行业研究报告》给出了微博的明确概念：微博是"一个基于用户关系的信息分享、传播以及获取平台，用户可以通过WEB、WAP以及各种客户端组建个人社区，以140字左右的文字更新信息，并实现即时分享"。[2] 由此可见，微博具

---

[1] 潘双华：《马克思主义视野下的现代科学技术价值重建》，《企业导报》2013年第7期。
[2] 吴小璐：《微博时代的企业品牌营销策略》，《中国商贸》2010年第29期。

有自由参与、信息共享、即时通信等诸多特征，这些特征带来了舆论监督、治理社会等特殊功能。据 CNNIC 调查显示，2011 年前 6 个月，中国微博用户数量从 6311 万人暴涨到 1.95 亿人，增长率达 208.9%，2013 年微博用户已突破 4 亿人。[①] 当前，圈粉较多的微博有新浪微博、搜狐微博、腾讯微博等。

微博作为"微时代"的信息交流平台，与以往传播方式存在着巨大的差异。与传统通信方式如电话、电视等的传递信息能力相比，效率和规模要大得多，甚至博客也无法与之相比。因为微博对于信息的传播不再以服务器为中心，而是以每个人为中心，由点对点转化为网状传播，使得传播速度呈几何级增长。另外，与博客的博主需要一定的文字功底不同，微博 140 字的内容使得绝大多数的普通网民都可以驾驭，因此大众的话语权得到了释放，赋予了草根阶层更多的权利，精英阶层的话语权被削弱。拥有了微博就拥有了自我表达的发声器，任何人都可以在微博中发表自己的观点，都可以拥有自己的拥护者，都能够在一定程度上实现个体的自我满足。

2. 碎片化的内容

碎片化内容最早出现于短信的使用，人们利用碎片化的时间传递碎片化的内容，这种方式的出现能够让人们快速获取信息。自媒体的出现更是强化了人们快速获取信息的习惯，微博 140 字的限制，使碎片化内容进一步加强。微博的内容可以是偶然的一个想法，也可以是对某个事件的评论，草根阶层发布的信息受关注度较小，而明星大咖发布的信息评论转发量较大，能够造成一定的社会影响力。微博话题涉及范围极其广泛，内容具有碎片化的特征。如 2019 年 4 月 5 日，新浪微博热门话题分别为"幸存消防员出现应激反应""郭敬明疑发文怼魏坤琳""今天，一起接英雄回家""埃航坠机事故调查报告公布"。微博传播形式不受文字的局限，图片和视频的应用使得微博传递信息更具有时代的鲜明特征，受到青少年的追捧。微博将人们带入碎片化

---

① 徐刘杰、熊才平、夏秀明：《网络信息资源动态发展利用的周期性研究》，《开放教育研究》2012 年第 4 期。

信息时代，大量的碎片化信息涌入青少年的生活，微博已经成为"微时代"下信息交流和发布的重要平台。

一般情况下，信息发布者在发布信息前，都要经过缜密的构思和详细的采访，而微博的出现颠覆了这一传统，人人都有麦克风、人人都是发布台。在这种全民记者的"微时代"，大量琐碎化的、没有经过任何把关的信息被大量地制造出来。而个体尤其对青少年来说，无法辨别每条信息的真伪，对于事件的评论流于表面，碎片化的阅读成了一种习惯。微博的出现一方面改变了人们处理信息的习惯；另一方面信息世界也被解构。

微博设计的初衷本为方便人们随时随地获取信息，因此与手机保持着高兼容，操作简单，多种客户端均可发送。然而，这种设计并没有解放人们的时间，反而控制了人们的碎片化时间，使人们变得更加忙碌。大多数微博用户习惯利用坐车、等待、吃饭、睡觉前这样的零散时间进行琐碎表达。由于短小方便，微博成了网络中的虚拟自我储存碎片化思想成果和评论的地方。一条信息限制为140字的快餐式传播方式，符合"微时代"的生活节奏，但却带来了另外的问题。如果一条信息无法在140字内表达清楚，用户就需要把所发送的信息压缩，或者连续发送几个信息，碎片化的表达方式容易造成其他人对信息的理解偏差，助长了网络中的虚拟自我的心性虚无与不确定性。无法整合的虚拟自我会对人们习惯了的整体性自我意识带来挑战，由此也导致了虚拟自我"存在焦虑"的出现。

3. 治理社会的功能

微博具有信息的传递与发布功能，以及社会交往功能等，但微博之所以会快速普及，源于其治理社会的功能。微博能够迅速整合社会群体，形成巨大舆论影响力，从而实现治理社会的功能。微博是一种公共舆论平台，任何人都可以在上边就公共事务进行交流和讨论，因此，微博这一虚拟公共领域的出现，加强了公众对社会公共事务空间的关注。

微博的迅速普及以及其巨大的影响力，一定程度上改变了公众对自身权利的看法，加深了社会对公众权利保障的关注。同时，公众也更加关心社会问题，对公共事务的参与热情提高。微博不仅变革了传统传媒传递信息的模式，而且影响了社会公共生活领域，在公共事件解决的进程中，微博能够发挥巨大的影响力，潜移默化地提升了公众的政治参与意识。随着移动互联网和智能手机技术的日新月异，微博的使用变得越来越方便，引爆的"微力量"将越来越巨大。如由微民汇聚起来的微公益传播迅速、涉及面广，微支教、微救助、微环保等慈善活动的普及，使得更多的人从中受益，成为公众救助的新载体。某种意义上，微博一定程度上推动了官方作为，推动了公益事业的发展和社会保障制度的完善。

总之，现代社会信息化程度提高，使得人们生活节奏加快，工作学习压力进一步加大，因此，格外追求效率的提高，人们普遍存在着焦虑情绪，需要有一个便利的宣泄渠道来缓解情绪。微博交流是一种弱关系的交流模式，有效改善强关系格局，变换了传统交流方式，更有利于释放压力和化解矛盾。微博的出现加强了虚拟社交，弱化了现实沟通，因为人的总体时间是固定的，虚拟社交增多，必然减少现实交往的时间，甚至出现虚拟迁徙，即虚拟交往和现实交往的比例颠倒，虚拟交往取代现实交往等问题。

二 娱乐类技术

（一）手机游戏

随着5G移动网络技术的发展，以及以智能手机为代表的移动数据终端的普及，上网的渠道变得越来越方便，快捷的使用方式给人们的生活带来了极大的便利，人们可以随时随地利用碎片化时间接收发送，以及随意浏览信息。"微时代"技术使得网络游戏从电脑客户端逐步走向手机客户端，上网成本的降低，以及手机游戏的简单易操作，使得手游汇集了大量的使用人群。对于青少年来说，他们是最易接受新生事物的群体，对手机游戏的接受程度非常高，成为手机游戏的主要使用人群。

1. 网络游戏的演化

网络游戏一般指玩家（可以为单人，也可以多人）依托于网络而实现的互动娱乐的多媒体游戏，是网络技术、绘画、音乐等多种文化融合的产物，其具有交互性、虚拟性、即时性、开放性等特点。网络游戏种类繁多，其中包括战略类游戏、格斗类游戏、体育竞技类游戏、音乐类游戏、角色扮演类游戏等多种类型。根据当前主流网游的特点可将网游分为大型多人在线、多人在线、平台游戏、网页游戏四种类型。网络游戏发展至今，可以分为如下五个阶段。

第一代网络游戏（1969—1977年）：这一时期的计算机软硬件均无统一技术标准，网络游戏操作系统、平台以及使用的语言差异较大，以试验品居多，一般在麻省理工学院一类的高等院校的主机上运行。1969年，PLATO系统的《太空大战》游戏问世，可支持远程连线，可以称为第一款真正意义上的网络游戏。第二代网络游戏（1978—1995年）：专业游戏开发商如Activision和发行商开始试探性的涉足网络游戏产业，网络游戏开发商与运营商如GEnie合作，开发出一系列真正意义上的网络游戏。第三代网络游戏（1996—2006年）：出现了一大批专业的游戏开发商和发行商，由专业研发人员设计游戏内容，游戏运营商归纳总结经营方法，分工明确、规模庞大的网络游戏产业链逐渐成型。第四代网络游戏（2008—2012年）：网络游戏的过渡时代，由于网络技术不断更新换代，网络游戏玩家的需求也不断提高，私服、外挂等非法程序被引入，第三代网络游戏落寞，第四代网络游戏崛起。第五代网络游戏（2010年至今）："微时代"到来，移动互联网和移动终端逐渐占据主流，手机游戏技术日趋成熟，手机游戏展现出巨大的前景和商机，越来越多的传统游戏产业转向手机游戏领域，尝试与手机游戏开发商合作，手机游戏已经成为未来网络游戏的新方向。

2. 手游《王者荣耀》吸引青少年的原因

2015年腾讯推出一款多人在线竞技类对战手游《王者荣耀》，该游戏发展迅猛，两年之内成为中国手游市场领军人物，当前注册用户已过两亿。《王者荣耀》迅速崛起的原因如下。

第一，虚拟关系与现实关系互相影响形成羊群效应。《王者荣耀》具有得天独厚的优势为腾讯先期占据的强大用户市场，而且登录《王者荣耀》可以直接通过微信账号、QQ 账号，免去繁杂的注册步骤，还可以和微信好友一起组队竞赛，提高了游戏的吸引力。现实的强关系直接移植到游戏中，跟真实好友一起游戏，玩家的投入程度要远高于虚拟陌生人。这种基于强关系的游戏会使玩家有更强的带入感和荣誉感，是现实关系的映射。当腾讯后台不断引流，使《王者荣耀》获得一定数量的用户积累之后，"羊群效应"就会形成，个体为了获得群体的身份认同，迫于压力而和群体保持一样的行为。尤其青少年更为惧怕孤立感，渴望集体归属感，因此，当周围人都在玩这款游戏，讨论这款游戏，甚至影响了文化趋势时，作为青少年个体就很难不加入《王者荣耀》的队伍。

第二，相对公平的竞技规则和成功的话题营销。相对于其他游戏玩家可以通过金钱获得游戏等级的提高，《王者荣耀》技能的提升关键靠作战经验。这就维持了相对公平的竞技环境，避免了有钱玩家轻易获得游戏胜利，使现实中经济地位处于劣势的青少年玩家可以忽略地位差距，而认真投入游戏当中。另外，《王者荣耀》积极开拓微博话题，鼓励玩家互动，形成高话题阅读量和口碑传播，以此扩大游戏影响范围，让不同年龄群体从不同角度都能关注到这款游戏。

第三，注重用户体验的技术设计。《王者荣耀》属于手游，操作较为简单，需要在短时间内迅速抓住玩家，因此其设计更加注重信息表达方式和对游戏整体逻辑框架的要求。《王者荣耀》的登录界面融入整体视效，能够迅速为玩家营造出浓厚的游戏氛围，游戏中玩家不必担负记忆负担，增加了玩游戏的休闲感。相比于原版《英雄联盟》每局一个多小时，《王者荣耀》二十分钟就可以完成一局，较短的游戏时间，迎合了当代人的碎片化时间，青少年在学习之余，等公交地铁等碎片化时间就可以约上好友玩一局，大大增加了游戏的使用频率。

以往的游戏往往被打造成一个拥有巨大而完整的故事情节，堪称史诗的游戏背景和庞大历史架构的世界。游戏的发展是随着故事情节而进行的,这样才能激发出自我探索的欲望,而且人们往往倾向于塑造一个比现实自我更加出色的网络中的虚拟自我。而如今,手机游戏有些基本上没有什么剧情,每局游戏只有几分钟,人们不必耗费几天甚至几个月的时间来打一款游戏。但这并没有使网瘾人群的规模收缩,相反,易于操作的特点扩大了网瘾的年龄层面,使得网瘾人群低龄化并向中老年扩大。另外,手机游戏的流行并不仅仅在于游戏本身的趣味性,更多的是由于游戏内外的社交性。手机游戏玩家越多,分享渠道越广,越吸引人,这与电脑上那些习惯于打打杀杀的游戏感觉截然不同,更易使人沉迷。2013年8月,微信游戏《经典飞机大战》爆红,就是由于越来越多的人用微信进行社交生活,喜欢在微信上分享自己的新鲜事,从而使"飞机大战"的关注度飙升。手机游戏让玩家随时联网对战、交友交流。与传统网络游戏相比,手机游戏能使网络中的虚拟自我快速体验过关的成就感、荣誉感,用户越发离不开虚拟自我。

(二) 网络直播

直播即广播电台或电视台不经过录音、录像,从现场直接采播。网络直播是指在网络媒体技术的基础上,在电脑、移动电话等设备上利用有线或无线连接互联网进行信息传播,通过网页和客户端等,将现场信息以文本、语音、照片、录像、弹幕等多媒体形式展现的传播方式。近年来,网络直播这种互动形式已经逐渐发展成一种文化产业。

1. 网络直播追溯及分类

网络直播前身源于YY语音。YY语音是广州华多网络科技有限公司旗下的一款网络语音通信平台,是国内最大的游戏语音通信平台。YY语音的功能强大,即时通话音质清晰,且不占资源,特别适合游戏中的用户。可以组内再分组,方便管理,可以独创主题、可以K歌、玩配音,其用户数量和软件品质远远领先于国内其他同类软件,其发展从游戏到聊天再到直播,逐渐发展成为综合型即时通信软件。其版本也是尽量方便玩家,分网页版、客户端版、手机版,让玩家随时随地 YY 起来。如今，各大直播平台都是纷纷效仿 YY 的直播方式发展起来的。

网络直播大致经历了四个阶段：第一阶段为以 YY 语音为代表的网页类直播；第二阶段为以《英雄联盟》为代表的游戏类直播；第三阶段为以抖音、火山为代表的 App 类直播；第四阶段为以花椒为代表的 VR 直播。网络直播有多种类型，如赛事直播不仅包括体育赛事而且包括棋牌类直播，专注赛事直播的平台较少，zhangyu.tv 是这一类型直播平台中的代表。社交类直播包括游戏类直播、秀场类直播等，代表是陌陌内嵌的直播功能。户外直播是目前较受欢迎的直播形式，因其突发状况较多，随时有新鲜事情出现，满足了大众看热闹的心理。户外直播种类较为宽泛，凡是不在室内的直播都可以称作户外直播，如旅游直播、探险直播、聚会直播、搭讪直播等，其中以快手直播为典型代表。文字图片类直播通过文字的形式并配有图片报道现场情况，区别于视频直播。当前中国直播公司发展迅速，已有几百家之多，随着网络技术的日新月异，直播模式和类型也层出不穷。网络直播的互动性、即时性，内容的多元化使得网络直播吸引了越来越多的受众，直播内容涉猎范围也越来越广泛，不仅有直播教授各种课程及才艺表演的，而且有直播吃饭睡觉和各种日常生活琐事的，几乎任何事情都可以成为直播的内容，直播也从大众化转为私人化，个人的日常生活也成为直播的重要方面。

2. 网络直播主、客体特点

网络直播不仅具有传统传播媒介的特点，而且改变了传媒格局，更新了传播模式，使即时性、交互性成为网络直播的典型特征，网络直播的主体、客体分别具有如下特点。

网络直播主体具有大众化和草根性的特点。"微时代"是一个全民直播的时代，网络直播对设备的要求不高，只需一部智能手机即可实现直播而无须专业设备。对网络主播的职业素养没有特殊要求，无须传媒专业背景和传媒行业工作经验，只要有吸引人眼球的技能即可。制造一个直播节目也没有专业要求，无须专业的制作团队，有时候传媒所需要的所有工作都由主播一人完成，主播既是节目的制造者，也是主持人，还是后期制作者。好的主播是网络直播平台的支柱，不仅可以吸引大量粉丝，还能够为平台汇聚大量资本，制造经济利益。不同于传统媒体，网络直播的主播基本以草根为主明星较少，维持各大直播平台的多为草根主播，网络直播为草根阶层展现自我创造了一个有效的渠道。

网络直播受众具有年轻化及窥私心理。网络直播受众较为年轻化，10—39岁年龄层占到直播受众的70%以上，其中青少年是收看直播的主力军。直播受众可以分为三大类：第一类是只围观不参与互动、不消费，这是直播受众的主要人群。第二类是成为主播粉丝，与主播互动较为频繁，且为主播适当消费人群。第三类是为主播疯狂消费，和主播频繁互动，这一部分人群是直播平台利润的主要创造者。直播受众中以男性居多，学生、无业人士、工人、服务人员为直播受众的主要人群。另外，直播的爆红很大程度上是受众心理选择的结果。一方面，窥私心理是受众收看直播的主要动因，通过观看主播直播来观察别人的生活，主播可能将个人隐私全部展现出来，满足了受众的好奇心和投射心理；另一方面，观看直播也能一定程度满足受众的虚荣心，网红较比娱乐明星容易接近，他们大多草根出身，跟受众某种程度上有一定的相似性，通过打赏能够得到主播的点名感谢和其他人的羡慕，某种程度满足了受众的虚荣心。

3. 网络直播存在的问题

网络直播的高速发展得益于科技的高速发展，以及大众的精神文化需求，甚至包括人们对利益无原则追求。网络直播区别于传统媒体在于不囿于时间和地域的限制，任何人在任何时间地点都可以进行直播，且无须接受层层审查即可播出，因而即时性、时效性成为网络直播的显著特征。然而，这种监管的缺失也带来了诸多伦理问题。各大网络运营商将网络直播视为摇钱树，使得资本纷纷涌入直播行业，导致网络直播发展速度过快，产生了为谋利益恶意竞争，消费女性变相涉黄等一系列问题。由于相关监管及行业标准尚不完善，主播素质参差不齐等原因，直播内容低俗化，缺乏文化内涵，不良信息影响范围也日益扩大，带来的网络沉浸问题也越来越严重，使得网络直播成为"微时代"网络发展的不稳定因素，需引起社会的广泛关注。

针对这一突出问题，2016年二十家网络直播主要负责人联合发表了《北京网络直播行业自律公约》（以下简称《公约》），《公约》承诺对网络主播进行实名认证，及时清理违规主播。《2017新媒体蓝皮书：中国新媒体发展报告》对网络直播的进展情况做出了总结和概括，报告指出网络直播为信息传播赋予了新的活力，主播和共享资源促进新媒体行业的高速发展，网络舆论成为直播平台健康发展的重要监督机制。报告认为，"互联网行动计划"使得网络直播此类新兴行业对传统媒体产生了重大冲击。网络直播带来的巨大商机促进了自媒体行业进入高速发展阶段，对塑造国家形象、传播文化起到至关重要的作用。当前网络直播正在从娱乐化向专业化转变，从重颜值消费女性向优秀文化内容转变。

（三）短视频

网络技术的迅猛发展和智能手机微处理器运行速度的提升，以及上网流量资费的大幅下降，使得媒介载体不断变化形态，短视频观看成本也日趋平民化，基本降至文字阅读成本。技术的发展改变了人们获取信息的方式和习惯，视频消费代替了文字阅读，短视频伴随移动互联网大发展迅速走红。据第43次《中国互联网络发展状况统计报告》显示，截至2018年12月31日，国内短视频用户规模达6.48亿人，其中大部分为青少年用户。[①] 以抖音为代表的短视频App大量涌现，成为当下文化传播的重要途径。

1. 抖音短视频吸引用户的技术设计原因

抖音App是今日头条旗下子公司北京微播视界科技有限公司，于2016年9月研发出的一款音乐创意类短视频软件。抖音产品负责人王晓蔚曾表示："抖音的用户画像为一、二线城市，24岁以下，且受过

---

① 洪佳君、鄢文娟：《微课辅助的英语问题式学习探讨》，《老区建设》2018年第20期。

良好教育的年轻人。"因此,抖音凭借"专注年轻人的15秒音乐短视频社区"的定位,开创了一种音乐加视频的社交新形式。2018年6月,抖音App国内日活跃用户已达到1.5亿人,月活跃用户超3亿人。[①] 抖音短视频吸引人的技术设计原因如下。

第一,拍摄门槛较低,人人都是视频创作者。抖音研发团队追求高下载量,因此在技术设计上力求做到操作起来无须动脑,人人都可以成为导演。抖音短视频的拍摄无须专业的拍摄技巧和繁杂的后期制作,任何时间地点,都可以将自己想要展示的内容拍摄并发布出来,视频的制作成本极低。作为专注年轻人的音乐社交类软件,抖音在潮流音乐、视频特效等方面投入了大量的研发精力,以迎合青少年追逐时尚、张扬个性的需求。

第二,视频时长较短,吸引观众眼球。抖音的一个视频时长为15秒,展现的内容有限,因此抖音设计追求的是短平快的效果,要求通俗易懂,一击即中,多维音景相称容易使人产生共鸣的内容。15秒的内容可以让人们利用碎片化时间迅速看完一条视频,各种夸张的呈现方式,能够迅速抓住人的兴趣,用户总觉得下一个视频可能更有趣,且觉得15秒也不会浪费时间,因此就不停地刷下去,导致最后深陷其中无法自拔。

第三,应用算法推荐技术为用户不停推送相关视频。抖音运用了算法推算的引擎推荐技术,这项技术会根据使用者设置的用户信息和浏览记录,运用大数据智能化计算用户使用倾向,大量推送同类视频。抖音还通过分析用户评论点赞记录、与朋友互动记录等数据,精准预测用户兴趣,实现内容分发精准定位。这一技术的应用使观赏者获得更多喜好的内容,使表演者受到更多点赞,从而双向激发使用频率。

第四,隐去时间概念的设计。抖音为使用户产生较强的使用黏性,刻意模糊时间判断,隐藏时间信息,隐去了包括关闭按键在内的所有

---

① 骆郁廷、李勇图:《抖出正能量:抖音在大学生思想政治教育中的运用》,《思想理论教育》2019年第3期。

信息。一旦打开抖音，所有其他推送、通知全部被抖音设为干扰项而屏蔽。抖音黑色界面影院效果的霸屏设计，极易让人沉浸其中，而且切换视频不必关闭，只需上滑即可实现，极大地降低了用户离开抖音的概率。不知不觉中，抖音霸占了用户大量的时间，消解了独立思考能力。

2. 短视频给青少年带来的负面影响

第一，算法推算形成"信息茧房"助长不良信息传播。根据用户使用倾向进行大数据算法推算，为用户精准推送相关内容，是抖音的技术优势。然而算法推算一方面增加了用户对抖音的使用黏性；另一方面却容易形成"信息茧房"，让用户禁锢在使自己愉悦的领域。美国学者桑斯坦在《信息乌托邦》一书中指出，"在信息茧房中，我们只听我们选择的东西和愉悦我们的东西的通讯领域"。[①] 抖音的算法推算只推荐用户所喜好的内容，而对于内容本身并没有识别，当青少年不慎点击浏览不良信息之后，同类内容将被大量推送。因此，一旦行为出现偏差，算法推算将助长不良信息蔓延，使用户陷入自身建构的偏差中，失去原有的判断。

第二，沉迷妄想的精神愉悦。抖音大范围地渗透到青少年生活的方方面面，将青少年带入娱乐狂欢中，对青少年的认知体验产生了巨大的影响。青少年逐渐喜欢短平快的满足，丧失了在现实中奋斗的兴趣，消解了自律性和理性思考的能力。抖音的花花世界使现实生活变得平淡无奇，让现实交往出现障碍，青少年沉浸在抖音建构的世界中，陷入了一种虚妄的狂想中，似乎抖音的快乐可以弥补现实的缺憾。他们机械地重复刷抖音短视频，在抖音中迷失了自我。

第三，不良内容带来精神污染。由于任何人都可以在抖音上发布视频，都可能因为任何事情成为网红，因此大量毫无价值，甚至是恶俗的作品涌现抖音，成为平台内容中庞大的部分。抖音尚未实名认证，部分视频制作者为哗众取宠从中获利，甚至公然违背公序良俗，触犯

---

① 骆郁廷、李勇图：《抖出正能量：抖音在大学生思想政治教育中的运用》，《思想理论教育》2019 年第 3 期。

法律底线。部分视频游走在犯罪的边缘,向青少年传播了极其恶劣的价值观。2018 年 6 月,抖音上播放了一则"邱少云被火烧的笑话"广告,因违反《英雄烈士保护法》,被罚款 100 万元并责令整改道歉。①青少年正处于世界观形成的关键时期,在这一阶段所接触的信息很有可能形成其对世界和历史的认知。抖音作为以青少年为画像的文化输出者,不良信息的传播造成的危害将不可估量。青少年如果将大量的时间消耗在短视频上,将错失接触其他事物和文化的机会,不良的价值观和生活风气将给青少年认知带来严重后果。

第四,追求奢靡生活,以成为网红为人生目标。由于抖音是公共娱乐平台,形形色色、五花八门的内容都可能制作成视频播出。因此,抖音上有一大批所谓的"网红"并不工作,却每天晒着奢华的生活,各种奢侈品充斥在屏幕中,这对青少年有极其不良的示范作用。青少年正处于追求时尚、爱慕虚荣的年龄,抖音上的这类示范导致部分青少年不但高消费去追求网红的穿戴,而且一心渴望一夜成名,也成为网红。因此,花费大量的精力和金钱研究如何成为网红,而放弃在现实中的奋斗。

(四)微小说和微电影

1. 微小说

微小说是一种新兴的网络文学形式,其在网络中的定义为"以微博形式发表的微型小说,是微博价值延伸的一种生动表现形式"。微小说源于微博,又不同于微博,有其自己的特征和独立存在价值。新浪于 2010 年举办了首届微小说大赛,之后每年一届,受到来自社会各界微小说爱好者的欢迎。以微小说为契机,微电影、微广播剧、微绘画等,都是微小说衍生出的一系列微形式。

微小说这一小说的新形式,自诞生之日便引起争议,争议的焦点在于微小说到底是不是小说。如果微小说是小说,它在文章篇幅、故事情节上无法与正常小说相比,在叙事技巧、描写手法上缺少了一些

---

① 骆郁廷、李勇图:《抖出正能量:抖音在大学生思想政治教育中的运用》,《思想理论教育》2019 年第 3 期。

色彩。从这些方面来看，微小说似乎缺少通常小说的某些条件。但是微小说具备小说所需的人物、情节、环境等要素。微小说的特点是：篇幅短小，却选题精心；情节单一，却构思巧妙；细节简化，却含义深刻；语言简单，却出人意料。另外，微小说的发表平台为网络平台，借助"微时代"移动网络特点，作者可以随时发布，不受周期限制，读者可以随时阅读，方便作者和读者的交流，有利于微小说这一文学形式的发展。

微小说是"微时代"的典型代表产物，并随着微技术的更新换代而得到了迅猛的发展。但微小说也存在着明显的缺点，由于受到篇幅的限制，必然缺乏文学性，而且内容比较单一，多为反映情感世界的内容。因此，微小说因其固有的缺陷，一直无法得到主流文学界的认可。但"微时代"的特点就是对新生事物抱有宽容的态度，对待微小说也一样，允许它的逐渐成长，并最终走向成熟。

2. 微电影

微电影诞生于20世纪90年代的美国，起初在酒吧、咖啡厅等休闲场所，由创作者为客人播放。而今天的微电影已经不再是简单的短片，而是在电影艺术和电视剧艺术的基础上，借助"微时代"技术发展出来的小型影片。微电影一般时长在三十分钟以内，但具有完整的故事情节，且具有可观赏性，能让观众留下深刻印象，甚至长时间保持记忆犹新。微电影借助"微时代"碎片化的传播方式及接收方式，在网络空间迅速发展。近年来，国内涌现出诸多微电影平台，其中最具代表性的是"V电影网"。

2006年《一个馒头引发的血案》开创了中国"微电影"的先河，2010年凯迪拉克广告《一触即发》，意味着中国微电影的诞生，而同年筷子兄弟的微电影《老男孩》，引发网络上的"微电影热"。微电影大致分为草根恶搞型，如《七喜广告——"七件最爽的事"》；青春爱情型，如《假如爱情》《爱情的时态》《私人订做》《诺亚方舟》《轻晃的流年》；励志奋斗型，如《老男孩》《为渴望而创》《梦想到底有多远》；古风型，如《九歌学堂》；感人亲情型，如《父亲》《把快乐带回家》《空巢老人》；唯美风景型，如《66号公路》《再一次，心跳》。

微电影的一个特殊类型是行业微电影，行业微电影主要是关于某一行业领域特征的微电影，目前呈良好发展态势。行业微电影涉及范围广泛，包括党建微电影、禁毒微电影、消防微电影、法制微电影等。行业微电影能够展示行业面貌，具有很强的针对性和实用性。行业微电影可以采取多种表现手法，可以纪实、可以新闻专题也可演员表演来完成叙事，因此具有极强的生命力。行业微电影推动了微电影事业的发展，深化了人们对某一个行业的了解，提升了行业形象，也有利于行业工作开展，是微电影走出商业维度的一个重大突破。

然而，微电影是碎片化时代电影形式的一次创新，同样也存在一些问题。部分微电影一边播放一遍拍摄，根据观众反应不断调整拍摄内容，而公众的点赞、评论及转发代表了社会价值取向。但受众评判水平参差不齐，在表达自我意愿的同时可能有所偏激，可能导致微电影的拍摄偏离初衷，而一味地迎合大众，会导致内容失控。由于微电影已经成为文化产业链中的一个环节，观众的感性认同代表了认可微电影里传递的价值理念，同时观众也将潜移默化地受到微电影价值观的影响。因此，应对微电影内容进行管控，不能任由其发展而造成不良后果。

三　商业类技术

电子商务分为广义的电子商务和狭义的电子商务两种。广义的电子商务是指使用各种电子工具从事的商务活动，狭义的电子商务主要指使用网络从事的商务活动。因此，电子商务涵盖两个要素，一是利用网络；二是商务活动。电子商务具备五大要素，交易平台、消费者、商品、物流、支付系统。电子商务具有普遍性、即时性、便利性、高效性等特点，电子商务的出现，使消费者能够通过网上购物，缩短了与生产者之间的距离，提高了交易效率，降低了交易成本。另外，消费者还可以通过网络了解本地商品信息，然后再到现实中购物，大大节约了交易时间。电子商务可提供虚拟交易和管理等服务，因此，具有商务洽谈、交易管理、网上支付、广告宣传等多种功能。"微时代"，移动电子商务以其快捷的流通、低廉的价格优势呈现蓬勃发展态势，移动电子商务已成为国民经济的重要增长点，其产业规模、技术服务、物流配送、移动支付等各方面不断升级换代，共同促进电子商务发展。另外，涉农电子商务快速发展，商务部开通了全国农产品商务信息公共服务平台，促进农副产品销售。同时，中国电子商务的国际影响显著提升，电子商务企业陆续登陆美国资本市场，国际资本市场反响强烈。

（一）微商概况

微商是一种移动社交电商方式，是企业或个人基于微信等社会化媒体经营的新型电子商务。基于微信公众号的微商称为B2C，基于朋友圈开店的称为C2C。微商借助微信朋友圈熟人效应，实现商品的朋友圈展示、熟人转发等发散性链接，从而实现商品的社交分享。

微信的最初功能设计是社交软件而非营销工具，因此，微商的优势在于去中心化的用户沉淀，其较传统电商能更快更准地找到用户群，实现销售的大幅增长。微商并不是单纯的朋友圈卖东西，C2C形式是在朋友圈早期过度开发的一种擦边球营销，商品质量、物流、维权都得不到保障，代理分销裂变式零成本营销模式，导致大量非法三无产品充斥着朋友圈。朋友圈营销成为微商的早期形式，这种不完善的营销模式必然要遭到替代。C2C的进一步发展是基于微信公众号的微商B2C，其商品的质量、物流、维权由供应商解决，当消费者认可所使用的产品后，可申请成为企业微信商城的微客，分享商品链接，在朋友圈推荐商品，实现裂变式营销，而获得分佣。这种形式属于优质正品和分佣奖励的结合，比单纯朋友圈卖货更有保障，也更能激励微客的分享营销动力。微信的官方商城营销模式为零售商搭建了自营体系之路，逐渐开始与淘宝营销分庭抗礼。这种营销拥有完备的交易平台、分销体系、会员体系、售后维权，是微信营销成熟的标志。未来的零售行业将是电商、微商、传统零售三分天下、长期共存的局面。

(二) 大学生微商行为的价值

"微商"作为一种新兴营销模式，在"互联网+"背景下应运而生，成为当前一种重要的网络营销方式。在"大众创业、万众创新"新思潮的影响下，在校大学生创业主动性不断提升。大学生群体具有头脑灵活、思维开阔和好奇心强等特点，乐于尝试与接受新生事物，微商的营销方式切合大学生的心理与行为特征。同时，大学生具备较强的思考能力与理解能力，具有一定的资金支配能力，这些都为大学生成为微商提供了必要条件。此外，微商不要求具有相关资质、固定营业地点等条件，灵活的方式与较低的门槛，使大学生更容易进入该领域。最为重要的一点是微商需要广泛的社交圈，而大学生本身就属于社交活跃群体，通过同学间交往传播能够形成强大的社交圈，解决了微商销售网络的问题。因此，越来越多的大学生成为微商的一分子，不断创新与探索着新的商业模式。

大学生通过成为微商不仅可以为他们带来经济上面的帮助，在其他方面也会给大学生带来提升。首先，提升实践能力。在经营过程中，每个环节都需要亲力亲为，从商品采购到营销推广到发货，每一项工作都会锻炼大学生的实践能力。其次，提升人际交往能力。微商重要的工作就是与人交流沟通，大学生可以在这个过程中增强与人接触、沟通的能力。最后，培养吃苦耐劳的精神品质。大学生微商起步阶段难免会遇到困难与失败，通过克服种种困难会使大学生形成吃苦耐劳、艰苦奋斗的品质，有利于实现自我价值。

(三) 大学生微商行为弊端

虽然大学生成为微商有许多独特的优势，但是大学生对新事物往往缺乏理性的判断，遇到困难缺乏一定的承受能力。大学生成为微商的原因多是受到同学、朋友的影响以及对高收益的向往，对待微商创业项目到底选择什么，以及风险和前景的分析往往做得不够，对成为微商的一些基本技能掌握不足，导致大学生微商经营亏本的案例屡见不鲜。同时，当代大学生大多是独生子女，独立生活能力、处理问题能力及社交能力都存在欠缺，一旦遇到挫折与失败容易放弃，心理承受能力较差。大学生微商行为的弊端体现在如下方面。

首先，大学生微商从众心理导致风险意识欠缺。成为微商进行网络营销，由于门槛低，不需要相关审批手续，易学易懂，推广宣传成本较低，非常受年轻人欢迎。大学生在校园内做微商，主要是通过朋友及同学传播推广产品信息，客户范围相对稳定，经营的商品也主要为了满足年轻消费群体，因此营销的产品有一定的市场需求，部分大学生利用相对稳定的客户资源获得了较好的盈利效果。然而，也有部分学生不满足于现有客户对象，在经济利益的驱使下，将客户范围扩大到校园外相对陌生的环境中，对客户群体心理的把握和了解缺乏研究，导致所售商品不能够满足不同用户的需求，加上经验缺乏，对经营商品的功能、品质了解不够，经常会陷入货物积压、理赔纠纷甚至经济诈骗等困境。原因在于大学生微商对市场的风险把握不够，没有随着客户范围和环境的变化重新定位与深入评估风险与措施，自身的学习和思考不足，一旦经营出现问题，不仅经济方面会带来损失，对大学生创业信心也会造成一定打击。

其次，大学生微商缺乏监管，存在"微传销"隐患。微商属于新生事物，目前监管上不健全，导致部分微商变成微传销。如微商的层层代理销售模式，就类似于传销。这种微商经营中很多卖家并不以卖出产品为目的，而是以发展下线为经营目的。他们发展出层层代理商，让分销商大量囤货，当分销商无法售出产品时，上线就让分销商继续发展下线。这种传销式微商经常在朋友圈中晒大笔的成交账单，而实际上账单只是营销的一种手段，大部分账单都是伪造的，目的是展示产品的良好销售前景，吸引微友加入销售团队。面对巨大的经济利益诱惑，不少大学生未加考察就盲目成为经销商，缴纳一笔代理费，囤积了大量的货品后就再无下文。

最后，大学生微商维权困难。大学生从事微商活动经常会遇到因为商品质量或安全问题的客户问责。大学生微商供货一般由上级代理商提供，解决途径也只有询问上家，而上家与上级代理商也是一种代销的关系，对于货物的来源和质量问题也并不十分了解。最后往往由于上家或者厂家推诿而将商品问题转嫁到大学生微商身上，造成客源的丢失。而大学生微商由于采购质量不好的产品等问题，也会导致货物积压，造成的经济损失一般也只能由大学生自己承担。因此，大学生代理商维权之路困难重重。

第 二 章

青少年虚拟自我的基本理论问题

要充分认知网络中的虚拟自我，需追溯虚拟自我的发展历程，即网络出现前的虚拟自我，包括自我概念的研究、中西方不同文化背景下产生的虚拟自我等。由此才能揭示出青少年虚拟自我存在何以可能，其特点、价值、发展路径等问题。

第一节 虚拟自我的由来

恩斯特·卡西尔在《人论》中说，"认识自我乃是哲学探究的最高目标"。[1] 早在两千多年前，苏格拉底提出了"认识你自己"。[2] 但真正较为科学而系统地对自我的研究，只是近百年来才引起人们更多关注。截至目前，关于自我问题的研究已取得很多成果，而且研究的视角很宽泛，涉及哲学、伦理学、宗教、语言学、社会学等诸多领域。有关"自我"概念的研究，包括两个方面。一是关于"自我"本身的性质、内涵、构成、产生、演变、发展、功能等方面的认识和理解；二是关于"自我"研究的思想前提、理论预设、研究视角、派别区别的研究。第一个方面的研究关注于具体问题；第二个方面综合许多学科关于"自我"的研究，从横向和纵向进行比较，关注"自我"观念本身的发展线索。目前有关自我概念的研究，大致有五种基本取向：

---

[1] ［德］恩斯特·卡西尔:《人论》，甘阳译，上海译文出版社 2003 年版，第 3 页。
[2] Myers D. G. , *Social Psychology* (5*th ed.*), New York: McGraw-Hill, 1996, p. 40.

心理学取向、现象学取向、认知行为取向、社会文化取向、后现代取向。

近年来，中国哲学、社会学、心理学工作者对自我的研究主要取得了如下进展：翻译和介绍了一些国外有关自我的理论著作，比较有代表性的是佟景韩、范国恩与许宏治共同翻译的苏联哲学家伊·谢·科恩的《自我论：个人与个人自我意识》[1]、韦子木翻译的简·卢文格所著的《自我的发展》[2]；赵月瑟翻译的乔治·H. 米德所著的《心灵、自我与社会》[3]。包晓霞对现代西方社会心理学关于自我研究的基本理论进行了简述[4]；李晓文[5]、杨宜音[6]、曾向和黄希庭[7]等也从不同角度介绍了国外自我研究的新成果。大量国外文献的翻译工作，促进了国内有关自我的理论研究。国内对人的自我问题研究最初大多是从心理学、伦理学角度来进行的。许金生发表在《未来与发展》1986 年 6 月刊上的论文"试论中国实现现代化的人格发展问题"，是当代中国这项研究的较早之作。随后《中国青年报》《光明日报》发表了一系列有关人格问题的文章。国内当代人格理论研究的重要成果主要体现在袁贵仁的《人的哲学》、曲炜的《人格之谜》、高瑞泉的《健全人格及其发展》、韩庆祥的《马克思主义个人观》等专著及一系列关于人格、人的素质的论文中。这些成果逐步把人格理论的一系列重要问题呈现出来。余潇枫在 20 世纪 90 年代末期出版的《哲学人格》，集中国前期人格理论研究成果之大成。张文喜所著《自我的建构与解构》是国内学者的一部重要的自我论专著。张庆熊的《自我、主体际性和文

---

[1] [苏] 伊·谢·科恩：《自我论：个人与个人自我意识》，佟景韩等译，生活·读书·新知三联书店 1986 年版。

[2] [美] 简·卢文格：《自我的发展》，韦子木译，浙江教育出版社 1998 年版。

[3] [美] 乔治·H. 米德：《心灵、自我与社会》，赵月瑟译，上海译文出版社 2008 年版。

[4] 包晓霞：《现代西文社会心理学关于自我研究的基本理论述评》，《社会心理研究》1995 年第 2 期。

[5] 李晓文：《自我（self）心理学对精神分析学说的发展》，《心理科学》1996 年第 5 期。

[6] 杨宜音：《自我与他人：四种关于自我边界的社会心理学研究述要》，《心理学动态》1999 年第 3 期。

[7] 曾向、黄希庭：《国外关于身体自我的研究》，《心理学动态》2001 年第 1 期。

化交流》、倪梁康的《自识与反思》等著作，也都把研究集中于人的个体存在和人的自我意识问题上，对人格自我理论资源的挖掘达到了新的深度。韩民青的《哲学人类学》提出了与"自然人"本质不同的"非原生人、新生人"概念。[①] 近年来还出现了一些从哲学角度研究自我问题的博士学位论文。中国人民大学的龙斌[②]将实践和文化活动有机结合起来对自我问题进行了重新的审视。复旦大学的张湛[③]通过对广义和狭义"灵知派"的理论研究来分析神性自我。吉林大学的黄振地[④]以德国古典哲学中自我的逻辑化和本体化的统一为线索来考察自我学说的发展过程。

国内学者对自我问题的研究丰富了人格理论的研究内容，大大加深了对自我的存在、本质、价值等问题的理解。但就总体水平而言，国内的自我理论研究在许多方面还处于起步阶段。正如余潇枫在《哲学人格》一书中指出，我们当前的人格研究停留于概念分析和移植具体科学人格理论的东西较多，而能切实解决人格形而上学问题，具有较高哲学价值的理论很少。另外，对当代科技新成果带来的自我问题关注不多。比如克隆技术带来的克隆人自我问题、网络技术带来的虚拟自我问题等，都对传统的自我观发起了新的挑战，值得认真思考。

一 西方文化中的虚拟自我

自我问题是人的本质问题的一个重要方面。苏联哲学家伊·谢·科恩曾指出，自我问题实际上包含了许多具体问题，包括人的类特性（人与动物的区别）、个体的本体论同一性（人在不断变化的条件下和他一生的时间内是否始终是他自己）、自我意识现象及其同意识和活

---

① 沈亚生：《马克思主义哲学视野中的人格自我与个体性》，博士学位论文，吉林大学，2004 年，第 78 页。

② 龙斌：《人的自我论：实践和文化活动中的个人》，博士学位论文，中国人民大学，1998 年，第 46 页。

③ 张湛：《神性自我：灵知的理论、历史和本质》，博士学位论文，复旦大学，2007 年，第 97 页。

④ 黄振地：《"自我"的形上建构——德国古典哲学中自我学说的发展》，博士学位论文，吉林大学，2007 年，第 62 页。

动的关系、个人积极性的界限（人实际可能实现什么）以及人的选择的合理性受什么制约、推动和验证，等等。[①] 网络中的"虚拟自我"带来的问题，实际上正是这些问题在网络时代的进一步发展。

有关自我的传统理解，一直强调"自我"的主体性、实在性和统一性。对于笛卡尔来说，"我思故我在"，自我问题首先是自我认识的问题。洛克认为人可以失去自己的某一部分肉体，改变自己的职业，清醒或是酩醉，但是他仍然认为自己是同一个人。因为在所有这些变化过程中，人的意识保持着继承性和统一性，因此，自我取决于意识。莱布尼茨认为个人的道德统一性是自我的特殊的第三维，其产生有赖于主体对自己的行动和与之俱来的赏罚的意识。康德指出自我这个概念是矛盾的，因为对自己的意识本身已经包括了双重的自我：一是自我作为思维主体，这是纯反思的自我；二是自我作为知觉、内部感觉的客体，本身包括使内部经验成为可能的许多规定。在费希特那里，自我是无所不能的活动主体，它不仅认识，而且设定、创造整个周围世界即他称为"非我"的东西。这种观点强调了主体的意义。黑格尔摒弃了费希特关于自我是第一性的、直接给定的实在性的说法。他认为实在的人的自我是有生命的、活动的个体，而他的生命就在于能把自己的个体性显现到自己的意识和旁人意识里，就在于表现自己，使自己成为现象。

在黑格尔之后，哲学家对自我的理解少了些理性思辨，多了些文化色彩。按照萨特的说法，自我不是实在的主体，而是意识投射于世界的一种自发可能性。罗杰斯的人格理论认为，个人觉知到外界事物，并经验到他自己。个人对这些事物赋予意义，于是这些知觉与意义的整个系统便构成个人的现象场，而其中和我们自身有关的知觉和意义便是所谓的自我。尼采认为，真正的自我并非某种存在于那里可以被找到或被发现的东西，而是某种必须被创造的东西。福柯说，从自我不是给定的这一观点出发，只有一种可行的结果：我们必须把自己创

---

① ［苏］伊·谢·科恩：《自我论：个人与个人自我意识》，佟景韩等译，生活·读书·新知三联书店1986年版，第21页。

造成艺术品。按照现代心理学的理解，个体通过与他人和事物接触，获得关于自我的直接经验；通过对来自别人对自己言行的评价的知觉，获得关于自我的间接经验，二者合一便形成现实的自我观念。这里仍然强调自我的实在性和统一性。

在网络技术出现之前，生活在现实环境中的人就已经通过思维的能动作用，创造出虚拟自我的某些形态，如理想的自我或想象的自我。正如人们在发明创造的实践活动之前，需要先在头脑中形成"实践理念"一样，人们想改变和完善现实自我的努力也需要有一个目标，这个先行设定的目标就是虚拟自我。网络出现前的虚拟自我之所以存在，是由于人们对现实自我常常不满意，力求加以改变和完善。中国古代志士仁人追求的"理想人格"、西方宗教信徒追求的神圣境界，还有不少人对乌托邦生活的向往，其实都要以这个相对隐蔽的虚拟自我为体验载体。当古代思想家反思"自我"观念的时候，已经在不同程度上触及虚拟自我的问题。

古希腊和古罗马时期的虚拟自我是一种寄托在神话和艺术创作中的虚拟自我。尽管这一时期的哲学家已经有了相当发达的关于世界本原、理念和逻辑方法的认识，但这种认识并未否定人的灵魂与神之间的联系。当时人们相信人死后灵魂依然存在，而且只有摆脱肉体的情欲束缚的灵魂才能真正掌握理性和智慧，才能达到"神人合一"的境界。从柏拉图到斯多葛派，都有类似的主张。[1] 脱离人的肉体且又能掌握理性与智慧的灵魂，正是朦胧形态的虚拟自我意识。通过灵魂对神的意志和作用的感受、体验、想象，就是以这种能够与神相通的虚拟自我的存在为前提的。换言之，有了这个想象中的自我的存在，人们才能理解神意如何作用于人的灵魂，进而支配人的行为。这个想象中的虚拟自我的外化，就体现为对以神话为题材的大量艺术作品的创作和鉴赏，由此造成灵魂、艺术与神的深刻互动，这是古希腊、古罗马艺术之所以有非常浓厚的神话色彩的重要原因之一。需要注意的是，

---

[1] 王生平：《"天人合一"与"神人合一"——中西美学的宏观比较》，河北人民出版社1989年版，第3页。

这时的虚拟自我是相当自由的、个性化的，但同时又带有理性色彩，因而才能成为后来文艺复兴的思想资源。

欧洲中世纪的虚拟自我是寄托在教父学和宗教神学中的虚拟自我。基督教教义中的"原罪"和人死后升入天堂的想象，同样要以能够与神沟通的虚拟自我的存在为前提，但这个神是唯一的上帝。能够与上帝对话的不是现实的肉体凡胎，而是人的灵魂中超越现实的虚拟自我。这个需要基督教教义和宗教神学教条规定其存在方式和价值取向的虚拟自我约束着现实生活中的自我，这就是上帝的意志体现。教徒们通过宗教仪式、教规和具有宗教色彩的建筑和装饰来体验这种虚拟自我的存在，这是一种直接面对上帝时的感受。它缺乏个性化色彩，信仰高于理性。修道士们认为，自我认识是认识上帝的最可靠的和唯一的道路。① 这种内省式的自我认识的对象，就是与现实自我相对应的宗教意义上的虚拟自我。

欧洲近现代的虚拟自我是一种靠理想化建构起来的虚拟自我。现实的自我受到现实生活诸多因素的束缚，并不是完全自由的，完全的自由只有在理想的世界里才能彻底实现。对理想世界的想象与体验，要以在理想世界中虚拟自我的存在为前提。因此，人们开始为理想而奋斗，力求将理想化为现实。作为一种极端化的考虑，出现了对乌托邦的想象和追求。人是一种二重性的存在，既有经验性又有超验性。人的这种二重性决定了人永远会对现实世界抱有不满——即使现实世界已经相当不错；这也决定了人总是会憧憬一种非现实的世界——即使这种世界永远不可能实现，或者即使实现了也并不像以前想象的那么美妙。这就是源远流长的乌托邦思想的人性根据之一。正是这种在不满足状态中对满足的追求，促使人们不断构建乌托邦的幻想。② 对乌托邦世界的想象和体验，同样要以乌托邦世界里的虚拟自我的存在为前提。托马斯·莫尔的《乌托邦》和康帕内拉的《太阳城》中的描

---

① [苏] 伊·谢·科恩：《自我论：个人与个人自我意识》，佟景韩等译，生活·读书·新知三联书店1986年版，第37页。
② 孟建、祁林：《网络文化论纲》，新华出版社2002年版，第256页。

述，正是乌托邦世界里的虚拟自我应该看到的情景。①

　　对虚拟自我的理想化建构，势必面临虚拟的理想自我与并不完美的现实自我之间的冲突，这是一种矛盾的自我心态。正是这种矛盾心态为网络中虚拟自我的产生埋下了伏笔。有了心灵中矛盾的自我积蓄的张力，才会出现日后通过技术手段转移和释放这种张力的探索。德国哲学家费希特对这种矛盾的自我心态进行深刻的分析。他提出了超越于个体之上的绝对自我，认为自我是纯粹的自觉的本原行动，包括自我设定自我、自我设定非我、自我与非我统一等过程。他说"我是什么，我知道。我既是主体，又是客体，而这种主客同一性，这种知识向自身的回归，就是我用自我这个概念所表示的东西"。②在他看来，自我是在其经验的规定中意识自己，而且他只能这样意识自己。而这经验的规定必定以某种外在于自我的东西为前提。换言之，没有非我，自我意识不到自己，也不能存在；自我只有作为对象性活动的过程才能存在。这样，自我就树立了对立面、非我。③"非我"的产生源于自我为了更深层次地把握自身，是依据自我的能动的创造性而生产出来的。费希特认为"非我"作为自我的否定物只是自我的主观设定，并通过能动的活动来解决，它仍存在于主观范畴之中，这也体现出自我的创造性和生产性，同时使自身得到更为完整的把握和理解。

　　费希特认为人是精神和肉体、自我和非我的统一。就其一般存在而言，人是理性生物（自我），以"纯粹自我"形式存在，不受外部事物决定，而是理性自己决定自己，是自由的。就其具体的存在而言，人又是感性生物（非我），以"经验自我"形式存在，受外部事物决定，是不自由的。"经验自我"是"自相矛盾"的，也是必然要消除的。人应当自己决定自己，而绝不能让某种异己的东西来束缚、奴役

---

① 全增嘏：《西方哲学史（上册）》，上海人民出版社1983年版，第425—436页。
② ［德］约翰·戈特利布·费希特：《论学者的使命 人的使命》，梁志学等译，商务印书馆2008年版，第7页。
③ ［德］约翰·戈特利布·费希特：《论学者的使命 人的使命》，梁志学等译，商务印书馆2008年版，第7页。

和决定自己。"人本身就是目的",① 但这一目的还有待人本身去努力实现。从最终意义上说,自我与非我的统一,"纯粹自我"与"经验自我"的统一,就是人的最高目的和使命。费希特的"纯粹自我"观念强调自我的理性自主特征,但对这一特征做了高度玄学化的概括,使其具有超验性质,因而具有唯心主义色彩。但他对自我的理性自主特征的理解是有启发意义的。人不应该只为了直接的感性满足而行动,而是应该为了理想的目的而行动。显然,现代意义上的"自我"不仅强调独立的人格、自觉的意识、个性化的选择,而且注重理性的自主选择和自我约束能力。

虚拟的理想自我与并不完美的现实自我之间的矛盾,对虚拟自我日后成为一种相对独立的存在有着深刻影响。虚拟自我是由于现实自我的认识需要,为了更深层次地把握自身而建立的,是依据自我的能动的创造性而生产出来的。它是对现实自我的延伸、对象化和反思,也要受现实自我的限制,最终要与现实自我实现统一。

二 中国传统文化中不完善的虚拟自我

与欧洲历史上的虚拟自我存在形态不同,中国传统文化中的虚拟自我有着另外的表现形式。中国传统社会生活中的"自我",是在宗法文化当中形成的"自我",表现出"求统一、尚传承、重内省、轻开拓"的文化心态②。在这种文化环境中,个性独立的"自我"缺乏发展空间。个人是群体的一分子,是由其所属的社会关系所规定的。只有将个人,包括自己的命运和利益托付给所属的群体,"自我"及其价值才能够因群体的存在而存在,并借群体得到体现。中国传统文化中的自我又是在情境意义上存在的自我。人们的生活方式遵循儒家的中庸之道,抵制极端倾向,这导致传统的"自我"是适应性的"自

---

① [德]约翰·戈特利布·费希特:《论学者的使命 人的使命》,梁志学等译,商务印书馆2008年版,第9页。
② 周辅成:《从文艺复兴到十九世纪资产阶级哲学家政治思想家有关人道主义人性论言论选辑》,商务印书馆1996年版,第99页。

我"，而非挑战性的"自我"。当得不到现实的认可时，这种内在的"自我"往往会以虚拟自我的方式表现出来，进而获得精神上的慰藉和对现实的超越。

中国传统文化中的虚拟自我大体上可分为积极心态、超脱心态和消极心态这三种表现形式。就积极心态而言，是将个人的"小我"升华为心系天下的"大我"，"先天下之忧而忧，后天下之乐而乐"，最终达到"天人合一"的伦理境界。就超脱心态而言，是将现实的自我升华为"物我相忘"的"超我"，这就是庄子所谓的"天地与我同生，而万物与我为一"，逍遥于天地之间，与世无争，怡然自得。就消极心态而言，就是体验鬼神世界和转世轮回的"自我"，追求穷奢极欲的"自我"，或者心理变态的"自我"。

在中国传统文化里，"自我"这个概念用得不多，日常语言中更多的是谈"我"或"自己"，其含义与现代意义上的"自我"有一定区别。现代意义上的"自我"不仅强调独立的人格、自觉的意识、个性化的选择，而且注重理性的自主选择和自我约束能力。简言之，管不住自己的"自我"并不是完善的"自我"。如对自己原始欲望毫无克制的人、唯我独尊肆无忌惮的人、人云亦云随波逐流的人、看破红尘放弃追求的人，都不能说是拥有完善"自我"的人。冯友兰先生曾说："中国文化讲的是'人学'，着重的是人。中国哲学的特点就是发挥人学，着重讲人。"[1] 既然如此重视"人"，为什么没有能够发展出现代意义上的"自我"观念呢？这是值得深思的。传统文化中不完善的"自我"主要有以下形态：

（一）宗法文化形成的"自我"

在中国古代，以家庭为单位的自给自足经济结构相当稳定，在此基础上形成了家族本位的宗法文化，表现出"求统一、尚传承、重内省、轻开拓"的文化心态[2]。在这种文化环境中，个性独立的"自我"

---

[1] 冯友兰：《三松堂全集》，河南人民出版社2000年版，第460页。
[2] 周辅成：《从文艺复兴到十九世纪资产阶级哲学家政治思想家有关人道主义人性论言论选辑》，商务印书馆1996年版，第99页。

缺乏发展空间。中国传统文化中的"人"是"类"存在物，个人是群体的一分子，是由其所属的社会关系所规定的。只有将个人，包括自己的命运和利益托付给所属的群体，"自我"及其价值才能够因群体的存在而存在，并借群体得到体现。在以血缘关系为纽带的家庭和家族集团中，个人必须适应并严格遵从所在群体中被确定的身份和角色，按照"父慈、子孝、兄良、弟悌、夫义、妇听、长惠、幼顺、君仁、臣忠"的等级名分去处理人际关系[1]。"自我"的主体性、独立性、人格、地位随时可以被忽略和剥夺，而义务和责任则显得突兀而繁重。

国外汉学家对中国传统"自我"意识的见解，对于认识这个问题颇有启发意义。如著名美国汉学家孟旦认为："在中国，无我是最古老的价值之一，以各种形式存在于道家和佛学，尤其是儒学之中。无我的人总是愿意把他们自身的利益，或他所属的某个小群体的利益从属于更大的社会群体的利益。"[2] 美国学者爱德华兹发挥了孟旦的这种诠释，他说，"大部分中国人将社会视为一个有机整体和无缺陷之网。网上之线必定按照预先规定的形式相互配合。希望每个人像一个齿轮那样，在总是有效率的社会机器上恰当地发挥作用"。[3] 无论是孟旦还是爱德华兹，都把儒家社会理解为一种集体主义。在这种集体主义之中，个人利益显然被排除在外，并且在相当的程度上，个人利益服务于个人所在的团体。

显然，在宗法文化环境中，中国人的"自我"是在情境意义上存在的自我，每个人是社会有机体当中的一个细胞，缺乏独立自我的概念。中国人的自我认同原则是以义务为责任本位，以他人为价值取向的群体自我认同原则。

（二）信守中庸的"自我"

情境意义上的"自我"使中国人避免了由于个人的孤独而产生的

---

[1] 《礼记·礼运》。

[2] Donald J. Munro, *The Concept of Man in Contemporary China*, Ann Arbor: University of Michigan Press, 1979, p. 40.

[3] R. Randle Edwards, *Human Right in Contemporary China*, New York: Columbia University Press, 1986, p. 44.

问题，也有助于解决个体无力应付的民族和国家方面的问题。但是家族的稳定性和人际关系的安全感，使得许多人并不热心于激烈的变革。儒家学说认为，所谓好的社会，就是其中每个人都处在其合适的位置上，当个人健全时，家庭也就健全；当家庭健全时，民族也就健全；当每个民族都健全时，全世界都健全。为了达到这个目的，每个人必须在君臣、父子、夫妇、长幼和朋友这五种主要关系中完成分内的职责与义务。① 因此，以"天命"为意志主宰，由"礼"体现的社会等级制度，必然渗透到中国人传统思想观念中，塑造了依附性人格和趋同性的思维定式，杜绝了大多数人与封建社会制度抗争的可能性②。在传统文化"天人合一"的命题下，贵和尚中慢慢消解了一切外在的对立和冲突。结果也就有了"正中平和，宁静致远"等一系列生存理念。中国人的生活方式遵从孔子的中庸之道，抵制极端主义的学说，支持中间道路的哲学，这导致传统的"自我"是适应性的"自我"，而非挑战性的"自我"，是遇事习惯于调整、适应，但很少改变环境的"自我"。

（三）以心为镜的"自我"

道家强调"用心若镜"③，认为心理要像镜子那样去反映外物或天道，才能洞察事物的底蕴，而不为外物的现象所蒙蔽，才能反映外物而又不损心费神。庄子在其《天道》篇中称"圣人之心"为"天地之鉴""万物之镜"，这面"镜子"反映出来的是作为过程的事件本身，以及从特殊视角解释的外部世界秩序。在中国传统哲学"天人合一"的思维模式下，"人"固然处在重要地位，但并不能从其中找到真正的"自我"，因为"镜子"只能用来照他物，而不能照"镜子"本身。在以"内心"为镜的哲学中，只能找到"天"，不可能发现"自我"。如我国学者邓晓芒先生所说："在数千年的中国思想史中，几乎

---

① ［美］许烺光：《中国人与美国人——两种生活方式比较》，华夏出版社1989年版，第322页。

② 戴嘉枋、王建、孔祥宏等：《雅文化——中国人的生活艺术世界》，中州古籍出版社1998年版，第118页。

③ 《庄子·内篇·应帝王》。

看不到一种要从根本上把客观世界当作镜子来反观自己、发现自己、认识自己的努力。而总是看见把人的内心当作平静的湖水，如同明镜……这样一种'人之镜'，不仅没有激发中国人的自我意识，反而成了使人放弃一切自我追求、退入无所欲求的永恒虚无之境的'宝鉴'。"① 所以，要找到"自我"，必须把客观世界当作镜子，即把与人对应的"自然"作为"镜子"来反观"自我"。

现代意义的"自我"是具有独立意识，积极进取精神的"自我"。它能够正视现实，并按照理性行事。它既能够坚持自我的目的，以利于自我价值的实现，又能够遵照现实原则不让自我和外界规范发生激烈冲突，控制自我的种种非理性的冲动和欲望，将其引入社会认可的渠道。所以，现代意义的"自我"是具有独立人格、自觉意识的"自我"，是具有自主选择和约束能力的"自我"。按照这种理解，由于受传统文化影响，历史上中国人的"自我"观念发育不够充分，个人内在的"自我"可能与表面依"礼"而行的、克制的"自我"有着巨大反差。当得不到现实的认可时，这种内在的"自我"往往会以一种非理性的方式表现出来，进而获得精神上的慰藉和对现实的超越。

比如，借酒浇愁可使"自我"暂时超越现实的种种痛苦；不愿正视现实的"自我"常常选择琴瑟世界、诗文之中，作为自己精神的避难所。这种修身养性的选择貌似达观，本质却是深深的无奈，"自我"在无尽的诗文音乐中寻求自我价值，希冀在缺憾的现实以外得到心灵的解脱和安慰；一旦仕途不顺、怀才不遇，退隐山林便成了丧失积极进取精神的"自我"的必然选择；在抱负成空、极度心理失衡下，不能控制冲动和欲望的"自我"，会使文人雅士变成社会浪子。人们也就在这种感性泛滥、理性缺失中完全迷失自我。此外，封建社会人们自我的利益需求也可能通过隐蔽的非理性的方式呈现出来，这就是在冠冕堂皇的借口下追求极端的个人私利，在温文尔雅的外表掩盖下追求粗俗的甚至是变态的享乐，甚至穷奢极欲，最后导致"自我"的毁

---

① 邓晓芒：《人之镜——中西文学形象的人格结构》，云南人民出版社1996年版，第4页。

灭。这种非理性的"自我",与现代意义上的能够进行理性约束的"自我"相去甚远。非理性的"自我"不仅不会导致人格的升华和积极的进取,反而会带来钩心斗角,形成"内耗"。在传统文化环境中这种发育不完善的"自我",与当今"虚拟自我"问题的严重,是否存在内在的因果联系呢?由于中国传统文化中的"自我"是情境中的、他律的,甚至是为他人而存在的"自我",因而一旦进入缺少监督和约束的虚拟世界,便导致了非理性的"虚拟自我"大量出现以及人们对网络环境的特殊痴迷。

总之,网络出现之前的虚拟自我无论有何种特殊形态,无论是欧洲历史上的虚拟自我还是中国传统文化环境中的虚拟自我,有一点是共同的,那就是这些虚拟自我不会在现实的人际交往中存在,因而不会带来人际交往中实在的心理感受。我们不会感受到或觉察到与他人的虚拟自我的实际交流,不会有对他者的虚拟自我特征的理解。人们都有各自的与神、上帝或理想世界直接打交道的虚拟自我,但这些虚拟自我彼此并不来往,这是一种相互隔离的"类存在物"。

第二节 "微时代"下网络中的虚拟自我

网络出现后,不仅外在地改变了人们的交流方式、行为方式,而且影响了青年一代的价值观,改变了他们的思维方式,甚至重塑了青年人的自我。网络创造了一个虚拟的世界,给虚拟自我提供了一个新的存在空间,使人们对虚拟自我有了全新的认知。虚拟自我不再是仅存在于心灵中的不易被察觉到的孤独的自我,而是存在于网络虚拟世界,得到认可、能够被回应,甚至影响现实自我的存在。网络出现前的虚拟自我通常处于比较隐蔽的状态,人们往往忽视其存在,更缺乏系统的研究。网络的出现给虚拟自我提供了新的存在空间,虚拟自我相应地出现了新的存在形态,虚拟自我问题也随之凸显出来。尤其是"微时代"的到来,使虚拟自我问题进一步放大,人们开始意识到虚拟自我的存在,但目前网络中的虚拟自我大多还处于虚拟自我发展的初级阶段,并不成熟。只有网络中的虚拟自我成为一种自主的存在后,其本质特征才能显现,网络才能真正为人所用,而不会异化为控制人的工具。

一 网络虚拟自我的形成
(一) 依赖网络环境的虚拟自我

网络中的虚拟自我的发展可以分为初级阶段和高级阶段。初级阶段的虚拟自我是依赖网络环境的虚拟自我,具有明显的感性特征,受到网络中外界信息和网络运营商的很大影响,往往不能自控。尽管从心理上可以感受到虚拟自我的存在,但不能完全自主,因而不是本质意义上的自我。高级阶段的虚拟自我是经过自觉反思和道德提升形成的,是理性支配下的具有自觉意识的自我。网络中的虚拟自我只有达到这一阶段,网络才能真正成为人的有利工具而不是束缚或误导人的设施。达到网络中虚拟自我的高级阶段,是网络中虚拟自我发展的目标,但现在很多人尚未达到这一阶段,很多相关社会问题都由此而来。

"微时代"网络技术以其特有的虚拟性、即时性、隐匿性、自由性等特征吸引人们摆脱现实世界束缚,投身于虚拟世界。越来越多的人认可网络带来的虚拟体验,为网络中虚拟自我的出现提供了技术条件。"微时代"网络技术提供了通过集体想象的交互感应所生成的网络虚拟空间,身体缺席的互动方式有利于个体摆脱物理世界的束缚,而又能在虚拟世界获得在场感。虚拟自我也摆脱了仅存在于想象中的问题,而获得了新的存在空间。因此,网络中的虚拟自我进入了其初级发展阶段,即依赖网络环境的虚拟自我,这一阶段的虚拟自我受情绪影响较大,并不成熟,处于感性体验阶段。

网络出现之前的虚拟自我与依赖网络环境的虚拟自我分属不同阶段,有着不同的形成条件和特征。网络出现之前的虚拟自我是主观表象虚构的自我,这个虚拟自我存在于主观意识空间,在人的头脑中实现角色转换即可化身为虚拟自我。而依赖网络环境的虚拟自我的形成,需要网络技术营造出虚拟空间为载体,自我才能通过电脑、网络、软件等一系列设施,从现实空间到虚拟空间,从而形成网络中的虚拟自我。

依赖网络环境的虚拟自我区别以往虚拟自我最主要的特征是,实现了虚拟自我之间的交流。在网络虚拟世界中,不同个体塑造的虚拟自我实现了自由交流。而电脑前的屏幕同时具备镜头和眼睛的功能,个体在注视屏幕中的他者时,他者也通过屏幕在注视着"我"。萨特说:"在注视中双方都力图将彼此置于对象的境地,但是这种努力恰恰证明两者都是自由的,都是权力的主体。"① 因此,网络空间不仅是信息存储和发布的场所,更是一个互相关注、应答的平台。虚拟自我在相互交流、实践、注视的反馈中,个体的主体性不断得到认证。"微时代"网络也成为发现新的自我,以及自我建构、自我反思的空间。

依赖网络环境的虚拟自我,并不是自主的虚拟自我,受外界环境影响较大。在现实世界中,个体绝大多数时间要以真实身份面对他人,接受他人的监督,行为受规范的约束,缺乏一定的自主性,不能随意选择交流对象。而网络中的虚拟自我则打破了诸多限制,匿名性使得个体可以不断地变换身份,不必接受熟人社会的监督,自由选择的程度大为提高。如可以自由选择要浏览的信息,自由选择交流对象,自由地发表观点,自由地选择塑造成何种面貌的虚拟自我。然而,这种虚拟自我缺乏理性精神的指导,属于低级阶段的感性的虚拟自我,容易受到外界环境的影响,甚至被不良信息所误导。个体在浏览网页的时候容易被超链接带离原本关注的信息,而长时间的停留在网络运营商所希望停留的页面;网络游戏爱好者,容易被网络游戏设计者所摆布,沉迷其中无法自拔;期待在网络中找到真爱的人,往往不知对方是男是女;想透过网络经商的人,面对浩瀚的网络商机而难辨真伪。网络成瘾发生在依赖网络环境的虚拟自我阶段,因为这种感性的情绪化的虚拟自我并不是自主的虚拟自我,所以并不能做自己的主,出现各种网络社会问题在所难免。

---

① 王卓斐:《网络自我认证悖论的审美反思》,《社会科学辑刊》2007年第6期。

（二）网络中自主的虚拟自我

按照费希特的观点，真正的自我或纯粹的自我，应该是理性支配行为的自我。理性不受外部事物决定，而是自己决定自己，是自由的。人应当自己决定自己，而绝不能让某种异己的东西来束缚、奴役和决定自己。在网络世界中，当虚拟自我具有相当大的自主性，可以自由选择、自由行动、自由表达的时候，如果能够自觉用理性约束自己的行为，使网络真正成为发展和完善自我的工具，使虚拟自我成为现实自我的补充和升华，这时的虚拟自我才是处于高级阶段的成熟的虚拟自我，才是真正的或者说本质意义上的虚拟自我。这种虚拟自我不再依赖网络环境，也不会受网络环境中各种外在因素的干扰和摆布，成为网络中自主的虚拟自我。

网络中自主的虚拟自我的形成并不是依赖网络环境的虚拟自我的自然发展，这里要经过一个思想境界提升的过程。在网络空间中沉溺于各种感性刺激的虚拟自我，尽管可以感受到不同于现实自我的另一个"自我"的身份和心理特征，但并未意识到自己仍然在受"他者"的摆布，并不是真正意义上的自我。网络中自主的虚拟自我要有独立的人格、自觉的意识，注重理性的自主选择和自我约束能力，在此基础上才做出个性化的选择。但是要做到这一点是相当不容易的。按照社会学家吉登斯的观点，全球化和现代性带来一个多元化的生活世界，每个自我必须不断地应对不同的参照系，因而时刻感到心灵的动荡；它带给人们风险、不安全感、漂泊感、心理的焦虑和肉体的失重，从而加剧了"自我分裂和自我矛盾"。[①] 网络的出现为自我的进一步分裂及脱离现实自我而成为独立的存在提供了条件。在这种社会环境影响下，网络中自主的虚拟自我的形成要克服更大的阻力。

历史上关于自我认识的思想资源中，缺少应对网络空间这种新情况的相应准备。关于自我意识良性发展的道德教化途径，也难以考虑网络中虚拟自我之间可以匿名相互交流的新特点。历史上绝大多数技

---

① ［英］安东尼·吉登斯：《现代性与自我认同》，赵旭东、方文译，生活·读书·新知三联书店1998年版，第143页。

术成果，都是人类改造外部世界的工具，极少发生工具的使用直接影响人的思维和心理过程，直至改变和塑造新的人格、新的自我的情况。在这个意义上，网络中自主的虚拟自我是一个全新的事物，它还在形成和发展之中，还没有成为人类普遍拥有的自我形态。现在社会上出现的网瘾、网恋、网上欺诈等消极现象，恰恰是人们还缺乏网络中自主的虚拟自我的反映。也正因为如此，探讨网络中虚拟自我的特征、类型和社会影响，才显得尤为必要。

二　网络虚拟自我的特征

讨论网络中虚拟自我的基本特征，既要考虑网络中自主的虚拟自我的理想情况，又要考虑依赖网络环境的虚拟自我的现实情况。这些基本特征可能给人类的社会生活带来积极的影响，也有可能造成某些消极的后果。概括说来，网络中虚拟自我的基本特征有以下几点。

（一）心理感受的实在性

虚拟自我是个体在网络空间中塑造的自我，其形成的各种关系也是虚拟世界中的关系，但是虚拟自我在虚拟交往中所获得的心理感受却是真实的。也就是说，虚拟自我的行为是发生在网络空间，并不是真实的，如虚拟婚姻、虚拟祭祀、虚拟战争、虚拟死亡，但是这种虚拟行为却能给自我带来真实的心理感受。如网络游戏中攻城略地成为一方霸主而受到万人敬仰，给主体带来的成功喜悦；论坛中发布帖子受到众人点赞和转发而获得的成就感；网络交友的对象虽然只是一个符号，但情投意合所带来情感宣泄的满足。这些虚拟行为所带来的真实感受，在其他场合很难轻易实现。虚拟自我所进行的网络虚拟活动，是以现实生活为基础的，某种程度上可以说源于现实生活无法满足的心理需要。人们热衷于塑造虚拟自我更重要的是期待虚拟自我所带来的心理感受而非虚拟形式本身，这种心理感受会弥补现实感受的不足，但如果二者反差过大，或者相冲突，就会给自我带来过大的内耗，而不利于人格和心理的健康发展。

（二）人格塑造的理想化

"微时代"网络中的虚拟自我是个体想要成为的自我，往往是自我的理想状态，性别、年龄、性格、外貌、身份，都可以是一个人想要的理想化状态。在真实世界中，个体自我评价受两方面因素影响，主观方面包括心理、理想、价值观等，客观方面受他者和社会评价体系所约束。从青少年的人格形成期开始，就不断地通过他人的反馈来调整自我，逐渐形成稳定的人格特征和固有的行为范式。但这种稳定的人格和自我并非自己理想，是一种受到社会约束，甚至是他人想要自我成为的状态，因此，"微时代"网络中的虚拟自我的出现为自我人格的塑造带来新契机。

"微时代"网络中理想化人格的塑造，往往源于现实中人格的不理想。因此，自我才在网络中塑造一个理想化的虚拟人格，来弥补现实生活中由于各种限制而无法展现的一面，或者由于缺憾而没有实现的人格。这种虚拟自我某种程度上是理想自我的呈现，是一种自我想象、自我期许的产物。但网络中的虚拟自我是在网络空间中塑造出来的自我存在状态，与仅在头脑中存在的、观念的自我并不相同。网络中虚拟自我的理想化人格往往展现出来的是一种道德自我，多表现为不求回报的完全利他行为，而这些行为在现实生活中虽然存在但不如网络上常见。比如免费解答问题、免费提供技术支持、免费心理咨询、免费共享虚拟资源、免费宣传和救助等。这类虚拟自我更愿意为他人提供无偿帮助，而没有明显的利己动机，是一种理想主义人格的展现。

"微时代"网络中虚拟自我的利他行为特点为：第一，网络中虚拟自我的利他行为是一种信息传递，具有非物质性的特征；第二，网络中虚拟自我的利他行为具有广泛的参与性，不受客观条件如时间、地点、民族等的限制；第三，网络中虚拟自我的利他行为具有即时性，即求助和反馈基本可以实现完全同步；第四，网络中虚拟自我的利他行为具有公开性，整个利他行为的过程都可以在网上看到。[①] 网络的匿名性有助于理想化人格的塑造，在非面对面的交流过程中，人们似乎更愿意表现出热情慷慨的一面，更愿意帮助陌生人，虽然其在现实

[①] 覃征：《网络应用心理学》，科学出版社2007年版，第40页。

中可能并不时常如此。"微时代"网络虚拟自我表现出的善意具有极大的感染力,会形成一种互助的氛围,当一个人在网络中受到毫无保留的帮助时,他也将会向其他有需要帮助的人伸出援助之手。

(三) 价值判断的情绪化

"微时代"网络吸引青少年投身其中,很重要的一个原因就是其所提供的选择自由,不但可以自由选择交流对象、自由选择所要的信息,而且可以自由宣泄情绪,而不必受社会和他人的约束。在网络中,虚拟自我可以自由地表达自己的喜悦和悲伤,可以自由地表明自己的立场和态度,使在现实中受到压抑的自我得到充分的释放。但是这种虚拟自我受情绪影响过大,是一种初级阶段的虚拟自我,在进行价值判断时也容易缺乏理性指导,趋于情绪化。

价值判断情绪化的虚拟自我容易走向极端,即怨愤。在各大网络媒体中几乎都可以看到这类极端言论,特别是涉及社会热点事件、社会问题时,就会出现一大批愤世嫉俗的虚拟自我。他们在没有做任何调查、没有了解事情原委的情况下,仅凭个人感情即作出价值判断,否定一切,怨恨一切。以人肉搜索为例,人肉搜索所涉及的事件,一般为主流道德所批判,因此,发起人肉搜索的人一般站在道德的制高点,将当事人的信息列在论坛里,让广大网民提供线索,将该人的详细信息收集出来。参加人肉搜索的网民通过网络和各种人际关系,找到当事人的所有相关资料,全部公布到网上,一旦被人肉搜索,将毫无隐私而言。人肉搜索之所以号召力如此之大,首先源于网民的正义感和责任意识。在现实生活中,由于是面对面交往以及熟人社会,人们的行为会有所顾虑,如怕受到威胁,或者怕自己利益受到损失等,对一些有违道德的行为却不敢主动揭露。[①] 而在网络社会,匿名性为网民伸张正义提供了保护屏障,网民可以相对安全地声讨违背道德和法律的不义之人。但是,这种隐藏在网络大幕下的网民,容易受情绪化的影响,而变得丧失理性,他们往往认为自己是正义的化身,站在

[①] 王文宏:《网络文化多棱镜:奇异的赛博空间》,北京邮电大学出版社2009年版,第146—154页。

道德的制高点上，对人肉搜索的对象进行肆无忌惮地侮辱和谩骂，甚至不惜侵犯他人隐私，用违反道德的所谓"正义"来捍卫正义。尤其当人肉搜索成为一种舆论热点时，众多网民的盲目从众容易导致舆论暴力。

"本我"是弗洛伊德精神分析学说中的一个代表性概念，属于本能层面，包括生命所需的基本欲望。本我受意识的控制，依据快乐原则，不受外在规范和道德的约束，最高目标为个体的生存繁殖，在现实生活中处于完全潜意识状态，通常不被个体所察觉。因此，本我的诸多特征无法在现实空间表达，受到极大的抑制。而虚拟网络为本我的表达提供了适应的环境，这种情绪化的虚拟自我某种程度上类似本我，是内心想法毫无克制的流露。沉溺在虚拟世界中的情绪化虚拟自我，不必像现实社会中那样必须充分对自己的言行负责，感受到肆意的自由。而长此以往，将导致自我弱化对现实中各种约束的体认，更容易出现反社会行为。毫无克制的情绪化的虚拟自我，在网络上容易带来巨大的混乱。这种虚拟自我无视法律和道德，在网络上随意散布流言、偷窃他人虚拟财物、制造病毒、破坏网络秩序、肆无忌惮发泄、肆意践踏他人尊严，做出各种恶劣行为。尤其一些有心理问题的人、一些离经叛道的人、一些仇恨社会的人，他们更倾向于将现实中的矛盾转移到网络中，而这种情绪的完全释放容易造成道德意识的丧失。

网络社会一方面充满互助的温情；另一方面又充满了谩骂、威胁等不良现象。在网络社区经常会看到因为一点小事就用粗鲁言语贬低对方的情况，偏激的情绪充斥着网络。甚至有人故意探索那些在现实社会中，道德法律所不允许的黑暗角落。由此，在具有本我属性的情绪化虚拟自我的控制下，网络色情、暴力、网络犯罪层出不穷。部分网民希望通过塑造一个本我形态的虚拟自我，来减少在现实中此类行为的出现，然而，毫无克制的行为似乎总是在增加这样的倾向，而不是减少。[①] 例如，在网络中寻求色情暴力刺激的人，在现实中也可能

---

① ［美］Patricia Wallace：《互联网心理学》，谢影等译，中国轻工业出版社2001年版，第31—32页。

走向犯罪；沉迷在网络游戏中不能自拔的人，在现实中可能荒废了学业；在网络中习惯于肆意发泄愤怒的人，现实中也会变得越来越不宽容。网络也弱化了个体对集体的依赖性，将个体—集体关系，分解为个体—个体的关系，容易导致极端个人主义的出现，这将给个体造成错觉，认为自我在网络中不受束缚，而回到现实中却要受道德意志、法律规范的约束。长此以往自我的行为会产生强烈的反差，甚至出现自我认同危机，而导致网络中虚拟自我本我情绪的更加泛滥。

"微时代"网络中虚拟自我价值判断的情绪化，较易发生在青少年身上。因为他们的价值观尚未形成，对问题的理想化看待情绪较为浓厚，具有强烈的批判意识。另外，青少年在现实中处于社会边缘地位，拥有较少发言权，说出的观点往往不被重视，因此他们不满足于社会赋予的较少权利，而在网络上肆意宣泄。同时，网络还存在"群体极化"机制及"选择性接触假说"现象，当一种言论具有某种倾向之时，网民会沿着此种倾向发展，最后导致走向极端，形成舆论暴力。[①] 各种极端网络行为的根源，在于虚拟自我的价值判断受情绪化的影响，而没有理性的引导，因此，毫无克制的肆意发泄本我力量，无论在现实中还是在虚拟世界都是不可取的。

（四）实践活动的难约束性

"微时代"网络中的虚拟自我处于一个相对隐蔽的网络环境当中，匿名性的特点使得网络实践活动难以得到有效约束。如果在现实中个体发表了不实言论，或做出了有违社会道德的行为，必定受到社会规范的制约、公众的声讨、良心的谴责，甚至是法律的制裁。而如果网民在网络上发表了不良言论，他可以马上消失不见，如果遭到他人谴责时，可以变换身份支持自己的立场。因此，在虚拟世界，网民可能得不到约束和制裁，内心也没有受到应有的谴责，也就不会有改过自新的想法。如果网络中的虚拟自我毫无克制地释放压抑的自我，社会规范必定受到严重挑战。在现实社会，自我的形成多是通过对社会和

[①] 冯务中：《网络环境下的虚实和谐》，清华大学出版社2008年版，第106—108页。

他人一般化立场的反馈来实现的,而在"微时代"网络社会,虚拟自我的塑造是根据自己的主观想法创造的。虚拟自我参与网络建构,自我不再是社会期许的产物,而更多的是自我夸张的呈现。当虚拟自我行为在网络社会中既没有社会规范的约束,又缺乏自我道德修养时,失范行为不可避免,网络伦理问题随之出现。"微时代"网络中虚拟自我实践活动的难约束性,导致由依赖网络环境的虚拟自我向自主的虚拟自我转变存在着较大的困难。

三 网络虚拟自我存在的技术前提

(一)"微时代"网络的"人际性"

"微时代"网络中的虚拟自我并不是与他者无交流的孤立存在,而是一种有着复杂关系的社会性存在,虚拟自我存在的基础即是网络技术所带来的人际性。在网络空间,虚拟自我形成了不同于现实社会的新的社会关系、新的思维方式以及新的行为方式,这给虚拟自我带来了全新的体验。

"微时代"网络带给人的表象是一种使用工具,是科技发展的产物,是一个没有感情的客观存在。然而,实际上网络连接的不仅仅是一台台电脑,一部部手机,更重要的是互联起一个个人,将个体的虚拟自我串联起来,形成一个强大的人际网络。美国未来学家 D. 泰普思科说:"今日的网络,不仅结合了科技,更连接了人类、组织及社会。"[1] 网络的人际性还体现在网络的形成过程中。李普纳克和斯坦普斯在《网络形成》一书中写道:"网络就是连接我们共同活动、希望和理想的连环。"[2] "微时代"网络的人际性也体现在网络的用途中。美国学者奈斯比特指出:"网络是一种适当的社会技术,这是相当于适当的科学技术的一种人的作用,它起的作用是在人与人之间促成沟

---

[1] [美] D. 泰普思科:《泰普思科预言:21 世纪人类生活新模式》,卓秀娟等译,时事出版社 1998 年版,第 10 页。

[2] [日] 正村公宏、付钧文:《网络形成与信息化社会的课题》,《现代外国哲学社会科学文摘》1987 年第 7 期,转引自冯务中《网络环境下的虚实和谐》,清华大学出版社 2008 年版,第 146 页。

通与互助,这对于八十年代及以后的能源缺乏而信息丰富的未来社会极为适用。"① 美国学者埃瑟·戴森写道:"如果使用设计或建筑的语言来描述,不妨把它视作一所房屋。不同的是,网络可以成为我们所有人的潜在的家。"② 如果网络是一所房屋,那么人与人之间的物理距离就会大大拉近;网络是家,那么人类之间的心灵距离就会大大拉近。当然,目前这种"房屋"和"家"只是刚刚形成,尚不成熟。正如万维网的创始人蒂姆·伯纳斯-李等所说:"万维网与其说是一种技术的创造物,还不如说是一种社会性的创造物。我设计它是为了社会性的目的——帮助人们一起工作——而不仅仅是设计了一种技术玩具。万维网的最终目标是支持并增进世界上的网络化生存。我们组成家庭、协会和公司;我们与远方的人建立信任关系;我们相信、支持、赞同和依赖的是能够展现并且已经越来越多地展现在万维网上的东西。我们都必须确保我们用万维网建立的社会符合我们的愿望。"③

在网络时代,人们热衷于将现实世界复制到虚拟世界中,营造出另一个社会,体验全新的人际交往。而"微时代"的来临,为人际交往提供了更多的契机,使网络技术的人际性变得越发突出起来。微信沟通的高速便捷,微博评论的畅所欲言,网络直播的人间百态,电子购物的方便快捷,网络几乎已经融入现实生活中,现实和虚拟的界限不再清晰,现实的人际交往与虚拟的人际关系交织在一起。在这种环境中产生的虚拟自我并不能完全隐去现实的痕迹,虚拟自我不仅要受虚拟人际关系的束缚,也要受现实自我的影响,在多种人际关系中映射出自我的存在。

(二)"微时代"网络的"后现代性"

网络本身常常被人们与"后现代主义"联系在一起。全球性网络

---

① [美]约翰·奈斯比特:《大趋势:改变我们生活的十个新方向》,梅艳译,中国社会科学出版社1984年版,第197—198页。
② [美]埃瑟·戴森:《2.0版:数字化时代的生活设计》,胡泳等译,海南出版社1998年版,第11页。
③ [英]蒂姆·伯纳斯-李、[英]马克·菲谢蒂:《编织万维网:万维网之父谈万维网的原初设计与最终命运》,张宇宏等译,上海译文出版社1999年版,第124页。

与后现代文学运动同时出现,这并不是巧合。后现代主义不要权威,不要万能的教条,不要基本道德规范。在艺术、科学和政治领域,后现代主义的主题被贝斯特和凯尔纳在《后现代转向》一书里归纳为:"后现代转向的结果是分散、不稳定、不明确、不可预测。"① 这同网络技术的特性是相一致的。

"后现代主义"最初为建筑学术语,指的是一种反对普遍性、对称性和稳定性,批判和背离现代主义风格,崇尚个体性、非对称性、相对性的新的建筑设计风格。后来"后现代主义"被用来指称那些具有上述思想倾向的各种思潮。后现代思潮出现在哲学、文学、社会学、政治学等众多学科之中。网络技术出现之后,人们发现网络是一种表达后现代主义各种观念的极佳载体。后现代主义反对绝对性崇尚相对性,反对同一性崇尚分散性,反对纯粹性崇尚多元性,反对确定性崇尚非确定性,反对对称性崇尚灵活性,反对中心崇尚边缘……这些倾向恰恰都能在网络世界中找到恰如其分的说明。"谈到网络,你不能停留在二维的平面思维乃至三维的球面思维上,必须认识到,有多少节点连接就有多少维度。所有空间的传统隐喻——远近、上下、大小、内外——在网络这里都必须重写,也就是被联系和结合的概念所取代。力量不是来自于集中、纯粹和同一性,而是来自发散性、多元化和编织各种微妙的联系。"② 正如我国学者易丹所言:"无中心的网络鲜明地反映了后现代社会多元化的现实,作为后工业社会的标志之一,或者信息社会的标志之一,网络也许是后现代主义状态最完美的说明书。"③ "微时代"网络技术的这种后现代特性,为虚拟自我的充分发展提供了土壤。

(三)"微时代"网络的"去抑制效应"

心理学中的"抑制"是指个体行为受到自我意识的束缚,对社会

---

① [美]凯文·凯利:《网络经济的十种策略》,萧华敬译,广州出版社 2000 年版,第 54—56 页。
② 胡泳:《另类空间:网络胡话之一》,海洋出版社 1999 年版,第 54—56 页。
③ 李河:《得乐园失乐园:网络与文明的传说》,中国人民大学出版社 1997 年版,第 45 页。

情境维持一定的焦虑水平以及在乎他人的评价等种种现象。而"去抑制"则相反，指的是个体行为不受自我意识约束，对社会情境缺少必要的焦虑水平，不在乎他人的评价。网络的出现使人们意识到，人们在网上容易产生去抑制的特征，尤其在青少年身上表现得更为突出。青少年在网上更愿意表达自己的感情，更容易与陌生人交流、更愿意暴露自己的弱点，甚至更容易表现出攻击性。网络就像一个巨大的黑洞，使人们深陷其中不能自拔，久而久之个体的行为、语言甚至思维习惯、人格特征都受到网络的巨大影响。针对网络行为的这种特点，约翰森提出用去抑制来解释人们在网络空间的行为方式不同于真实生活空间行为方式的问题。苏勒将这种内涵引入对网络行为的描述，提出了"网络去抑制效应"（The Online Disinhibition Effect）的概念，即人在网络环境中表现出不同于面对面交流时的行为，包括放松、较少的约束感和较开放的自我表达。[①] 产生网络去抑制效应的原因是在网络的虚拟环境中，基于个体的内心准则和社会规范的制约而形成的行为的自我克制大大削弱或不复存在，从而使人们的网上行为表现出一种解除抑制的特点，以至于与现实生活中的行为方式存在巨大差别。网络用户会由此变得更加轻松自在，更少感觉到限制，并更加开放地表达自己。网络的去抑制效应有助于个体深藏在潜意识中的不为正常社会意识所容许的各种需要和愿望得到满足，从而使得网络成为那些不堪现实生活重负的人们的"心灵避难所"。

"微时代"网络的"去抑制效应"吸引了大批的虚拟自我沉溺其中，是网络自我存在的重要条件。虚拟自我在网络空间中的交流大部分以文本形式出现，缺少声音、表情、动作等线索，更不受社会地位等因素的制约，极大地简化了现实社会中的场景。因此，个体在网络中的很多表现并不会发生在现实中，从而导致网络去抑制效应的出现。如在网络游戏中，玩家更看重的是游戏实力而不是对方的社会地位，玩家崇尚的是游戏技术而不是社会背景。

---

① John Suler, "The Online Disinhibition Effect", *International Journal of Applied Psychoanalytic Studies*, No. 2, 2005.

"微时代"网络去抑制效应的存在有其积极因素：一方面，网络的去抑制性使得个体能够更为自由地表达自我，无论是真实的自我还是隐藏在内心深处的自我。谦卑的人可以塑造一个高傲的虚拟自我，懦弱的人可以塑造一个强大的虚拟自我，不善言语的人可以在网上侃侃而谈。另一方面，网络有助于更为真实地讨论问题。通过网络进行问题的探讨，网民更注重的是问题本身，而不是参与讨论问题的人，而在现实中讨论问题会受到问题参与人身份的约束，而使问题不能得到充分探讨。"微时代"网络"去抑制效应"也存在一定的消极作用：一方面，去抑制使得人们更容易受到网络不良信息的诱惑，或者无所顾忌地参与传播不良信息；另一方面，长时间在网络上体验去抑制效应会逐渐改变个体的认知，回到现实中可能也会无视规范，影响真实自我，甚至导致非理性的虚拟自我成为自我的一部分，进而改变了人格特征。"微时代"网络的"去抑制效应"导致越来越多的人投身网络虚拟世界，去创造一个虚拟自我。

（四）"微时代"网络的"容器人效应"

"容器人"是日本学者中野牧在《现代人的信息行为》一书中，描述现代人的形象时提出的概念。[①] 容器人是针对电视带来的不良后果而提出的，特指在日本伴随着电视成长的一代，他们与以印刷媒介为成长背景的重理性、重逻辑的父辈不同，容器人更注重的是感官的刺激。他们习惯于在一个封闭的空间，被动地接受电视以声音画面的方式传递来的信息，而不再接受主动的有选择的阅读和交流。这种与世隔绝的信息接收方式，导致伴随着电视成长起来的孩子变得冷漠内向、以自我为中心、不愿与外界交流，甚至缺少一定的社会责任感。这种类型的人就像生活在一个封闭的容器里，容器之间是彼此封闭的，即便与其他容器接触，也只是容器之间的碰撞，根本无法深入容器之内，因为容器人彼此之间希望保持一定的距离，并不希望对方进入自己的内部。

---

① 杨逐原：《媒介化社会中真正的"容器人"》，《消费导刊》2010年第4期。

容器人虽然强调个性的独立和自由，却容易受电视媒介的影响，他们的行为模式类似于电视不断切换的镜头，缺乏一定的连续性，他们的思维方式来源于电视屏幕而不是生活实践，缺乏应对大千世界的能力，甚至他们的价值观也来自于电视，缺少包容性易走向极端。而"微时代"的到来使这些问题变得愈加突出，"微时代"网络营造出的虚拟世界较电视媒体营造的世界更具吸引力，容器人也由电视人走向了网络人。与电视媒介相比，"微时代"网络具有自主选择性和互动性，似乎摆脱了容器人效应，然而事实却是容器人效应更加严重。因为网络虚拟自我的选择也是在网络开发商、运营商控制下的选择，而这种虚拟的自由却让容器人沉溺其中无法自拔。他们抛弃了现实世界，终日畅游在虚拟世界中，忘却了现实自我，迷恋虚拟自我，丧失了理性，被感性活动所控制。他们为自己打造了一个坚硬的容器，不愿意出去，也不容许他人进入，久而久之，他们的行为方式、思维方式、价值标准都按照虚拟世界的方式处理，成为不折不扣的容器人。

美国新闻记者托马斯·弗里德曼在其畅销书《世界是平的》中指出，这个平坦的世界是个人电脑、光缆、工作流程软件的综合产物，其全球化的触角代表了人类沟通模式的一种根本改变。在这种时代日新月异的大背景下，"容器人"的心理打上了强烈的后现代烙印，这种特征可以归纳为三点：第一，拒绝客观现实。他们很难把信仰投入既有的社会价值信念中，所以越来越关注自我，相信自己的感觉，在自我的感觉中寻找价值。第二，追求与他人的差异。这意味着他们为了让自己不淹没在泛滥的信息符号中，不断地追求独树一帜的自我，在标新立异中体现价值。第三，看重彼此平等的沟通。任何带有权威、说教乃至威胁的言论，都会引发他们敬而远之的防备心理，转而活在一个可以自由表达意志的虚拟世界里。

"微时代"下，后现代性成为"容器人"的典型心理特征，这种心理特征表现为如下三个方面：第一，不接受现实的评价标准。容器人过度关注自身感受，以自我的价值理念作为客观事物的评判标准；第二，标新立异。容器人以与他人的差异来突显自我价值的存在，他们为不淹没在众人之中，不断地追求与众不同，以此来凸显独一无二的自我。第三，拒绝权威，追求平等。容器人拒绝任何带有说教或威胁的言行，对于权威采取躲避的态度，倾向于生活在独立自由的虚拟世界。① 卡西尔认为："人不再生活在一个单纯的物理世界中，而是生活在一个符号的宇宙中"，② 而"微时代"的现实是："人不仅生活在一个符号的宇宙中，而且他自身也变成了相应的符号。"德国作家尼古拉斯·鲍恩认为：从根本上说，人的所有自觉或不自觉的工作和创造性活动，都是为了让生命有一种存在的需要和感觉。而如今，电脑和网络在不知不觉中剥夺了人类的这种生命个体的独立性知觉。它在制造一种潜在的人的生命知觉危机，它以一种颇具欺骗性的手段、方式和魅力抓住了你的注意力，并在你没有意识到时就排斥掉你的其他的生命感受，让人一接触到它就不顾一切地一头栽进去，失去理性和自我。③

总之，"微时代"网络技术的以上特征为虚拟自我的出现创造了条件。"微时代"网络技术的"人际性"使网络主体不仅可以感受到人际交往关系，更能够从他者的反映意识到自我的存在，使虚拟自我得以在这种环境中产生。"微时代"网络是一种表达后现代主义各种观念的极佳载体和隐喻，正是这种后现代特性，为虚拟自我的充分发展提供了土壤。"微时代"网络的"去抑制效应"导致越来越多的人愿意在网上塑造一个虚拟的自我，生活在虚拟的社会里。而"微时代"网络技术的"容器人效应"进一步吸引网民生活在虚拟世界中，甚至导致了自我迷失其中。尽管"微时代"网络技术出现的初衷是丰富人们的思想，而不是把人的思想框定起来，成为沉迷于网络世界的"容器人"。但"微时代"网络的技术特性为虚拟自我的产生创造了条件，这是最初发明和普及网络技术的人们所难以预料的。

---

① ［美］托马斯·弗里德曼：《世界是平的》，何帆、肖莹莹、郝正非译，湖南科学技术出版社2006年版，第162页。
② ［德］恩斯特·卡西尔：《人论》，甘阳译，上海译文出版社2003年版，第38页。
③ 王治河：《扑朔迷离的游戏》，中国社会科学出版社2005年版，第95页。

第三节 "微时代"下青少年网络虚拟
自我的成因及类型

一 青少年网络虚拟自我形成的心理原因

中国学者张怡认为，"心理学是虚拟实在的物理学"。[1] 个体网络行为更多的是寻求精神上的满足，虽然网络实践是虚拟行为，但这种虚拟行为却能带来真实的心理体验，尤其在自我价值实现、自我认同等方面。因此，心理层面的自我满足，成为虚拟自我产生的基础，是一种思想上的动力来源。

（一）对所缺乏事物的心灵补偿

"微时代"网络中的虚拟自我使青少年获得了现实中无法实现的心理诉求，是对所缺乏事物的有效弥补，是一种内在的要求。现实生活工作压力、学业负担可能给青少年带来了巨大心理压力，却没有得到足够的重视。具有一定心理问题的青少年又极力隐藏自己的问题，害怕被他人发现，这种压抑积累到一定程度时，就会导致更大问题的出现，需要一个宣泄途径及时将不良情绪释放出去。但是，现实中很难找到合适的释放途径，即便找到，青少年也是以一种有所保留的方式，小心谨慎行事，而这将进一步加大自我的压抑情绪。因此，青少年期盼一种安全隐匿的形式来及时释放不良情绪和压抑的自我，期待一个平等温情的关系来降低自己日常生活中的紧张和不安，并且期待获得尊重和关爱。

根据海德格尔对词源的分析，安居的意义与安全、自由有共通性。安全与自由结合在安居之中，安居建立在人类对安全与自由的需求之上。更进一步来说，安居又与建筑、存在的意义相关，这显示出安全与自由是人类存在的基本需求。[2] 因此，当青少年在现实中难觅安居之所时，必然要在"微时代"网络虚拟世界中开拓一个自由与安全之

---

[1] 张怡：《虚拟认识论》，学林出版社2003年版，第80页。
[2] 刘丹鹤：《虚拟世界的自我虚构与超真实》，《晋阳学刊》2006年第2期。

地。网络交流这种身体不在场的交流方式，为青少年提供了一个摆脱压力释放自我的场所。在越来越快的现代化进程中，越来越多的青少年投身虚拟世界塑造一个虚拟自我，以实现自己的心理寄托。虚拟自我以理想自我的方式呈现，排解了现实自我的紧张和不安，疏导了不良情绪，协调了本我、自我和超我的平衡。尤其当个体遭遇巨大挫折时，网络虚拟自我可以及时进行危机干预，虽然这种干预来自虚拟世界，但带来的主观心理感受是真实的，可以起到一定的积极作用，而且体验可以被整合到现实人格中，从而促进青少年人格的健康成长。

人的成长过程是一个社会化的过程，人对自我的认识是从社会与他人对自我的评价中获得的。正如法国精神分析学家拉康所说"他人对自己的评价就是自我评价的一面镜子"[①]。美国社会心理学家费斯廷格也指出："一个人对自己的价值的认识是通过与他人的能力与条件的比较而实现的。"[②] 在现实环境中一个人会逐渐意识到他人的既定评价，无论是被欣赏还是被否定，都可能因为这种既定性而束缚其个性，失去自由，进而失去自我的激励、期待和对未来生活的热情。一帆风顺的人会因为缺乏挑战而患有马斯洛所说的"超越性失乐症"[③]。而失败太多的人，会因为挫折感而抑郁。

社会批判理论的代表人物弗洛姆认为，对想象、幻想的事物和境界的需要实际表达的是对现实事物和环境的失望。一个人在现实生活中无能为力，想改变社会却最终被社会所"同化"和"改变"。在这种情况下，或者通过逃到幻想世界中满足自己还没有完全泯灭的希望，或者通过创造现实社会中不存在的完美形象，来唤起大众对未来的憧

---

① ［德］格尔达·帕格尔：《拉康（大哲学家的生活与思想）》，李朝晖译，中国人民大学出版社 2008 年版，第 63 页。

② Festinger L., *A Theory of Cognitive Dissonance*, San Francisco: Stanford University Press, 1957, p. 80.

③ ［美］亚伯拉罕·马斯洛：《存在心理学探索》，李文湉译，云南人民出版社 1987 年版，第 9—10 页。

憷。① 在虚拟和构造性的自我环境中，青少年可以打破现实社会的限制而体验一种自由的意境。从这个意义上讲，网络中的虚拟自我是对人的现实环境和人的现状的反抗。

后现代主义者贝克尔认为，当"虚拟自我"被描述为一种"多分布系统"和相应具有不止一种的在屏幕出现的可能性时，它是一种隐喻，一种随计算机科学的技术术语而出现的古怪的关系。主体身份的多样性实际是对传统身份观念的单一性、确定性和僵化性的挑战。② 青少年塑造的虚拟自我可以根据现实中的自我特征，塑造一个类似的存在，也可以塑造一个跟现实自我完全不同的虚拟自我。更具有吸引力的是，青少年可以随心所欲地创造一个全新的自我，让虚拟自我体验现实中所无法经历的事情。

虚拟自我的产生跟宗教神灵的创造类似，都是追求一种心理寄托，人们塑造的虚拟自我大多恰恰是理想我或自己崇拜的偶像。当现实生活不如意或心理备受压抑时，往往希望出现一个强大的力量改变一切，而网络就提供了这样的可能。在"微时代"网络上，青少年可以塑造多个虚拟自我，分别解决现实中不同的问题，这些虚拟自我可以平衡发展互不干扰，也可以相互交织互相弥补，这实际上是一种自我的心理调节，是青少年的心灵安居之所。

（二）自我认同的实验室

现实社会中探索自我同一性的方式很多，但是青少年倾向于选择在"微时代"网络上塑造虚拟自我这种伤害性最小的形式，来探索自我同一性，这也是一种自我体验、自我反思的方式。某种意义上可以说，人类社会变迁的过程就是个体自我认同的历史进化过程。中世纪人们的自我认同是以"原罪"和对上帝的臣服作为主要内容的。由于文艺复兴、宗教改革、启蒙运动炸开了中世纪的精神堡垒，西方近代人们的自我认同是以理性加天赋人权作为主要内容的。20世纪初，"认同"被认为是"铸造"成的，铁一般坚实的东西，牢牢地握着一

---

① 陆俊：《重建巴比塔：文化视野中的网络》，北京出版社1999年版，第139页。
② 陆俊：《重建巴比塔：文化视野中的网络》，北京出版社1999年版，第137—140页。

种核心认同的中心价值;或者如社会学家大卫·雷斯曼所说,它是一种内在的方向。[①] 在每一阶段,自我认同都表现出相对的稳定性、连续性、一致性和完整性。自我是一个整体的想法,与具有稳定的象征、机构与关系的传统文化是相当一致的。

  自我的去中心化理论近年引起了学界的普遍关注。持此种观点的学者认为,日常生活迫使个体维持稳定,成为一个前后一致的行为者,以便为自己行为负责,这部分动摇了自我中心理论。弗洛伊德最具革命性的贡献之一,就是对自我提出一种非中心化的见解。瑞士心理学家荣格的学说也强调自我是各种不同原型的汇集所。近几年,后结构主义思想家们提出更激烈的自我非中心化的结论。拉康认为,每个人形成意义的复杂联合链,并不导致最后终点或核心的自我。拉康坚持认为自我是一种幻觉,试图以后现代的方式说明自我并非一个实物或一种持久性心理结构。青少年可以通过在许多自我之间遨游的方式建立一个自我。[②] 从后现代主义的观点来看,从前的一体观念已不再十分适用,因为传统社会正逐步走向瓦解。而网络为这一观点提供了一个最好的诠释空间,网络中虚拟自我身份的复杂化和碎片化正是后现代社会多元化、流动性的反映。在《网络世代的身份认同》一书中,美国学者雪莉·特克以MUD（Multi-User Dungeon,多用户地牢）游戏为例,将自我认同问题放到后现代主义文化脉络下来理解,认为网络使得看似抽象的后现代主义有了具体的展现。对于后现代生活中特有的自我建构与再建构,MUD已成为一座重要的探索身份认同的社会实验室,我们透过网络的虚拟世界可以进行自我塑造与自我创造。[③] 网络中的虚拟自我诠释了后现代主义的自我观并发挥了自我认同的实验室功能。

  自我认同实验是个体成长必不可少的环节,尤其在青少年阶段经

---

  ① [英]大卫·雷斯曼:《保守资本主义》,吴敏译,社会科学文献出版社2003年版,第8页。
  ② [美]雪莉·特克:《虚拟化身:网络世代的身份认同》,谭天等译,台湾远流出版公司1998年版,第241页。
  ③ [美]雪莉·特克:《虚拟化身:网络世代的身份认同》,谭天等译,台湾远流出版公司1998年版,第178—180页。

历的自我认同危机将会促进自我获得深层次自我同一性。如果青少年不进行自我认同实验，就不能获得最适合自己的存在方式。然而，这种自我同一性的探索并不局限于青少年，随着工业化节奏加快，生存方式不断改变，人们可能会经常变化自己的生活环境、寻找新的就业机会，甚至改变自己的价值观，这就需要停下来重新思考相关问题，以便确立新的生活目标，这就是 MAMA 机制，即暂停—获得—暂停—获得机制。① 在循环过程中，当个体质疑自己的生活时便进入暂停阶段，经过反思和调整进入新的阶段，获得深层次的自我认同。

　　青少年痴迷于在网上实验自我同一性，是由于现实中的 MAMA 循环机制存在导致严重后果的风险。而在网络上实验可以有效规避严重后果的出现，如果发现实验方式不适合新的自我同一性，可以马上选择放弃这个虚拟自我。很多青少年乐于在网上尝试完全不同的虚拟自我，去体验现实中无法体验不同的自我同一性。平日沉默寡言的人可以化身政治家，侃侃而谈各国热点问题，胆小懦弱的人可以化身大将军，指挥千军万马。② 网络是一个理想化的自我认同实验室，提供了一个开放、自由的空间，青少年可以在此任意塑造虚拟自我，进行自我认同的实验。然而，并非每个被塑造的虚拟自我都是完善的，有些虚拟自我很随意，具有暂时性，可能很快就被抛弃掉，这种虚拟自我是自我同一性实验的预试品。而有的虚拟自我个性丰富，甚至让人觉得比真实自我更加吸引人。这种虚拟自我往往是青少年的理性自我，而这种体验可以形成积极的自我认同，即如果网络人格获得更多的认可和称赞，这种积极影响就会被积累到现实中，现实自我也将会试探性塑造类似人格，网络即成为自我认同的实验室。

　　这里需要讨论"多重自我"的问题。多重自我同时并存是否意味着完整、统一的主体性的不可挽回呢？实际上，网络身份多元化使过

---

　　① ［美］Patricia Wallace：《互联网心理学》，谢影等译，中国轻工业出版社 2001 年版，第 23 页。

　　② ［美］Patricia Wallace：《互联网心理学》，谢影等译，中国轻工业出版社 2001 年版，第 37 页。

去在统一的身份认同状态下处于边缘地位的个体和群体获得了话语权。"碎裂作为一种'情感的结构'绝不是生活在后现代阴影中的人们的专利。迷惑、焦虑、痛苦,这些词语可以用于过去一百五十年来文化和艺术表现中的任何历史时刻。"① 完整、统一的自我只是一种想象或抽象,也许从来也不曾存在过这样的自我。碎片化并不意味着无法把握的分裂,它的意义在于赋予边缘社会群体在其亚文化形态中获取的身份的合法性。美国哲学家马克·波斯特总结道:"电子媒介交流展示了一种理解主体的前景,即主体是在具有历史具体性的话语与实践的构型中构建的。人们从此可以将自我视为多重的、可变的、碎片化的,简言之,自我认同本身就变成了一项规划。"② 个体一生一直处于不断地自我认同过程中,因此,自我也一直处于未完成状态,是一种开放性的自我。而网络为自我认同提供了一个更加开阔的实验室,虚拟自我的出现更加顺应了"微时代"的要求,较易与青少年产生共鸣。虽然自我的完整、统一、连贯被社会所倡导,但自我的多重、分裂、断裂感也常常为青少年所感知。因此,虚拟自我提供了体验后现代思潮的契机,是一种探讨自我的新方式。

(三)面具下的自我舞台

人格可以看作人在社会中扮演一定社会角色时所戴的一个面具。"微时代"网络中的虚拟自我为隐藏在面具下的自我的真实心态提供了一个舞台,以此来释放自我并借此体验不同的人生,这是自我表现的需要。心理学家荣格把人格称为自我的外延,包括外部的自我和内部的自我。③ 人在现实中,从出生到死亡的每个阶段都被社会赋予相应的角色,从而逐渐实现人的社会化过程。这些社会赋予的身份,有些是自我所喜爱的,有些是被迫接受的。然而,无论是否为自我所喜

---

① [美] 马克·波斯特:《第二媒介时代》,范静哗译,南京大学出版社 2000 年版,第 107 页。

② Sandel M., *Liberalism and the Limits of Justice*, Cambridge: Cambridge University Press, 1982, p. 150.

③ [瑞士] 卡尔·古斯塔夫·荣格:《未发现的自我》,张敦福译,国际文化出版社 2007 年版,第 145 页。

欢，在社会化交往过程中往往需要这些角色的面具，因此个体必须自觉或被迫地带上这些面具。这些角色的面具是个体社会化的标志，却也标志着个体无法完全展现真实的自我，而使自我受到一定程度的压抑。而每个人都有摆脱面具，展现自我的欲望，只是在现实中很难找到合适的契机。因此，现实中经常会感受到人们展现自我、改变自我、超越自我的需要。如在古希腊的酒神节、当代的狂欢节、西方的行为艺术、中国的穿越小说中，个体所表现出来的都是希望冲破面具，从固定的角色中解放出来，创造一个全新的自我。这不单是一种逃避，更是创造和更新。① 从福柯的"生活即是创造"到大卫·雷·格里芬"人是创造性的存在物"②，无不重复着这同一主题。他们认为，人们能够最终开始追寻人格中那些受压制的方面，而不用屈服于人的日常环境的限制，这与其说是对传统人格的"摧毁"和"否定"，不如说是自我创造性的集中体现。遗憾的是，这种自我创造的人格在现实社会受到了多方面的压制，最终只有利用艺术的外衣才能得以彰显。

"微时代"网络的后现代性契合了青少年不屈服日常生活限制要创造自我的愿望。更重要的是，青少年可以根据自己的意愿，创造一个全新的自我，让虚拟自我体验自我完全没有经历过的历程。这个过程使得青少年创造性得到了极大的发挥和表达，使隐藏的人格得以展现，使僵化的人格瓦解。③ 按照福柯的看法，人的自我是被发明出来的，而不是被发现的。④ 因此，人本身不存在任何不可改变的规则或规范，也不存在任何隐藏在表象背后的不变的本质。人在虚拟空间中的活动，在某种意义上正是福柯所说的创造一个新自我的过程。

虚拟自我是青少年按照自己的愿望塑造的自我，能够带给青少年现实中无法获得的东西，这将有效地减轻压力，释放自我。因此，虚

---

① 李艺、钟柏昌：《论虚拟社会中的多重人格》，《江西社会科学》2004年第2期。
② ［美］大卫·雷·格里芬：《超越解构：建设性后现代哲学的奠基者》，鲍世斌译，中央编译出版社2002年版，第3—4页。
③ 李艺、钟柏昌：《论虚拟社会中的多重人格》，《江西社会科学》2004年第2期。
④ ［美］詹姆斯·米勒：《傅柯的生死爱欲》，高毅译，时报文化出版公司1995年版，第112页。

拟自我具有一定的心理调整功能，有助于青少年将隐藏在面具下的自我释放出来。弗洛伊德曾提到，压抑与宣泄是人类基本心理机制。以往，梦是宣泄的地方，正如其在《精神分析学新论》中对梦的研究中所表述的"一个梦是一个被压迫的愿望之假装的满足，它是被压制的冲动与自我的检查力的阻挠之间的一种妥协"①。"微时代"网络中的虚拟自我成为青少年"造梦"的产物，为隐藏在面具下的自我提供了一个自我展现的舞台，使青少年获得了自尊、自信等方面的满足。网络中的人格不再是单一的存在，无固定性、流动性、临时性成为网络虚拟人格的特征。青少年在与他人的互动过程中，参与了自我建构，是一个探索和认定自我的过程，更是释放隐藏在人格面具下自我的过程。

综上，虚拟自我使青少年摆脱真实生活的束缚，给了青少年从多角度展现自我的机会，使工作学习中压抑的自我得到了解放。因此，通过虚拟自我释放自我、展现自我能够丰富现实自我，增加个体的人格魅力。虚拟自我是一种创造性人格，是对传统身份观念的单一性、确定性和僵化性的挑战，表达了个体要求创造、解构现有文化结构和统治权的愿望。但如果青少年长期沉迷于虚拟自我无法自拔，而放弃现实人格的完善，进而拒绝现实中的矛盾，不愿回归现实社会，那必然出现虚拟自我和现实自我相分离，甚至出现用虚拟自我取代现实自我的冲动，进而导致人格分裂，出现自我认同危机。

（四）健康人格的诉求

对自我的研究具有本质论取向的主流人格心理学认为，整体稳定和统一性对健康人格至关重要。② 自我为了维持其整体性，必须压抑无法适应外界的部分不让它表现出来。然而，不停地在虚拟与现实之间转换必然出现人格上的混乱，导致多重人格异常。正是因为虚拟自我伴随着的是一种真实的心理感觉，对人的影响才尤其深，虚拟自我不仅是自我展现的舞台，也是舒缓心理问题的渠道。

---

① 高宣扬：《弗洛伊德传》，作家出版社1986年版，第115页。
② 丁道群、叶浩生：《人格：从本质论到社会建构论》，《心理科学》2002年第5期。

社会建构论学说以人在社会关系中的互动来阐述人格自我,以及心理情绪等现象,其反本质论的理念表现为对人格自我的理解与传统心理学截然不同,并且对本质论人格产生强烈的质疑,由此提出一系列全新的观点。

第一,人格不是存在于人内部与生俱来的,而是通过人与人之间的关系社会建构出来的。一些用来描述人格的词汇,如善良的、自私的、和善的,这些词所描述的人格并不是天生内在于某个人,而是需要特定的社会情境才能表达出来,而失去这些社会情境,这些描述人性格的词汇将失去意义。如一个人单独生活在荒野中,这些词对于描述个性起不到任何作用。因此,人格只有在人与人关系中才能被建构出来,而并非以特质的属性存在于人内部。

第二,每个人都会在不同的社会情境中带上不同的角色面具,扮演不同的社会角色。而自我从未思索过哪个角色是真实的自我,哪个并不是真实的自我。按照社会建构论的理解,这些角色其实都是真实自我的展现,因为每个自我都是在与他人的关系中被建构出来的产物,这意味着个体根据不同的情景创造不同的自我。

第三,本质论主义者认为,人应该有一个内在的、统一的、一致的自我,而社会建构论认为,人并不存在完整的、固定的自我,自我是碎片化的无关联的存在。人具有多重自我,这些自我之间也并不具有内在的一致性,而是不停地由一个情境跳转至另一个情境,是建构在一定的文化历史背景下的自我。本质论意义的人格是一种解释日常经验模式的理论,并非自我的本质属性。但社会建构论的自我并不意味着自我都是虚假的,虽然人不具有固定的、本真的自我,但同样拥有一系列真实的自我。[①] 从现代社会向后现代社会转变的实际情况看,特别是从网络世界中虚拟自我的新形态来看,社会建构论的人格理论有着更强的解释力和可信度。

以社会建构论的观点来对"微时代"网络空间的自我和人格现象

---

① 丁道群、叶浩生:《人格:从本质论到社会建构论》,《心理科学》2002 年第 5 期。

进行分析，可以得到以下两点启示。

一方面，本质论者认为，"本真"的自我为了维持人格自我的整体性，压制了不适应外界的人格，以此维护人格的统一，保持人格的健康状态。而社会建构论认为自我并非整体固定不变的，是一种"弹性的自我"，能够在不同的自我之间自由转化，而且各个自我之间是开放的，可以自由交流，适应人格的复杂性和多重性。[1] 流动的人格能够适应差异的存在，无须压抑人格中不适应外界的部分，对于个性的不同，性格的变化，都能得到很好的解释。而当不同的自我之间存在自由转化的障碍时，就会发生多重人格异常问题，"微时代"网络空间非常好地诠释了这一问题。青少年乐于在网络中塑造不同的角色，而这些角色具有的自我都是真实自我的具体表现，只不过网络把它们以一个个虚拟自我的方式展现出来。这些虚拟自我只要能够互相沟通，协调一致，保持一个弹性的自我，个体就不会有多重人格异常的问题。"微时代"网络空间是现实空间的延伸，网络空间中的角色也不是凭空产生的，是现实自我的某种反应。有时虚拟自我表达了人格中的潜意识部分，这种人格体验给了青少年重新认识自己的机会，释放了压力，有利于更好地反思自我，从而实现自我价值。

另一方面，虚拟自我一般不具备固定的结构，临时性、动态性、过程性是其特征，虚拟自我是在互动交流中的产物，通过一系列的事件才能产生意义。因此，虚拟自我的产生是一个自我建构的过程，是探索自我的结果。现实世界更加强调自我的固定结构，要求自我的连续性与同一性，而网络世界更加强调自我的多样性，将现实中掩盖的自我释放出来。[2] 现实中人的多样性通常表现为个体之间的差异，而"微时代"网络虚拟自我则表达了自我本身的多样性。

因此，虚拟世界的存在，为青少年提供了多样化的生存空间。只要正确对待虚拟自我的出现，不但不会造成人格分裂，反而有可能促进人格的优化与完善。在"微时代"网络中"我"不再是一个不可分

---

[1] Burr V., *An Introduction to Social Construction*, London: Routledge Press, 1995, p. 23.
[2] 丁道群：《论虚拟在人格发展中的作用》，《求索》2003 年第 1 期。

的精神原子，而是具有真假、善恶、美丑的任意复合体。[①] 虚拟自我展现出多重人格是正常的，虚拟自我与现实自我最终将会整合在一个完整的自我中。

二　青少年网络虚拟自我的基本类型

（一）"协调型"虚拟自我

青少年的"协调型"虚拟自我属于虚拟自我发展的高级阶段，是一种受理性控制的自主的虚拟自我，这种虚拟自我与现实自我无论在行为方式、思维方式、价值观等方面基本一致，是一种较为理性的虚拟自我，自控能力较高的青少年能较早地实现这种虚拟自我。

进入"微时代"虚拟世界的青少年，其行为方式、心理感受必定或多或少受到网络的影响，只不过根据个体不同的心理承受能力、意志品质、见识思想等，受网络影响的程度不同。对于思想较为成熟、更具有理性精神的青少年，网络对其影响较小，甚至网络能够成为青少年增长学识、提高本领的工具。即便偶尔迷失在网络中，也能及时意识到问题，很快走出困境，回归自我。因此，慎独精神是协调型虚拟自我普遍具备的品质，网络光怪陆离的世界并不会对拥有这种类型虚拟自我的青少年造成太大影响。

青少年能够拥有协调型虚拟自我，一般源于现实生活的充实。他们工作和学习目标明确，日常生活积极健康，因此并不将网络作为发泄的场所，也无须到网络上寻求安慰。因为他们在现实生活中有很强的成就感，没有必要特别在网络中塑造一个虚拟自我来展示自我。他们深知虚拟与现实的区别，不会模糊虚拟自我与现实自我的界限，更不会沉迷于"微时代"网络虚拟自我。

（二）"放大型"虚拟自我

放大型虚拟自我较协调型虚拟自我而言，思想和行为方式受"微时代"网络影响和暗示有所加强，个体的心理承受能力、意志品质、

[①] 丁道群：《论虚拟在人格发展中的作用》，《求索》2003 年第 1 期。

思想见识稍弱。拥有这种类型虚拟自我的青少年在网络上塑造出的虚拟自我与现实自我基本一致，但有所夸张。他们虽能意识到沉迷虚拟自我的危害，但有时却沉迷其中无法自拔，虽然将网络作为认识世界的工具，但由于意志不是十分坚定而免不了受到不良信息的诱惑，这是大部分青少年在虚拟自我发展的初级阶段所拥有的自我。

多数青少年在网络上塑造的是放大型虚拟自我，当代青少年衣食无忧，学习被当作这一阶段的主要任务，生活虽没有遇到太大的挫折和艰辛，但必定会存在令人不满意的地方。而这些令人不满意的地方往往不是决定性的不足，因此，这类青少年在"微时代"网络上塑造的虚拟自我，就是为了弥补现实中的不足，使现实自我和虚拟自我互相影响、相得益彰，成为更完美的自我。因此，拥有放大型虚拟自我的青少年虽然迷恋虚拟自我，但并不影响自己现实的工作和学习，"微时代"网络生活是现实生活的一部分，但绝不会破坏现实生活。

（三）"悖反型"虚拟自我

悖反型虚拟自我与前两种类型的虚拟自我有较大差异，这一类型的虚拟自我与现实自我的表现截然相反，安静的人变得歇斯底里，遵纪守法的人却肆意破坏，现实世界表现良好的学生却变得离经叛道。这种虚拟自我与现实自我处事风格大相径庭，是网络虚拟自我发展初级阶段较少出现的类型，是一种比较极端的现象。

拥有悖反型虚拟自我的青少年，现实生活往往较为压抑，他们可能承受着工作和学业的巨大压力，可能因为工作的不顺或学业落后而受到来自社会各界的指责。他们无法呈现真实的自我，不得不按照社会各种规范呈现出扭曲的自我，而真实的自我被压抑在内心深处转化为潜意识，这就部分地剥夺了他们自我实现的权利，一旦有机会，这类青少年必然会发泄出他们的欲望和冲动。然而，现实社会不允许这些负面的潜意识，如杀戮、攻击、愤怒等随意释放，因此，"微时代"网络成为这类青少年自我发泄的窗口。"微时代"网络世界所特有的自由、平等、匿名、开放等特性为悖反型虚拟自我的出现提供了条件。青少年可以自由地将现实中被压抑的自我投射到虚拟世界中，可以尽情地释放自我想法，可以随意地创造一个虚拟自我，扮演一个现实中无法实现的虚拟自我，体验现实生活无法体验的生存状态，以另外一种方式获得成功，实现自我理想，得到他人尊重，获得成就感。但是，当青少年在网络上无所顾忌地肆意宣泄时，隐藏在潜意识中的力比多也将随之毫无约束地释放，虚拟体验使自我无限沉迷于网络中无法自拔。因此，现实生活越来越不受控制，虚拟生活越来越吸引人，这就会使这类青少年产生抛弃现实自我，虚拟自我才是真正自我的想法。

  拥有悖反型虚拟自我的青少年，个体的心理承受能力、意志品质、思想见识都比较弱，思维方式和行为方式受网络影响和暗示较强，容易迷失在"微时代"网络中。他们往往将虚拟世界作为自己感情的寄托，将在现实世界压抑的自我移植到虚拟自我上，从而导致虚拟自我和现实自我产生巨大差异。这种类型的虚拟自我是个体价值观不成熟，社会经验不足的表现，很多心理问题和社会问题都由此产生。按照吉登斯的观点，全球化和现代性带来一个多元化的生活世界，每个自我必须不断地应对不同的参照系，因而时刻感到心灵的动荡；它带给人们风险、不安全感、漂泊感、心理的焦虑和肉体的失重，从而加剧"自我分裂和自我矛盾"。[①] "微时代"网络为悖反型虚拟自我出现提供了便利条件，值得警惕和反思。

  总之，由于学习负担的加重，家庭的期望，以及社会生活日益激烈的竞争局面，致使这一代孩子可能终日心事重重。在这种情况下，许多青少年渴望塑造出一个与现实自我存在着巨大差距的虚拟自我。这可以让他们在网络世界中暂时摆脱现实生活中的种种压力和不愉快，使自己得到某些满足和安慰。但这样就会产生一个问题，即在现实中积极、友好、顺从的青少年，他的虚拟自我却可能是消极、攻击和反社会的。这就使现实自我和虚拟自我无法重合，不能互相印证，从而导致双重人格。"微时代"网络造就的双重人格不利于这一代青少年的健康发展，这种人格的裂变将直接导致某种心理的偏差，如社交恐

---

  ① ［英］安东尼·吉登斯：《现代性与自我认同》，赵旭东等译，生活·读书·新知三联书店 1998 年版，第 143 页。

惧、否定和逃避现实等，同时也会为社会带来某些不稳定的因素。

第四节 "微时代"下青少年网络虚拟自我存在的价值

"微时代"，青少年网络中虚拟自我的存在有其积极意义，这些积极意义在当前青少年的网络活动中有所体现，但并没有完全发挥出来。因为，目前网络中的虚拟自我处于发展的初级阶段，一定程度上限制了某些积极作用的发挥。因此，在向高级阶段的过渡过程中，部分积极作用将会逐渐展现出来，虚拟自我也将会从应然状态走向实然状态。"微时代"网络中虚拟自我存在的价值包括：认识世界的新工具，自我价值实现的新途径，以及追求自由的新方法。

一 认识世界的新工具

海德格尔认为，人到处都完全投身于技术展现的关系。[1] "微时代"网络技术也揭示了这样一个基本事实，即认识主体在虚拟环境里认识和把握虚拟对象，也就是在感受虚拟对象的存在时，首先是通过互动性的作用，意识到自我的存在、体验到自我的存在，然后，才意识到虚拟环境中虚拟对象存在的可能性与现实性。"微时代"网络中虚拟自我的存在促使了自我认知能力的进一步提升，成为认识世界的新工具。

（一）自我意识的延伸

"媒体是感觉器官的延伸"的观点由来已久，加拿大传播哲学家麦克卢汉在20世纪中叶就明确提出这个观点。麦克卢汉认为"媒介是人的延伸"，比如"电子媒介是中枢神经系统的延伸，电话是人的声音和耳朵的延伸，印刷书籍是眼睛的延伸，广播是耳朵的延伸，电视

---

[1] ［德］冈特·绍伊博尔德：《海德格尔分析新时代的技术》，宋祖良译，中国社会科学出版社1993年版，第100页。

是耳朵和眼睛的同时延伸，电子技术是人类整个中枢神经系统的延伸等"。① 这些观点成为媒介理论的经典。每一种新媒体的出现，都使人类的认识得到长足的进步。麦克卢汉曾讲："任何新媒介都是一个进化过程，一个生物裂变的过程。它为人类打开了通向感知和新型活动领域的大门。"② 麦克卢汉的许多思想对于网络都是适用的。我们今天可以接着麦克卢汉的思想说：作为一种媒介，网络是人的延伸。而且，由于网络具有多媒体功能，网络不是人的某一部分的延伸，而是人的整体的延伸。美国学者戴森指出："网络不会取代人类交往，而是将其加以延伸。"③ 被称为"网络时代的牛虻"的美国学者德沃夏克也指出："现在电脑为我们做我们过去用人脑所无法完成的事，只能说是人的延伸。"④ 从"网络是人的延伸"可以推演出诸多命题，如网络虚拟世界中的实践是现实世界中个体实践的延伸，网络虚拟世界中的认知是现实世界中认知的延伸，网络虚拟世界中的虚拟自我是现实世界中自我的延伸等。尽管麦克卢汉时代人们已经意识到了媒体是人的感官延伸，但并没有哪项媒体能够真正做到扩展人的感官，因为其中涉及认识论的相关问题需要解决，如心理反馈理论等问题。

而"微时代"网络技术恰恰做到了这一点，其最重要的特点就是延伸人类的感官。虚拟实在为人的感官外化提供了必要的环境，虚拟认识技术使人类大脑功能外在化，人类思维技术化。海姆说过："计算机技术不仅灵活，而且容易适应我们的思想过程，所以我们很快就不再把它当成一种外部工具，而是更倾向于把它视为第二皮肤或精神假体。"⑤ 海德格尔早就隐约感觉到技术对人改变的严重性，因为技术能够进入人类的内心深处，改变着我们的知、思、欲的方式。即技术

---

① 张怡：《虚拟现象的认识论解读》，《社会科学》2004年第12期。
② ［加］埃里克·麦克卢汉、弗兰克·秦格龙：《麦克卢汉精粹》，何道宽译，南京大学出版社2000年版，第422页。
③ ［美］埃瑟·戴森：《2.0版：数字化时代的生活设计》，胡泳等译，海南出版社1998年版，第11页。
④ ［美］约翰·布洛克曼：《未来英雄》，汪仲译，海南出版社1998年版，第73页。
⑤ ［美］迈克尔·海姆：《从界面到网络空间：虚拟实在的形而上学》，金吾伦等译，上海科技教育出版社2000年版，第65页。

更为亲密地渗透人的实存，成为人的器官和功能的延伸。① 麦克卢汉说："人的生存似乎要依赖把意识延伸为一种环境。由于电脑的问世，意识的延伸已经开始。"②

"微时代"网络技术使人类感觉器官得以延伸，人类的认知范围得到了极大拓展，不仅从周边走向了世界，而且从现实走向了虚拟。虚拟生存是一种新的生存方式，虚拟自我是自我的延伸也是自我的对象化。青少年可以不受时间、空间、身份、地位限制，便捷地获得大量信息，进一步建构自我、完善自我，提升自我意识。"微时代"不仅为我们提供了智能手机、强大的数据库、移动互联网等有形之物，还为人类自我意识的延伸提供了新的认知模式和实践方式。

（二）自我认知领域和能力的拓展

"微时代"网络中的虚拟自我极大地扩展了人类认知领域，以往人类的认知需在真实世界现实时空中进行才有意义，失去现实时空条件的经验基础，认知将陷入唯心主义的泥潭或滑入超自然领域。但是网络中的虚拟自我使青少年的认知领域扩展到了虚拟时空，使不可能成为可能，虚拟自我至少在以下三个方面拓展了人类认知领域。

首先，"微时代"网络空间的程序构造方式，使得自我认知思维可以在其中作无限制遨游。威廉·吉布森在《蒙娜丽莎的过度操劳》一书中认为，网络空间是一个无限的牢笼，对一个有限的肉体而言，它是一个非物理的第二领域的囚禁地。③ 但是，对于人类的自我而言，这种无限的牢笼却打开了思想的空间。在硅化的世界里，虚拟自我借助数理逻辑提供的思想工具，可以做无边无际的思维遨游，自我在程序操作行为中得以充分表现。过去在物理条件下，青少年由于受到自身生理条件的限制，自我常常自动设置了一些障碍，它阻碍青少年去探讨那些所谓不可能的事。而今天用网络的方式，青少年不仅能表现

---

① [美] 迈克尔·海姆：《从界面到网络空间：虚拟实在的形而上学》，金吾伦等译，上海科技教育出版社 2000 年版，第 62 页。

② [加] 埃里克·麦克卢汉、弗兰克·秦格龙：《麦克卢汉精粹》，何道宽译，南京大学出版社 2000 年版，第 444 页。

③ 张怡：《虚拟认识论》，学林出版社 2003 年版，第 70 页。

实际的物理世界，而且还能表现那些虚拟出来的世界。

其次，"微时代"网络形成了一个庞大的人类知识共享环境，为个体提取利用这些知识提供了便利条件。人类自身由于认知能力的局限性，只能储备非常有限的知识，而网络空间却可以将知识的各种要素都给予精准有序的存储，人类可以随意利用控制这些知识。前网络时代，知识的传递主要靠个体之间的传播，知识的储存由于受到信息传播渠道的限制，基本处于相对分散状态，网络产生后，个体的认知能力得到了拓展，而"微时代"的来临使得个体之间也联系起来，实现了信息的大串联。

最后，在"微时代"虚拟世界中，认知对象的大小、虚实、动静等都可以根据认知主体的需要而改变，以便提高自我认知能力。由于网络空间拥有海量信息，可以随时向认知主体提供各种感性材料，使得认知主体能够始终保持思维的活跃性，有助于主体从感性思维上升到抽象思维，实现认识上的飞跃。同时，"微时代"网络还能协助认知主体对事物进行对比、分析，有利于认知主体通过虚拟实践形成概念，使思维方式得到提升，使主体能够自主地处理和运用信息。

（三）自我认知模式和结构的变革

"微时代"网络中的虚拟自我拓宽了人类认知领域，改变了人类认知模式，激发了人类认知潜能。

首先，"微时代"网络中的虚拟自我改变了自我认知模式。一般来说，个体的自我认知通常需要经过适应阶段和建构阶段才能够完成。而个体认知的建构则需要酝酿与创造之后，实现认知的外化。但伴随社会的不断发展和个体主体性的充分实现，传统的由主体到客体的思维方式，受到了普遍的质疑。网络世界的出现，个体认知在适应阶段，更加突出了相对独立性。在建构阶段，创新性变得格外突出，这种创新表现在改变认知定式，整合认知信息，改变认知结果等方面。[1] "微时代"，认知过程将随自我认知模式做全方位的改变。

---

[1] 鲍宗豪：《数字化与人文精神》，上海三联书店2003年版，第349页。

其次,"微时代"网络技术出现,剥离了传统主客体认知模式,网络虚拟空间不仅能够体现出主体与客体的关系,即人与虚拟世界的关系,而且体现出网络主体之间的关系,还能体现出虚拟自我之间的关系,这些关系的出现就不再是主体受到客体的刺激而产生的反应关系,而是以虚拟世界为中介的,双向互动新型关系。它一方面将客体主体化,认知的对象也具有了主体性;另一方面它也使主体客体化,认知的主体也能成为被认知的对象,因此,认知双方产生了相互转化的模式。"微时代"网络技术建构了一种新型的主客体双向互动反馈式的认知结构,使得传统单一主客体认知模式转化为多维度认知。

最后,青少年在虚拟世界的虚拟实践活动是一种有目的的改造虚拟客体、探索虚拟环境的能动活动。虚拟实践活动使得人类活动的主客体以及方法手段甚至结果都出现不同程度的新特征,其突破了现实世界的认知模式、认知过程,为自我意识的凸显提供了平台。青少年可以通过虚拟自我展现自己的思想,拓宽自己的思路,通过网络信息的汲取及自主选择形成自己的新理念,有利于青少年成为具有创新性的主体。虚拟自我的认知是一种人和机器相结合的认知模式,这将极大地提高自我认知能力,突破自我认知领域,拓展自我认知空间,释放自我认知潜能,个体的创新能力将得到提升。随着"微时代"的到来,个体的现实自我与虚拟自我的联系将更加紧密,并逐步走向融合发展。虚拟自我促进自我的发展,增强了自我认知能力,突破了对客观世界认知的界限,增强了自我的创新意识,拓展了自我理论视域。因此,"微时代"需要个体重新审视自我在认识世界中的角色和地位。

二 自我价值实现的新途径

(一) 自我价值的虚拟实现

从需要层次理论角度分析,马斯洛认为自我实现的需要是人的最高人性动机和欲望,它的本质就是人性的充分实现,是人的天赋、潜能、才能等人性力量的充分实现或人之为人的完成,也就是"一个人越来越成为独特的那个人，成为他所能够成为的一切"。① 马斯洛认为，自我价值的实现会使人相信自己的力量和价值，使人们在生活中变得有能力、有创造力，相反，自我价值不能得到实现会使人感到自卑，没有足够的信心处理面对的问题。自我价值感是自我的重要方面，是心理健康的核心。而在现实生活中，大多数青少年往往在真实世界里难以达到自我实现的理想状态，于是一些人便在虚拟世界中建立了另一个新的"自我"身份，以便较为容易地走向"自我实现"。杰姆逊说过，"在人类所有的欲望下面，隐藏着一个改变自己的愿望"。②"微时代"网络中虚拟自我价值的实现，其本质是人改变自己欲望的体现。只不过这是一种虚幻的体现——不是在实际的社会实践中奋斗，而是在网络世界里寻找的自我价值的虚拟实现。

　　虚拟自我在"微时代"网络中的活动，不仅仅是一种认知活动，更是一种虚拟实践活动。微信"摇一摇"，并不是为了获得网络名称，而是为了跟对方建立一种交流模式；围观微博，不只为了解微博内容，更重要的是可以针对微博观点发表自己的见解；手机游戏，不仅仅为了通关，还可以知晓自己的排名，获得朋友们点赞。因此，"微时代"网络中虚拟自我不仅可以认知虚拟世界还可以改造虚拟世界。虚拟自我改造虚拟世界的行为，与青少年改造现实世界的行为有某种程度的相似性，而且这两种行为在给主体带来心理感受的真实程度上是相似的。③ 由此可见，"微时代"网络中虚拟自我通过改造虚拟世界而逐渐形成，而且由于带给主体心理感受的相似性，某种程度上使得虚拟行为具有真实行为的价值。这种价值较真实世界来说，更容易为青少年所获得，因此青少年在虚拟世界中能够充分地体验自我价值实现的满足，得到一种对自己能力的认可。

　　一般情况下，人的自我价值实现不仅需要主观上的自我满足，还

---

① Maslow A. H., *Motivation And Personality*, New York: Harper & Row Publishers, 1970, p. 47.
② 梁永安:《重建总体性：与杰姆逊对话》，四川人民出版社 2003 年版，第 23 页。
③ 孟建、祁林:《网络文化论纲》，新华出版社 2002 年版，第 249 页。

需要客观上的被认可,这就需要有一个表现的契机,"微时代"网络便提供了主体自我意识实现的机会。青少年在网络上可以自由地表达自我,最大限度地展现自我,找到了自我实现的途径。虚拟自我的塑造是青少年对自我能力的确认,突破了单一的自我价值客观认可的标准,满足了青少年自我实现的心理需求。虚拟自我的可塑性决定人在虚拟活动时不再是刚性的个体,而是身兼两职的存在,既是主导者又是被塑者。也正是在现实与虚拟的交织中,自然性与超自然性、历史性与超越性、有限性与无限性这些两极对立的矛盾得到一定意义上的和解,共同构成人的生命有机组成部分。

虚拟自我是青少年寄托梦想的一种形式,虚拟自我让青少年的自我价值得到了一定程度的实现,而无须经历漫长而艰辛的生活历练,虽然是一种虚拟的实现,但是某种程度上却能缓解现实生活的焦虑。因此,很多人将对乌托邦理念的寄托移植到虚拟世界中,也便产生了网络乌托邦。"网络乌托邦"说法的宣扬者主要有《网络空间独立宣言》的作者巴洛、《网络共产主义宣言》的作者安德鲁·沙利、《数字化生存》的作者尼葛洛庞帝、《未来之路》的作者比尔·盖茨等。"网络乌托邦"存在两种不尽相同的含义,巴洛和沙利为代表的人认为,网络世界本身将成为一个完美的乌托邦世界;尼葛洛庞帝和比尔·盖茨为代表的人认为,网络世界本身是一个完美的乌托邦世界,而且认为网络世界将使现实世界成为一个完美的乌托邦世界。这两种含义是密切相连的,它们之间具有递进关系。网络的特色和网络运作的理念表征了一种现代性意义,它不仅构成了青少年上网的理由和网络的魅力,也是网络文化的本质特性之一,更是网络其他文化内涵的基础。虚拟自我得以生存的根本原因在于它以人为本,更充分地张扬了青少年的个性,使青少年的自我价值得到更充分、更完美的体现。可以看出,这两种观点并非截然不同,而是一种递进的关系。

(二)真实自我的再现

"微时代"网络中虚拟自我是一种心灵的产物,某种程度上展现出真实的人性,甚至是隐藏在潜意识中的本我,这也是虚拟自我价值体现的一个重要方面。人性是多面的,并不都是中规中矩的,有时存在着想靠非常规手段达到目的的想法。在现实中,这种行为是不被允许的,如果一定要实现,必然受到道德的谴责或法律的制裁。而在虚拟世界,通过虚拟自我的塑造,可以抵达现实中无法实现的境地,这也是释放本我的一个渠道。青少年在成长过程中,都会有过很多情节,如英雄情节、霸主情节,产生过很多不切实际的梦想,如统治世界、插翅而飞、穿越回古代,如果都到现实中去实现,必然会造成社会的混乱,或者给自己造成不良的后果。但如果青少年能够到虚拟世界中去塑造一个虚拟自我,替代现实中的自我去释放这种情怀,未尝不是一个很好的选择。

  人是理性的动物,但也存在非理性部分,因此,不可能一切行为都依逻辑行事。人有时候会有些偏执或极端,有时的想法天马行空,有时的行为又超乎想象。因此,人的生活中需要一定的戏剧情节,而日常生活却无法一一实现这些需求,因此各种娱乐形式应运而生。娱乐活动有利于将付诸现实而导致严重后果的观念虚拟化,有利于及时疏导人的心理问题。人性中人的成分是占主导的,但有时人也想做神、做鬼,这往往隐藏在人的潜意识里,是一种非常态,但也是人性的一部分,无法完全割舍,如果一味打压、贬低,最终会在现实中以一种损害严重的方式爆发。因此,很多娱乐形式之所以有一定的负面作用,但还允许其存在的原因即在此。[①] 而虚拟自我就是这样的一种表现手段丰富的娱乐形式,虽具有一定的消极影响,但却能相对安全地释放青少年的力比多,避免在现实中造成不良后果。

  "微时代"网络虚拟自我能够释放出真实的人性,因此,有其重要的存在意义。人性是一个集合的概念,包括复杂的成分,不能用对错这样的简单二分法去区分,无论是常态人性还是非常态人性都属于人性的一部分,都要正视其存在,正确对待。对于非常态人性不能一味压抑,要正确引导、趋利避害,这样才能缓解个体的紧张压抑感,

---

[①] 张春良:《网络游戏忧思录》,中央民族大学出版社2005年版,第269页。

重新反思和认识自我，进而对自我的存在价值有更为深入地理解和诠释，避免自我认同危机的出现。

三 追求自由的新方法

"微时代"技术给青少年的生活带来了前所未有的改变，使得青少年的生存状态和精神状态都不同于以往时代。较为理性的青少年将网络视为工具，提升了自己工作和学习的效率，因而对这种新工具爱不释手；自制力较差的青少年沉迷其中、乐不思蜀、无法自拔。之所以会产生这些现象，其原因在于网络带给青少年的自由感。

（一）虚拟世界中的真实自由

历史地看，无论在个体的层面，抑或类的视域，人的存在都表现为一个追求与走向自由的过程。自由并不是存在的本然形态，作为人的价值目标，它总是与人的目的、理想难以分离。就宽泛的意义而言，自由的历史走向，可以理解为一个化理想为现实的过程。我国哲学家冯契先生说："自由就是人的理想得到实现。人们在现实中吸取理想，又把理想化为现实，这就是自由的活动。在这样的活动中，人感受到自由，或者说，获得了自由。"[①] 这就是说，自由是人的本质，是人类本性所追求的最高理想，也是伦理精神的目标，人类历史进步的内在动力就在于对自由的追求。

然而，"人是生而自由的，却无往不在枷锁之中"，[②] 自由原则符合人类本性的要求，而人对自由的理解和认识却常常受所处的历史条件和科技水平限制。生存技术的不断发展给人越来越多地摆脱自然制约的自由。汽车、飞机使人们对空间的自由获得新的认识，电视、广播使人们对信息交流的自由获得了新的观念。网络则为人类拓展了行为自由的维度，它以超时空的全球性技术架构使人类活动获得了前所未有的自由空间。它恰好满足了人们几千年来苦苦追求的"快"和"没有限制"的突破时空的至高境界，为自由精神营造了适宜的环境，

---

① 冯契：《人的自由和真善美》，华东师范大学出版社1996年版，第161—162页。
② [法]雅克·卢梭：《社会契约论》，庞珊珊译，光明日报出版社2009年版，第51页。

使人类活动不仅打破了从前时间观念的束缚，也摆脱了空间观念的羁绊。虽然这种境界还不是现实的时空境界，但却实现了人的自由之梦。自由在现实中受多种条件制约，因此纯粹的自由才更加为人所期待。网络世界的出现，充分地展现了自由的魅力，青少年们迫不及待地冲入虚拟世界，就是为了获得想象中的自由。尽管"微时代"虚拟世界同样存在着欺骗、暴力、阴暗面，但是对于信息的选择同样是自由的。自由的魅力在于青少年能够按照自己的意志生活，而现实生活中没有话语权的青少年，更倾向于到虚拟世界寻求自由，虚拟世界使他们对自由的要求得到了极大地满足。而这种选择的自由、行动的自由并不完全是虚拟的，而是可以真实感受到的自由，是一种存在于虚拟世界中的真实自由。

不仅如此，青少年在"微时代"网络空间的自我呈现比现实世界更为自由，这一点也是真实的。一方面，网络彻底颠覆了理性主体的确定身份，使网络空间承担了罗尔斯正义理论中的一个假设的理想情景——"无知之幕"的功能，使网络参与者可以躲在"幕"后摆脱束缚而畅所欲言。[①] 这为马克思、恩格斯所设想的——给所有的人提供真正的充分的自由和每个人的自由发展是一切人的自由发展的条件——提供了技术层面的某种支撑。另一方面，网络把生活的选择权完全交给了个体，个人的主体性更加完备，几乎完全抛弃了蕴藏在传统社会背后的被动性，可以完全根据主体的意志任意选择自己生活方式和行为方式，充分表达自己意见和观点，使自我显得更加主动、自由。这种生活方式的变化，表明人类社会也许进入了一个新的转型期，开始了真正向马克思所描述的克服了人的自身异化的"自由人的联合体"的转变。

综上所述，"微时代"网络最大的魅力在于它为人类创造了一个自由选择的空间，为人类提供了展示各种能力的自由场所。在这个虚拟的社会里，人们一定程度上摆脱了传统社会的压力和束缚，虚拟自

---

① ［美］约翰·罗尔斯：《正义论》，谢廷光译，上海译文出版社1991年版，第150—151页。

我能够自由地选择理想的生活，让个体体会到现实社会难以轻易实现的轻松、愉快，使自我获得了解放。网络虚拟世界成为真实的"自由空间"，这也是网络技术发展的原因和动力。

（二）虚拟自由对现实自由的弥补

"微时代"网络虚拟世界是现实世界的一种延续和补充，而网络中的自由也是对现实自由的扩展和补充。由于现实中的自由受到各种条件的约束和限制不能轻易实现，而人们又要不断地追求自由，虚拟世界的出现弥补了这种缺憾，青少年在网络中实现的自由某种程度上有利于弥补现实生活中的缺憾。

几千年来，人们未曾中断对自由的探索和实践，而如何获得自由，一派认为人只有通过对大自然或社会的逆来顺受才能获得自由，如宗教哲学家的自由观；另一派认为人只能靠在精神上摆脱外在的限制而获得自由，如从柏拉图的理想国一直到黑格尔的绝对精神。[①] 马克思认为，这些都不是真正的自由，要想获得真正的自由，必须使人类自身达到全面的解放，才能达到最终的、彻底的自由。马克思把"自由"确定为人的类本质的一种重要属性。他所谓人的全面发展，所标示的是人的个性发展的最高境界，在这种境界中，人已经完全控制了自己的生存条件，构成人的个性的各种因素包括人的体力、智力、才能、兴趣、品质等都得到自由而全面的发展，因而人的个性极其丰富。人终于成为自己的社会结合的主人，从而也就成为自然界的主人，成为自身的主人——自由的人。"微时代"网络技术的发展，使我们看到了继马克思思想之后另一个人类解放的可能。在马克思的刻画中，理想的社会是自由人的联合体，如今肉体限制的解除、心灵空间的拓展都在虚拟世界中一一实现，肉体被技术化地搁置了的人，取得了更为广泛的自由。

"微时代"虚拟世界的自由有效地弥补了现实自由，表现在以下三个方面：首先，在虚拟世界中，青少年可以较为自由地选择自己的

---

① 任东景：《马克思自由概念的人学透视》，《理论月刊》2009年第10期。

行为，有效弥补现实中行为选择受条件制约的问题。比如自由选择交流对象，而不必考虑对方的社会背景，自由发表观点看法，而不必考虑他人的身份地位等，现实生活中复杂的人际关系，在网络虚拟世界不占据主要地位。其次，"微时代"虚拟世界中青少年可以自由地展现自我，自我不必再刻意地带上角色面具，而自由地呈现自我，不必违背自己意愿表达，有效地弥补现实世界中自我呈现自由的某些局限性。最后，"微时代"虚拟世界青少年可以自由地塑造一个虚拟自我，可以使青少年有机会发挥自己的优点，也能够使青少年克服心理上的障碍，最终将虚拟自由带来的自我提升转移到现实世界，从而实现虚拟自由与现实自由的融会贯通。

总之，"微时代"虚拟世界中的自由只是现实世界自由的补充，并不能取代在现实世界中的努力而获得的自由，因此，虚拟世界中的自由不是绝对的自由，是在一定条件下产生的自由。如果这种自由不受任何条件约束，突破了应有限度，就可能损害他人的自由，甚至破坏正常的社会秩序。以损害他人自由和破坏社会秩序为代价而获得的自由，并不是真正的自由，"微时代"虚拟世界中的自由亦是如此。

第三章

"微时代"技术引发的青少年虚拟自我认同危机的表现

"微时代"网络世界崇尚个性化和价值多元化，网络技术提供了许多占有机会，人们可以自由选择生活方式，不断追求个性风格和自我实现。但网络空间的特殊性也使得个体失去了控制力，许多现实社会生活中的要素在网络空间中不再具有决定性的权威或终极力量，个体的网络生活充满了不确定性。由于虚拟身份的增加，使自我拥有了多重身份，这些虚拟身份与现实生活中的真实身份可能彼此紧密相连，又可能相互冲突，这使网络空间中的自我变得更加复杂，无疑增加了自我把握的难度，其结果往往导致虚拟自我与现实自我的分离、自我与社会关系的分离。同时，网络环境下的多重自我、非常规人际互动性的虚拟交往，容易造成孤独、空虚、成瘾等心理问题，使得人们自身以往积累的经验形式趋于消解，先前形成的个人早期认同心理受到冲击。这意味着个体在网络技术冲击下有可能被吞没、粉碎和倾覆，最终有可能成为焦虑的无意识的牺牲品。所有这一切，导致了虚拟自我认同危机的出现。自我认同涉及三个方面的问题：自我同一性的建构、自我社会角色归属感的获得、自我价值的追寻。而青少年虚拟自我认同危机恰好与以上三个方面相对应，即自我同一性的消解，自我社会角色归属感的匮乏和自我价值的丧失。

第一节　自我认同危机基本理论问题

一　自我认同危机问题的缘起

Self-identity（自我认同）一词来自于拉丁文 Idem，原意为"相同"或"同一"，最早由弗洛伊德提出，指个人与他人、群体或模仿人物在情感上、心理上趋同的过程。自我认同就是对自我身份的确认，是"一个'位于'个人的核心之中，同时又是位于他的社会文化之中心的一个过程"。[①] 而自我认同危机（Crisis of Self-identity）也称自我同一性危机，是埃里克森在 20 世纪 50 年代提出的一个概念，他在弗洛伊德自我概念的基础上提出并形成了系统的同一性发展理论。该理论认为，自我认同是个体在职业、政治、宗教、价值观等方面的自我评价和自我定位。[②] 在结构性方面，自我同一性是由生物、心理和社会两方面因素构成的统一体；在适应性方面，自我同一性是自我对社会环境的适应性反应；在主观性方面，自我同一性使人有一种自主的内在一致性和连续感；在存在性方面，自我同一性给自我提供方向和意义感。而自我认同危机是一种对自我身份的不确定性，是一种社会主体自主性的丧失，是对自我不确定性的过度焦虑。自我的基本功能是建立并保持自我同一性，[③] 但是在个体的自我意识中，常常会出现个体不能形成统一的、连续的、整合起来的自我观念形象或者失去对自我价值、自我意义的积极感受的情形，这种现象被称为"自我认同危机"。

由此，埃里克森指出了自我的基本功能，即建构出自我同一性，并使之持续存在。如果个体无法实现自我基本功能，自我认同危机就会随之出现，个体找不到自我，无法对"我是谁"这一问题进行回

[①] 车文博：《弗洛伊德主义原著选辑》，辽宁人民出版社 1988 年版，第 375 页。

[②] 雷雳、陈猛：《互联网使用与青少年自我认同的生态关系》，《心理科学进展》2005 年第 2 期。

[③] ［美］艾瑞克·埃里克森：《同一性：青少年与危机》，孙名之译，浙江教育出版社 1998 年版，第 7 页。

答。自我认同危机问题的出现最先表现在青少年身上，个体在这一阶段逐步开始从建立的社会关系中认识自我，从自己所扮演的角色中认知自我的内在连续性，开始感知自己与他人的差异，了解到自我需要通过努力才能实现自我角色赋予的责任，也就是对自我同一性的认同。如果个体在青少年阶段不能形成正确的自我认同，则会造成自我角色错位以及自我同一性消极认知。

自我认同危机在不同历史时期有不同的表现。在生产力较为落后的前现代社会，科技不发达、人们思想受布控，社会发展缓慢，事件的发生按照人们预期有计划、有序进行。时间和空间的阻隔使得个体的活动范围和行为方式受传统习惯支配，大部分事情能够做到事先预料。人们的身份、地位、责任、义务受社会结构影响，个体自我与社会期待完全一致，个体的身份认同明确。因此，在前现代社会的条件下，人们对自我身份确认明晰，自我角色确认单一，人们很少对"自我"问题有过多思虑，自我认同危机隐而不彰，并没有得到人们普遍关注。

19世纪中叶以后，资本主义迅猛发展，而资本主义的内在矛盾也凸显出来，人们的精神世界较以往变得繁杂，精神迷失现象开始出现，自我认同问题逐步得到人们的关注，出现了从社会批判理论视角探讨自我认同危机问题的思潮。自20世纪以来，这一问题变得越来越明显，表现为机器大生产和生产资料私人占有对理想自我的否定。马克思的劳动异化理论已经蕴含了对自我认同的阐释。卢卡奇的物化理论、马尔库塞的单向度的人以及哈贝马斯的交往理论，都专门讨论了技术对人的异化。[1] 技术对人的异化体现为工具理性对价值理性的冲击。现代性打破了社会进程的速度，改变了社会变迁的节奏，新事物层出不穷，为人们的发展提供了良好的契机，却也给人们身心发展带来了不可预期的变化。过去按部就班的事情变得错综复杂，人们对此产生诸多不适应，甚至对自我的适应能力产生疑问，自我认同危机悄然而

---

[1] 李辉:《网络虚拟交往中的自我认同危机》,《社会科学》2004年第6期。

至。由于现代社会科学技术的日新月异，带来了经济和社会的高速发展，使得人们需要适应高强度的生活节奏和激烈的社会竞争，因此，人们开始对物质利益产生无限的追求。原有的社会价值体系崩塌，信仰危机出现，人们无法确认自我行为与社会价值的关系，导致个体成为技术的附庸，丧失了自我整合的能力，自我认同危机出现。

随着现代化进程的进一步深入，人们进一步摆脱了宗教和自然的束缚，信仰体系被打破，自我的社会关系变得异常复杂，各种社会关系之间的矛盾冲突也变得异常激烈，当人们把服务于自我的工具上升为追求目的时，目的与手段的关系便被颠倒了。个体与他人、社会、环境之间的固有范式发生改变，人们的生活地点、工作地点不再固定不变，职业和阶层也发生流动和重组，个人归属感变淡。尤其通信设备的更新，使得面对面交往的机会减少，"无脸交往"成为主流交往方式。人们在社会剧烈变迁的过程中承受着巨大的压力和风险，身心时常感觉无法适应而又不得不面对变迁，随之产生迷茫、无助、孤独等心理问题。理想我与现实我的冲突、精神世界与现实生存的脱节、多重自我与整体自我的分歧，个体心理认同与旧有经验的消解，都预示着自我认同危机的到来。

综上所述，从前现代社会自我认同的隐而不彰，到现代社会自我认同危机的凸显，可以看出，自我认同危机是人自身具有的一种固有危机感，只是受到外界环境的影响而表现不同。当个体遇到剧烈外界环境变迁时，自我认同危机就显得格外突出。自我认同问题属于现代性问题，是对自我身份的确认，是一个过程，也可以看作一个结果，在现代社会越来越受到重视。自我认同在其表现形式、实现途径及产生根源上表现出一系列的复杂性与特殊性，是主体性与社会性的统一、连续性与阶段性的统一、终极性与现代性的统一。网络中虚拟自我认同危机，是由于网络对个体存在的外部环境带来的巨大变化而导致的，是对自我认同的巨大挑战。

二 自我认同危机的理论来源

自我认同问题自 20 世纪中后期以来，便成为哲学、心理学、社会学等研究领域的重要课题。西方学者一直关注自我认同领域,并对相关问题进行了较为深入的研究。其中美国学者艾瑞克·埃里克森的《同一性:青少年与危机》、英国学者安东尼·吉登斯的《现代性与自我认同》和加拿大学者查尔斯·泰勒的《自我的根源:现代认同的形成》,是这一领域代表性著作。

埃里克森认为,人格发展受自我和社会相互作用而推动,基于个体生理成熟和社会需要之间的互动而贯穿于人的一生。埃里克森的自我认同理论将人的一生心理发展分为八个阶段,在每一个特定的发展阶段都会以一种特定的冲突为主,每个阶段的冲突各不相同,但又有一定的关联性。这些冲突会随时出现在个体发展的任意阶段,因此,处理好某一阶段的冲突,会为下一阶段创造良好的条件,使个体能够更好地面对下一阶段的冲突。埃里克森认为,个体从青年阶段开始逐渐认识自我、了解自我,因此,青少年正处于八个阶段中的第五阶段末期和第六阶段初,是个体形成明确自我概念的重要阶段。第五阶段是自我认同对角色混乱阶段,这一阶段的年龄范围大概在12—18岁,自我同一性的建构是这一阶段的主要冲突,他们开始逐渐认识自我角色,并从这些扮演的角色中形成自我认同。当这些所扮演的角色出现了相互对立冲突的问题时,他们会产生角色混乱,造成自我认同危机的出现。第六阶段是亲密对孤独的阶段,这一阶段的年龄范围一般为18—30岁,这个阶段的个体处于青年晚期和成年早期,一般具备自我认同的能力,愿意与朋友或爱人分享,愿意寻找亲密感,如果没能获得心理预期的亲密感,孤独感便会随之产生。如果青少年产生自我认同危机问题,就丧失了自我定位能力,也无法成功扮演现实角色。因此,青少年阶段是形成自我认同的关键阶段,在这一阶段自我意识的确立,自我角色的认知,对今后建立完整人格至关重要,是自我社会化和克服同一性危机的关键时期。[1]

埃里克森认为,今天西方社会的青少年,一方面能够对其职业,

---

[1] 李辉:《网络虚拟交往中的自我认同危机》,《社会科学》2004年第6期。

结婚对象以及政治理念进行自由的选择；另一方面要获得这种自由意味着必须自己决定"我是谁？""我想成为什么样的人"这样的问题。但与青春期相伴而来的诸多变化往往是突发和短暂的，并不具备恒常性，这就造成了以青春期为分界线的，青春期之前和之后的自我发生了断裂，可能造成青少年自我概念的混乱或缺乏固定形态，导致自我认同危机的出现。然而埃里克森指出，处于青少年阶段的个体都会不可避免地产生自我认同危机，因为在这一阶段必须面临要建构一个具备一贯的、富有意义的自我。个体在婴幼儿阶段并没产生自我意识，没有将"自我"从周围事物中分离出来。当个体处于青少年阶段时，逐步开始界定自我，初步具备了自我内化的能力，意识到自我与他人的区别。如果个体在青少年阶段没有完成自我认同，就会产生自我认同危机问题，导致下一阶段人格不确定、不稳定。

英国社会学家安东尼·吉登斯在《现代性与自我认同》中探讨了晚期现代性情境下自我认同的新机制。他指出，个体通过内在参照系统而形成自我反思性，由此形成自我认同的过程。[①] 他认为自我认同并不是一个内生的现象，不是生而俱来的特质，也不是伴随个体成长而自发的现象，而是个体根据生存经验自我反思的结果，是个体不间断地反思自我经历所形成的稳定自我认知。在他看来，个体的自我常常在断裂的时空情景中被撕成碎片：我怎么了？我在哪里？于是自我认同危机便不可避免地产生了。自我认同是个体对自我区别于他人的行为与意识的整合，是对自我社会角色的确认，也是自我遵从超我，完成对道德规范履行的过程，是对"我是谁"的回答与认可。个体通过对现实自我和网络中虚拟自我的认知，获取自我存在感、完成自我同一性应答、获得社会角色肯定，保障道德价值的规范，使主体能够在正常有序的生活中获得独立。而当主体的思维连续性被中断，或者自我意识丧失稳定性时，自我认同危机就不可避免地发生了。

根据吉登斯的理论，自我认同是关于"我是谁"这一问题的体

[①] ［英］安东尼·吉登斯：《现代性与自我认同》，赵旭东、方文译，生活·读书·新知三联书店 1998 年版，第 275 页。

认，是一个动态发展过程，处于个体的每个发展阶段。具有完整性、自主性自我的个体，其必然具备稳定合理的自我认同。良性自我认同的个体对自我有充分的认知，能够将过去我、现在我与将来我有机地整合在一起，对自我理想、价值体系也有十分明确的目标。然而，不可否认的是，吉登斯意义上的自我认同理论具有理想色彩，他表明随着现代性的发展，随着个体的努力，可以达到自我的解放，并创造一个和谐的大同世界。

泰勒把"善"与"自我"相结合，从"自我"发展角度来解读现代性问题，目的在于重构现代性道德。泰勒指出，自我不是一种状态，而是一种不断生长的、具有巨大可塑性和可能性的过程。自我认同就是"我是谁"的问题，而"如何回答这个问题，意味着一种对我们来说是最为重要的东西的理解"。① 泰勒明确了自我认同对于个体的重要作用，是"无可逃脱的框架"，并且泰勒揭示出一切与"我"有关的他者都是自我内容的构成，自我认同就是个体在社会中确立和认证自身的问题。在泰勒的自我概念中，人类主体是什么显得尤为重要，现代人的困境源于意义感的缺失，因此，泰勒的著作既提供了自我概念的构成，又提供了一种文化病理学或诊断学。

马克思的唯物史观也蕴含着自我认同观，他指出的："人不仅像在意识中那样在精神上使自己二重化，而且能动地现实地使自己二重化，从而在他所创造的世界中直观自身。"② 也就是说，不同的现实主体通过生产实践活动，建立起社会关系，实现自我认同，是一种实践基础上的自我身份确认。自我认同是一种在自我反思基础上的自我建构，是通过社会实践对价值观的重新认知和定位的过程。然而，自我认同并不只是单向地体现自我的主动性，能体现出自我的社会类属性，是一个双向互动的结果。实现自我认同需要个体在实践中不断反思——建构，实现过去我—现在我—将来我的有机统一，同时融入不同的他

---

① [加] 查尔斯·泰勒：《自我的根源：现代性的认同的形成》，韩震译，译林出版社2012年版，第231页。
② 江琴：《自我认同及自我认同危机刍议》，《湖北第二师范学院学报》2008年第10期。

者群体中。由此可见，自我认同的实现涉及自我归属和自我身份的相关问题，只有从实践出发才能较为系统地认识自我认同概念，健康的自我认同有助于个体实现自身价值，及建立良好的社会关系。

三　自我认同危机特征

现代性的社会力量往往成为导致自我认同不稳定的因素，现代性改变了人们在前现代社会获得的稳定身份、自我价值，以及自我归属感，造成了自我迷失，产生了自我认同危机。自我认同危机是个体对自我身份的不确定，由此导致的自我疑惑和自我焦虑问题，个体因此而无法进行正常的社会生活。它具有以下几个特征。

（一）自我认同危机是互动式危机

自我认同危机是针对主体性而产生的危机，是个体的自我价值无法实现而导致的自我危机感。当个体无法实现真实的自我，而以虚假的状态存在时，此时的外显自我和真实自我相扭曲，导致个体自我角色混乱，出现"我—我"危机。另外，个体与他者、个体与社会也有可能出现相互矛盾、相背离的现象，个体的自我受到压迫，从而导致"我—他"危机。因此，个体要具备完善的自我，必须使"我—我"认同、"我—他"认同都得到满足，任何一方面没有得到认可，都会造成自我认同危机。而现代社会多元价值标准，没有确定的统一规范，个体极易出现与社会、他者甚至自我相背离的现象，这容易导致丧失自我价值感，迷失自我归属感，甚至出现自我认同危机。

（二）自我认同危机是割裂式危机

进入现代社会，传统社会的认同模式被打破，个体的价值观、行为方式、思维方式的格局出现多元化。前现代社会和现代社会运行机制出现断层，时空的连续性消失，外部环境迅速变迁，个体的身心都经历着巨大变化。这一系列的变化将导致自我碎片化，对未来充满不确定性，自我认同焦虑，甚至出现自我认同危机。

（三）自我认同危机是过程性危机

自我认同危机并不是一成不变的，在恰当的条件下，自我认同危机是可以向新的自我认同转化的。因此,在面对自我认同危机的时候,主体要理性面对,积极努力克服危机带来的焦虑,将自我认同危机转变为自我认同的新契机。

总之,正是现代社会的不确定性和多样性,使得个体出现自我认同危机。随着现代化进程的深入,特别是"微时代"的到来,自我认同危机问题越来越凸显出来并呈现扩大化趋势。

第二节 "微时代"技术引发的青少年自我同一性问题

"人们在网络中自由、随意地设定自我、肢解自我,在无限多样的可能性中体验自我,在多重身份幻象中叙说自我,在现代叙事中却又无法确认真正的自我,因而,自我沉浸在持续地设定—破裂—建构的状态之中,使自我现身于所谓'脱域'状态,而'脱域'机制的发展使时间和空间无限化、空洞化,进而出现自我整合的困境。"[1] 由此,多重自我出现在同一个人身上,包括一个真实的自我和多个虚拟自我,这些虚拟自我可能相互矛盾、相互冲突,可能与真实自我相一致,也可能与真实自我相悖,这导致多重自我无法统一于一个完整的自我之下,个体也没有确切一致的行为范式指导。因此,当个体进行自我反思时,无法将自我的各种观念整合到一个统一的自我概念中去,无法形成完整统一的自我观念,这就意味着自我同一性的消解。

一 青少年虚拟自我多重身份认同之间无法同一

个体身份的形成受到先天条件和后天因素的双重影响,现实生活中的个体要建构起完整的自我身份,这两方面因素缺一不可。由于现实生活中各因素的相对稳定性,因此,建构起完整的自我身份并获得自我认同感是一个艰辛的过程。

---

[1] 张首先:《当代大学生的自我认同危机与核心价值体系》,《北京青年政治学院学报》2007年第2期。

在由微技术建构的虚拟生活中，去创造一个虚拟身份变得异常轻松，青少年无须受先天条件影响和后天因素控制，只需借助简单的网络符号，加入相关信息，就可以对自我身份进行任意的设置。这种"微时代"技术创造出来的虚拟身份，既可以保留与现实主体的相关性，也可以是一个与现实主体毫无关系的虚拟身份。这种虚拟身份可以随意建立，也可以随时抛弃，而自我意识就在这些虚拟身份之间不停地转换，以实现各个身份之间的平行生活。

"微时代"下，虚拟空间和现实空间的界限变得越来越模糊，青少年可以平行地生活在两个世界，也可以自由地切换生活空间，因此，充斥在虚拟世界的个体虚拟表征，存在着一定程度的临时性和非真实性特征。一部分虚拟身份是虚拟自我根据虚拟场景和自我当时的意愿被临时建构出的，可能随着虚拟自我离开虚拟空间而被丢弃。还有一部分虚拟身份较为短暂地停留在虚拟世界，并没有获得自我的充分确认，整体身份建构不完整，这部分虚拟自我将以碎片化形式存在于主体的自我认同中。这些被临时建构或短暂停留的虚拟身份，受主体在微技术产品中停留时间的影响，当主体不满意微技术产品时，或临时使用微技术产品时，或仅为体验微技术产品时，多种临时性的碎片化虚拟自我被建构出来。这些虚拟自我按照不同标准设定，以主体为纽带，相互连接，又彼此独立，表现出各具特色的行为特征和思维模式，彼此之间可能会出现互相干预或互相冲突的局面。自我被多重微技术产品中的虚拟自我所消解，有可能无法形成完整的自我同一性认知，最终导致自我认同危机。

总之，"微时代"技术为虚拟自我提供了多维度生存空间，青少年摆脱了现实空间的羁绊，创造出多样化人格。个体通过移动终端，充分利用碎片化时间，往返于不同App，建构出多重虚拟自我，体验不同的自我状态，自我最终被分解。当多重自我无法相互认同时，个体不再拥有统一的行为模式，造成自我认知上的混乱，进而出现自我认同危机。

二 青少年虚拟自我与现实自我无法认同

青少年虚拟自我与现实自我无法认同，主要是由于在网络空间的自我与在现实空间的自我相互排斥，相互矛盾所造成的。虚拟世界中的自我拒绝回到真实世界，拒绝现实生活，沉迷于虚拟世界，导致自我的虚实二分。

"微时代"下，虚拟世界中的自我认同和现实世界的自我认同存在较大差异。"微时代"技术带来的自我呈现方式具有即时性，但同时也导致碎片化虚拟自我的大量产生。现实世界自我呈现方式较为固定，但也因为诸多条件限制而产生压抑不满情绪，"微时代"技术某种程度上弥补了这一问题，是现实自我呈现方式的有效补充。在虚拟世界里，理想变为虚拟现实，自由的自我呈现方式满足了个体在现实中难以实现的渴望被尊重、被理解的心理，也满足了虚荣心和部分潜意识的欲望。这一方面缓解了现实中的压力；另一方面却可能模糊虚实界限，没有将虚拟世界中带来的成就感转化为现实自我成长的动力，而是消极地沉溺在虚拟快乐中无法自拔。毕竟在虚拟世界中获得荣誉、声望、地位要比在现实中容易得多，因此，部分青少年一方面迷恋虚拟成就；另一方面更加感受到现实的压力和无力感，巨大的落差让他们不愿回归现实，而终日沉迷在网游、直播、微信、微博中。然而，现实世界和现实自我终将无法回避，越是沉迷虚拟自我，现实问题越突出，虚拟与现实的冲突最终会导致虚拟自我与现实自我无法互相确认，自我同一性消解，自我认同危机由此产生。

此时，虚拟自我的消极逃避机制占据主导地位，在这种机制控制之下所产生的情绪，大多为空虚、焦虑，这就使虚拟自我更加倾向于逃避到虚拟世界中，从而导致网络成瘾问题大量出现。自我穿梭于"微时代"技术主导的虚拟世界与现实空间之间，自我认知极度容易发生混乱，容易对现实空间中的自我产生抵触情绪，产生虚拟自我取代现实自我的错觉，自我被颠覆，自我认同危机不可避免。

人的本质是一切社会关系的总和，自我概念得以建立是与社会中他人互动的结果。由此可见，个体获得自我认同需要与他人建立社会关系，通过他人参照系来实现，否则无法获得客观的自我认同。"微时代"网络技术塑造的虚拟自我在虚拟空间中与虚拟他者交往，因此也建构出来虚拟人格的自我认同。然而，如果自我长时间沉浸在虚拟世界中，有可能导致对虚拟自我的依赖，造成虚拟自我与现实自我的分离，虚拟人格对现实人格的排斥，甚至自我任由网络技术控制而陷入异化的边缘。因此，自我脱离了现实的各种社会关系，转而沉迷于虚拟社会关系，这将导致个体被虚拟人格所操纵，进而丧失人的本质和能力，青少年的虚拟自我与现实自我无法认同，自我认同危机发生。

三 "脱域"状态下的自我消解

脱域是吉登斯提出的现代性的重要特征，其有两方面的含义，一是指社会关系从互动的地域性关联中脱离出来；二是指社会关系从对不确定的时间穿越而被重构的关联中脱离出来。脱域包含象征符号机制和专家系统机制，象征符号是指不局限于单个个体或一个群体的，是一种普遍化的交往媒介。专家系统是指专业技能系统，它构成了我们今天所处的自然和社会环境的主体。现代性社会在时空分离的状态下出现了脱域现象，这导致社会各成员之间的交往方式由在场交往，转化为缺场交往。社会关系摆脱了互动的情景模式和时空的局限性，而得以无限延展。

在前现代社会，由于生产力不发达，交通不便，社会分工受地域限制，社会流行性较小，人们的活动空间具有一定的局限性，生活较为稳定。进入现代社会以后，科学技术高速发展，生活节奏加快，人们的思维方式、行为方式都发生了急剧的变化。现代社会与前现代社会产生了裂变，个体不再生活在缺少变化的时代之中，地域限制、阶层壁垒、生存方式都发生了翻天覆地的改变，个体也感受到前所未有的不确定性。这种个体的不确定性导致了自我恒常性的表达方式，自我产生了缺乏安全感、归属感的忧虑，消解了原本建构起来的自我观，缺乏了自我整合的认知能力，导致自我认同危机的产生。互联网为

"脱域"的发生提供了可能,它本身就拥有脱域的条件和动能。随着网络化进程的不断深入,青少年的生活压力越发明显,部分青少年无法承受这种剧烈变化,而陷入焦虑、迷茫之中,自我认同危机随之产生,表现为自我脱域、他人脱域、社会脱域三个方面。

第一,自我脱域。自我脱域是指部分青少年缺乏客观的自我评价,对自我认知不够理性,或自我期待过高,因此经常自我否定、自我怀疑,觉得自己人生很失败,自己无法完成自我期待目标,甚至对自己感到很陌生,无法完成角色整合。这时候他们往往去网上追求理想自我,而"微时代"下的网络世界日新月异,虚拟自我每次与"微时代"网络技术的接触,都可能是对自我的割裂和重组。因此,"微时代"网络虚拟自我认同将面临更多的解构,自我的稳定性变得更加难以掌控,当自我并行存在于现实世界和虚拟世界时,很难实现自我联系,自我认同危机随之出现。

第二,他人脱域。青少年的他人脱域是指或是人云亦云,从而丧失自我,或是我行我素,极力证明自我的与众不同。主要包括两个方面:一是随波逐流。这部分青少年缺乏自主能力,盲目跟从他人的决定,然而这种随波逐流的态度并不一定是盲目从众,也可能是一种自我强迫的表现,他们内心自我与表现出来的自我可能存在极度的矛盾。二是标新立异,特立独行。部分青少年为了表现出自我的与众不同,极力摆脱集体,陷入单调的自我建构中,即自我同一性过剩,也就是埃里克森所说的"狂热主义"。然而,"微时代"技术塑造的虚拟自我也同现实世界的自我一样,需要得到他者的认同,只不过这种认同基于网络世界的虚拟共同体的认同而实现。

第三,社会脱域。青少年的社会脱域表现为或是从主观出发对现实社会存在过高的、不切实际的要求,或者对现实生活漠不关心,置身事外。主要包括两个方面:一是理想化评价现实社会。持有这一态度的青少年理想自我和现实自我有较大差距,他们往往愤世嫉俗,从自己的既得利益来要求现实社会,当理想自我和现实自我相脱节的时候,就会产生自我认同危机。二是玩世不恭。这一部分青少年缺乏社会责任感和历史使命感，用消极的方式躲避现实责任，缺乏对自我责任的正确认知，导致自我同一性认知偏差，即埃里克森认为的"拒偿"问题。具有"拒偿"问题的青少年往往不愿承认自己的社会角色，否定自我同一性需要。

在网络虚拟社会中，虚拟行为的符号化，模糊了虚拟自我的自然属性，消解了社会属性的限制，由此造成了网络虚拟自我和现实自我的分歧，以及多重自我与整体自我的矛盾，导致了主体的异化问题。这将导致虚拟自我与现实自我相脱节，自我与社会相分离，最终出现自我认同危机。

第三节 "微时代"技术引发的青少年自我社会角色归属问题

在虚拟世界中，人类暂时摆脱原有角色，"自我"可以尝试新的角色赋予的责任与义务，使"自我"在虚拟世界中呈现出另外一种生存方式。虚拟世界中个体所具有的多元分裂式的角色和身份，使得自我认同失去了稳固的基础，自我不再是与稳固的现实社会结构相一致的固定的范式。在前网络时代，个体的社会身份在特定时期内是相对稳定的存在，稳定的社会身份限制了个体行为，因此，人们获得了个人社会角色的概念和所进行活动的认知。身处固定秩序中的个体，通过对秩序中环境的获得而确认自己身份认同感和社会归属感。在这样一种社会结构中，由于个体充分认知了自己的社会角色和所属社会群体，因而不会出现对"我是谁"这类问题的疑问。但是在网络虚拟社会中，个体与固有的人身依附关系产生了剥离，多种身份认同同时出现，各身份认同之间还可能出现相互冲突的可能，因此个体无法确定自我群体性，无法获得对"我是谁？"这一类问题的确认，进而丧失了自我社会角色归属感。

一 青少年社会角色扮演的不确定性

"角色"这个概念，最早由美国哲学家米德提出，他从戏剧理论中借用，指个体在特定社会关系中所处的特定位置，所采取的符合社会预期的一系列行为方式总和。[①] 而在萨尔宾的角色扮演理论中，将角色分为三个层面，即角色期待、角色知觉以及角色实现。角色期待是指社会及他人对"我"所扮演角色行为的期待。角色知觉是指个体对自我所担任角色的意识。角色实现是指通过一系列的行为实现社会、他人及自我对个体所扮演角色的期待。角色理论一方面着眼于探索个体对所塑造的不同形象，如何经过自我评价和自我分析得以传播；另一方面探讨自我受到条件限制的情况下，如何根据一定的规则成功实现角色扮演，使得所扮演的角色与自我概念一致。

角色扮演是角色理论的中心概念，在现实生活中个体都扮演着多种角色，如果个体长时间扮演与真实自我反差很大的角色，不仅会令他人不适应，也会造成自我的迷失。米德认为，人的心智和自我由社会所造就，在与社会的相互作用中实现自我，而非生而具有自我意识。自我通过对社会情境中文字、语言等一系列符号的学习来熟悉并获得自己和他人所处的角色认同，产生了将自我作为客体来分析的思维，从而实现自我认同。米德还认为，个体角色扮演至关重要的一点是能否在精神基础上发展出自我，这种自我能够正确认知角色期望以及传递角色扮演的行为方式。而自我是学习获得扮演社会角色的过程，这一过程能够控制自我认知的能力。米德还提出，自我概念是通过社会生活中的持续学习而得到的，是一个过程概念。个体需要承担社会角色，并运用意义符号与他人互动，在这一过程中认识自我，并对他人行为做出反馈，从而形成自我概念及自我认同。[②]

青少年对自己所扮演的角色，以及他人对自我的角色定位都较为模糊，需要通过社会实践来明晰自己的角色认知。根据米德的角色理论，个体在扮演的各种角色实践中逐渐获得认识自己的能力，在与社

[①] ［美］乔治·H. 米德：《心灵、自我与社会》，赵月瑟译，上海译文出版社 2008 年版，第 142 页。
[②] ［美］乔治·H. 米德：《心灵、自我与社会》，赵月瑟译，上海译文出版社 2008 年版，第 107 页。

会他人交往过程中将自我放在他者的位置上，获得在不同社会关系中扮演相应角色的能力，以与他者互动的方式来实现自我认知。由此可见，自我认同需要角色定位，在一定的社会关系中承担责任、行使权力，以便在扮演的角色中实现自我认同。自我在充分认同自己的社会角色后，能动地将社会期许与自我实际行为良好结合，实现社会价值与自我价值的统一。因此，自我认同是对"我是谁"的回答，是对"我将会怎样"的体验，是个体对自身的自然属性和社会属性的明确认知，是通过多方面的综合作用塑造成的个体人生理想、价值目标、性格意识等统一连续的自我概念。个体借助自我认同对"我是谁""我的角色是什么"等概念有了明确的定位和清晰的认识，可以正确看待自我价值。个体一旦形成了稳定的自我认同，即便遭遇价值体系中的矛盾，也能有效坚持自我信念。如果一个人在青少年阶段没有有效完成自我认同，将会给人格塑造中带来不稳定因素。

　　个体在现实生活中会将自我置身于他人的角色位置上，即扮演他人角色，根据他人的反馈调整自我行为，形成自我认同。青少年在虚拟网络世界扮演的角色所采取的网络行为即"网络表演"，存在着与他人反馈即"观众"互动脱节的问题。"微时代"网络技术提供的虚拟世界，为青少年展示自我提供了平台，青少年可以尽情地释放自我，将完美的虚拟自我呈现给他人。然而，青少年的这种自我展示，不同于现实世界中熟人社会的反馈互动，自我在虚拟社会"表演"时失去了具体的观众，不能接收到观众的表情、语言等直接反馈，且收到的反馈一般具有延时性。事实上，青少年的网络表演是针对他们设想出来的"他者"的表演，想象"观众"给予自我的高度关注，并深陷自我成就的满足中，以此获得心灵的慰藉。网络虚拟世界一定程度上遮蔽了受众的反馈，导致青少年无法正确认知自我，出现自我认同偏差。如果青少年一味沉浸在非真实自我的表演中，并根据想象中的观众反馈来调整自我认同，长此以往将会迷失在虚假的自我满足中，造成自我认同危机。

　　"微时代"技术为自我认知提供了一个全新的平台，个体通过与

"微时代"技术互动实现自我的社会化。在这种人与虚拟社会的互动过程中,虚拟自我着重于微技术对自我角色和行为的反馈评价,因此,虚拟自我不断地调整自我行为模式,以适应"微时代"技术发展模式。这容易产生一种只拥有技术属性,而丧失社会属性的虚拟自我,导致个体只适应虚拟生活而现实生活互动障碍。长此以往个体的自我意识逐渐被忽略,微技术将发挥决定性作用,人被技术所控制,自我被异化,这与现实社会中自我认同过程产生了巨大差异,虚拟自我被物化在"微时代"技术中,个体的自我认同被消解,自我认同危机随之出现。

二 青少年社会角色的虚拟性

"微时代"技术带来的虚拟社会为自我营造出一种轻松愉悦的氛围,使自我可以自主地实现社会化过程。而社会化过程实现的前提条件是互动,以此实现自我价值的认知和社会文化的内化。现实社会各种规则制约了主体间的互动,而自由的虚拟社会为主体间互动提供了宽松的条件,有利于自我社会化的形成。

虚拟世界最典型的特征即为匿名性,虚拟自我之间在微技术产品中的互动是隐藏在面具下的互动,这种虚拟自我身份的设定具有自主性,可以与现实自我截然不同,因此丧失信心的人可以通过虚拟自我重回自信,生活有巨大压力的人可以通过虚拟自我缓解情绪,生活不理想的人可以通过微技术来美化自我。很多在微技术中展现出的自我都是遮蔽了现实自我缺憾的完美形象,以此获得社会和他人的认可与赞扬。但这种完美的虚拟自我会给自我带来认知混乱,导致个体倾向于选择虚拟自我而厌恶现实中有缺陷的自我,导致自我认同危机出现。

戈夫曼提出的"拟剧理论"认为,存在于个体之间的行为互动,可以看作一种剧场中的表演。在特定的社会情境中,个体会根据不同的情节需要而扮演不同的角色。因而处于社会互动中的个体看到的并不是对方真实的自我,而是根据特定情节所扮演的自我。戈夫曼在"印象管理"中也提到过"前台"和"后台"的概念,他认为人们在

"前台"和"后台"的表演是截然不同的。① 社会心理学家特纳也指出，个体的社会角色并不是被动地接受，而是主动的形成。然而，青少年乐于在网络中塑造碎片化的、多样态的虚拟自我，这种自我呈现容易让青少年迷失自我，导致自我认同危机的出现。个体频繁游走在虚拟网络社会与现实社会之间，自我意识需要不停地进行思维变换，包括重新反思自我、重新认识自我以及重新界定自我。因此，虚拟自我认同是建立在对他人关系定位基础上的自我价值及自我独特性的认定。由于青少年在网络中扮演的虚拟自我呈现出多样态的理想化自我和补偿性自我，因此，一方面青少年乐于沉浸在完美虚拟自我的塑造中，花费大量的时间投入对虚拟自我修饰，隐藏有缺憾的性格特征，为他人呈现出理想自我；另一方面塑造出现实中所不具有的特征，以补偿性虚拟自我呈现出来。虚拟自我具备的多种特征可以部分地满足青少年的心理需求，但是经过修饰和塑造出来的自我并非青少年的真实自我，长期沉浸在理想化和补偿性虚拟自我中，容易使他们厌倦真实的自我，抵触自我存在的缺点和不足，导致现实自我呈现模糊化。

"微时代"，自我不断地在现实空间与虚拟空间之间切换身份，容易造成现实自我与虚拟自我边界模糊，个体的行为方式与思维方式也容易受虚拟自我的影响，出现将虚拟空间的规则带入现实世界的问题。不停地在虚拟社会中切换身份会导致自我认知出现混乱，我是谁的追问意味着自我的迷失。虚拟自我的塑造来自于现实自我的感受，现实自我是消极压抑的，虚拟自我可能会是一个肆意发泄、愤世嫉俗的形象；现实自我是积极乐观的，虚拟自我可能拥有一个宽容愉悦的个性。由此可见，虚拟自我认同也不是完全和现实自我脱离的，而是建立在现实经验基础上的，现实自我认同的情感认知和社会经验也会与虚拟自我共享。当现实自我的情感认知和社会经验沉淀于虚拟自我后，虚拟社会将会给予反馈，当这种反馈与自我认知相一致时，自我认同感

---

① 郇娜：《大学生网络社会化中的自我认同危机研究》，硕士学位论文，东北财经大学，2012年，第15页。

得到了进一步强化。相反，当虚拟自我与现实自我角色产生严重分歧时，将产生自我角色归属感的模糊认知，自我认同感降低，甚至出现自我认同危机。

"微时代"技术产生一套适合虚拟社会的自我评价体系，随着主体使用微技术产品的越发频繁，自我停留在虚拟社会中的时间越来越长，自我越来越倾向于虚拟社会自我评价标准，甚至不愿承担现实社会责任，不愿扮演现实社会角色。"微时代"技术虽然拉近了个体之间的距离，但却模糊了自我社会角色，这样的社会主体缺乏人际沟通能力，社会责任意识薄弱，很有可能导致自我认同危机的出现。

三 青少年现实社会角色的边缘化

现实社会受到物理空间以及各种规则的限制，不能随心所欲地满足自我探索欲，而在"微时代"虚拟网络社会，青少年可以充分满足其好奇心。但如果青少年不能及时完成虚拟世界和现实世界的转化，则容易造成行为错位甚至自我认同危机。这导致青少年在现实中稍遇逆境，就可能放弃奋斗，转而到虚拟世界中寻求较为容易实现的成功。久而久之，他们就会抵触现实社会困难，倾向于到网络社会中实现万能的自我，忽略现实人际交往，转向网络中肆意发泄的虚拟交往。而在这种人机对话中，青少年逐渐习惯于与机器打交道，对现实中知觉他人表情动作的情境交往模式变得陌生和抵触，进而表现出与现实世界的疏离。

米德认为，个体都必须在一定的社会情境中担任相应的社会角色，将一些语言或者非语言的富有意义的运用于现实社会，并与不同社会情境中的其他个体进行互动，在互动中不断完善自己和认知自己。[①]个体在实践活动中承担不同社会角色、体验各类社会情境，并与其他主体互动，以此产生自我认同。个体在现实社会中要扮演不同的社会角色，这些社会角色要得到大至国家，小到个体的社会各个层面的认

---

① [美]乔治·H. 米德：《心灵、自我与社会》，赵月瑟译，上海译文出版社2008年版，第142页。

同和期许。同样，微技术塑造出的虚拟自我也要通过虚拟实践塑造虚拟角色，适应虚拟社会。长期沉浸在虚拟网络社会，适应了碎片化虚拟自我的个体，容易产生角色错位问题，不但各碎片化的自我容易混淆，而且容易与现实自我混淆，进一步发展可能产生现实角色认知混乱，自我归属感丧失等问题。最终，个体更倾向于在网络中扮演虚拟自我逃避现实中的挫折，导致自我的社会角色得不到认同，自我被虚拟自我边缘化，自我认同危机不可避免地产生了。

而青少年在现实生活中主要扮演的是服从的角色，无论是学生还是子女，或者员工，都是以服从为主，缺乏自主性。他们要好好学习、认真工作，完成社会、学校以及家庭对他们的角色期待，青少年也在这一过程中逐渐形成了相应的自我认同。但是处于成长阶段的青少年，他们内心存在着一定的反权威性，希望能够自己决定自己的事情，掌握自己的命运，因此网络的虚拟性为青少年实现自主的自我提供了条件。青少年在网络上乐于扮演一个完全不同于现实自我的虚拟自我，尽情释放自我，肆意宣泄自我。然而，长期角色扮演一个与现实自我存在巨大反差的虚拟自我，容易造成自我认知错位，模糊真实自我和虚拟自我，甚至抵触现实自我。存在角色错位的青少年群体，一方面难以在现实中履行自己应有的角色；另一方面用虚拟角色来逃避现实角色任务会造成现实自我被挤压和边缘化，进而造成自我认同危机。

以网络游戏为例，当网络游戏日益深入地渗透到青少年的生活之中时，虚拟世界中的观念和规则也越来越明显地在青少年的行为中表现出来。很多不良网络游戏宣扬暴力至上的原则，武力几乎成为决定一切的标准，动辄兵刃相见的游戏逻辑使得许多青少年养成了暴躁易怒的性格。更有甚者，一些青少年将这些观念和规则从网络延伸到现实，于是一幕幕的悲剧不断上演。最令人担心的是，心灵扭曲、崇尚暴力和血腥残忍等性格缺陷越来越多地表现在部分青少年身上。2003年11月，河南某县17名少年连环被杀案告破，凶犯黄某是一名29岁网络游戏迷。黄某在交代自己的犯罪初衷时说，杀人是为了实践游戏中"武士"绝招,而他杀人时所用的手段几乎都来自不良网络游戏。①从对这起案件审讯的情况分析可以看出,网络游戏对黄某的性格和思维方式都产生了极大的影响,对人性造成了严重扭曲。最令人震惊的是,长期沉浸在血腥的游戏之中已经使他丧失了对人性应有的敏感和知觉,他对人的痛苦和死亡都十分淡漠,丝毫无法感受到人性应有的恐惧和同情。在整个凶杀过程中,他就像在游戏的世界中屠杀一样,完全丧失了人性,也就没有丝毫的罪恶感,更不用说遭受良心的谴责了。网络游戏使他对世界的看法变得不真实,游戏的世界阻碍了自我的正常成长,也可以说已经使他完全丧失了正常的自我。

　　这些青少年把自己在虚拟世界中扮演的冷血拜金狂的角色搬到现实世界,铸成了终生无法挽回的悲剧。他们的共同点是把自己平移到网络世界里,把这里形形色色的际遇、人与人的交往关系当成自己生活的重要部分。如果隔一段时间不能上网,便产生无所适从的空虚感,上网已成为这类人逃避现实、寻求解脱的重要出路。这些青少年极少接触社会,一切活动限制在一个小圈子里,由于他们还没有形成比较稳定的世界观、人生观和价值观,对新鲜事物的好奇与探究的欲望强烈,很容易沉溺于网络世界。因为在网络游戏里,他们拥有了事业与地位,获得了众人的尊敬,自己梦寐以求的各种东西都在这个虚拟世界里拥有了。在游戏中,玩家修炼的时间越长,角色的等级就越高,拥有的东西也就越多,地位也就随之不断提高,甚至成为可以随心所欲主宰别人生死的角色,因而也就越容易博得其他角色的尊敬、赢得美女的芳心或帅哥的青睐,这些都是现实中无法做到的。当他们在游戏中等级、地位越来越高时,就完全陷入了网络游戏营造的世界,更是一刻也离不开游戏中的那个虚拟自我了。甚至不知不觉总会产生错觉,好像网络中的自己才是真实的,而现实中孤独而失意的自己是虚幻的。这些沉迷于网络游戏的青少年,依赖虚拟现实并由此忽视了现实的存在,或是对现实生活不再满足,常常导致离开了网络以后,在

---

① 张春良:《网络游戏忧思录》,中央民族大学出版社2005年版,第45页。

现实生活中出现角色混乱和反社会人格等偏差。他们在网络中的表现与现实中的表现有很大的反差，甚至判若两人。一部分青少年刚开始时多少在网络游戏中暂时放松了心情，摆脱了烦恼，但是玩网络游戏并不能从根本上解决学习和心理问题，而是将这些问题暂时回避开来，当沉溺于网络游戏之后，这些问题反而更加严重。网络游戏让人欲罢不能，当玩网络游戏的条件（比如金钱）不能得到满足时，很容易便走上犯罪道路，造成更大的社会问题，青少年的现实自我也逐渐边缘化。

第四节 "微时代"技术引发的青少年自我价值问题

沉浸在虚拟世界中的人们经常会出现对自己否定的现象，表现为对自己的行为无法控制和预测，经常会懊恼后悔，找不到过去的"我"，但又建构不出理想的"我"；极力想给自己定位，但又不明确自己是谁，现实自我和虚拟自我出现断裂。最典型的困扰在于，"觉得自己不是自己了"，甚至感觉到自己也很陌生，无法接受自己、认可自己。此时角色的完整感被打碎了，对自己不理解、不满意，对自己的评价偏低，甚至消极，感觉无奈、茫然，陷于一种无力的状态，进而出现自我认同危机。网络中的虚拟自我比现实中的自我可能更加忧虑和焦躁。这种忧虑和焦躁可能并不是由缺衣少食引起的，而常常是一种没有具体根由的焦虑状态。个体常常不知道生活的目标是什么，也不能肯定自己生活的价值是什么，对生活没有乐趣，常常有一种无聊感和厌倦感，个体这种精神状态就是人生价值危机。

一 青少年自我责任感弱化

"微时代"，以手机为中介的虚拟网络世界更具诱惑力，青少年往往迷失在丰富多样的微技术产品中，以及多种多样的互动模式中无法自拔。虚拟自我沉迷于手机游戏、网络直播、朋友圈互动等网络虚拟活动，减少了现实生活中的实践，久而久之，习惯于虚拟生活的个体将弱化对于现实社会交往的认同。然而，现实生活中规则需要主体在实践活动中确认和强化，但"微时代"技术带来的虚拟世界衍生的是一种人机互动式交往模式，具有虚拟性的特点，主体对现实规范的体认削弱。虚拟世界的交流需要以手机、电脑为中介，隔着屏幕的主体更重视的是自身的感受，而忽略他者的价值认同，这就打破了双向的价值取向规范。如果个体感觉交流不符合期待，他可以立即终止交流而不必得到对方同意，或者直接删除对方，这种强化自身感受而忽略对方的沟通方式是一种极端自我的行为。"微时代"技术提供了实现这种行为的条件，而习惯于这样的交流方式会导致主体丧失应有的责任感，忽略道德规范，出现价值尺度失衡等问题。

青少年更容易产生自我认同危机的困惑，这一阶段很难形成清晰牢固的自我同一性。当网络主导青少年的生活时，他们往往将网络中的虚拟生活与现实生活，以及网络中的虚拟他人与现实他人相混淆。青少年处于模仿他人以实现社会化的阶段，在现实社会中由于"他者"的"身体在场"，而且是一种"非匿名"的展示，因此，青少年获得的示范大多是符合道德正向发展的。然而在虚拟网络社会中，由于"身体的缺席"以及"非熟人社会"和"匿名"的展示，不符合社会道德发展规范的"负示范"将会增多。青少年的自我认同尚不完善，还没有形成较为清晰的自我认同概念，面对复杂的网络社会化过程，很可能造成道德认同错位，导致道德认同被再次社会化。另外，青少年网络行为的自主性，会导致网络行为失范问题的发生。在现实社会中，青少年的交往对象建立在父母、老师、同学为主的熟人社会中，青少年的现实社会行为受到熟人社会的监督和社会道德的约束。而"微时代"网络虚拟社会的熟人约束机制匮乏，青少年的网络行为更多的是一种根据主观概念的自主行为。由于网络的虚拟性、匿名性以及难约束性等特征，导致青少年乐于隐去自己的真实身份去探索虚拟世界，当遭遇逆境时可以抛弃虚拟自我而无须担负责任。网络社会缺乏足够的强制力，他律因素不足，因此青少年的网络行为大部分以自我感受为出发点，依靠自我约束力。但青少年身心发展尚未成熟，道德的社会化建构尚未完成，其现实社会行为和网络虚拟行为都需要接受必要的引导。现实社会可以受到来自社会、学校、家庭的监督指导，完成正规的社会化过程，而在网络社会中由于缺少引导机制，就容易接收到不良社会化内容，淡化自身的社会责任和义务，失范行为不可避免地发生。

二　青少年自我认同道德框架的消解

道德框架由价值标准、价值理念、价值取向等组成，是一系列价值观念的组合。道德框架引导着个体努力的方向和道路，是自我认同及他人和社会认同的逻辑体系。纵观人类历史，曾出现过三种依附性道德框架，自然道德框架、神学道德框架和理性道德框架。自启蒙运动以来，自然道德框架和神学道德框架相继被推翻，而19世纪末期开始，尼采、福柯等反理性主义哲学家分别宣布了"上帝之死"和"人之死"，强调了人就是要创造自我，自我是一个不断创造和构成的东西，理性道德框架也被解构。进入网络虚拟社会以来，个体经历多元价值体系和多种生存模式，导致前网络社会中的多种道德框架被进一步瓦解，自我变得迷茫。道德框架的缺失使自我选择产生困惑，对青少年的影响尤为严重。青少年正处于人生观、价值观和世界观的形成阶段，这一阶段的个体往往倾向于否定父辈固有的道德框架，而自己认可的道德观念和标准又难以整合到一个统一的体系之中。但是个体要对世界和自身的意义做出合理判断，必须具备一个完整的道德框架，而现实世界道德框架的缺失，使得青少年无法对自我进行确认，从而产生自我认同危机。

一方面，"微时代"网络虚拟社会道德规范不健全，会导致青少年道德认知混乱，道德价值观消解。网络社会虽然是虚拟社会但是也与现实社会一样，个体需要受道德规范的制约，遵循一定的道德规范，否则虚拟网络社会将会由于行为混乱而崩塌。"微时代"网络社会由于具有不同于现实社会的虚拟性，使得现实社会中的道德规范不能直接应用于网络,而网络虚拟自我在缺少约束的网络社会,可能会出现现实中不会出现的行为,试图摆脱道德约束机制、熟人监督机制、社会舆论机制而肆意妄行,因此虚拟社会的道德规范带有一定程度的难约束性。青少年在"微时代"虚拟网络社会中,可以根据想象或情境需要任意塑造一个虚拟自我,去感受不同的人生,去应对不同的状况。这种极其自由的生活方式,容易使青少年迷失在摆脱束缚的快感中,误认为虚拟世界才有真正的自由,虚拟世界中才能实现自我价值。然而,虚拟自我是多种自我的综合体,存在真实自我的成分,也包含着妄想的自我、分裂的自我,甚至弗洛伊德的本我表现。对网络虚拟自我的错误理解,会对青少年的价值判断产生诸多不利影响,对青少年的行为选择造成不良后果。青少年在网络虚拟世界的社会化过程中,既受到虚拟他者的不良习惯示范,同时又较少受到规则约束,这导致出现了大量的既不受现实规范制约,又没有网络规范可依据的网络行为。

另一方面,网络中各种文化相互冲击,青少年世界观尚未完善,面对多元文化很容易产生认知混乱,出现自我认同危机。在匿名网络中,由于文化的多元化和熟人社会的疏远化,青少年体验到不同于现实社会的规则,长期沉浸在网络不良信息当中,容易造成青少年道德标准下降,道德意识削弱,道德情感淡薄,道德责任丧失等问题。因此,要摆脱自我认同危机,就要建立适应网络虚拟社会发展的道德标准,使自我在一定的道德框架之下完成自我认同。

根据吉登斯的观点,现代性使得"信任"成为人格塑造的重要因素,具有了全新的价值,且与抽象系统呈现出显著关联态势,成为自我与抽象系统连接的桥梁。不确定感是现代社会的整体特征,"信任"作为自我与符号世界的媒介,可以有效抑制个体对社会的不确定感,消解不确定感对自我的控制,使得"信任"成为自我存在的支撑。在"微时代"技术所建构的虚拟空间中,信任极度缺失,有些虚拟自我是被随意建构的,他们在微技术产品中随意转换,随时被修改、随时被丢弃,因此不同的虚拟自我相互交流时缺乏了最基本的信任机制。

随着"微时代"技术的更新换代，网络行为变得越发隐蔽，网络欺骗行为也越发不易被察觉，个体不再轻易相信他人，这必定对自我认同信任体系造成严重破坏。"微时代"虚拟自我之间缺乏信任的基本表现是虚拟身份的怀疑，其根本原因在于虚拟世界本身大量虚假身份的存在，而在不确定对方是否为真实身份之前，大多数人也会采取用虚假身份的方式进行交流，相互之间的态度也大多是不信任的。现实社会如果发生失信行为会有相关机构和制度进行约束，而虚拟空间缺少约束机制，往往会造成严重的后果。这种虚拟世界的不信任感有可能带到现实中，冲击现实交往原则，影响与他人的行为实践，破坏现实中的价值体系，消解自我认同原则。

"微时代"技术产品的使用是自我适应技术化生存的过程，传统价值观在这一过程中起到约束作用。这些价值观经社会系统的层层过滤，保留了其仪式性和真理性，是人与人沟通至关重要的媒介系统。但虚拟世界建立时间较短，尚未形成较为完善的网络伦理道德规范系统，而虚拟世界又崇尚多元文化的价值观和自由的生存状态，较为抵触固定的形式和仪式感，这导致传统价值观受到了极大地约束和消解。同时，"微时代"技术带来的虚拟世界产生了一些新的道德价值观，这些观念在现实社会是不允许存在的，这导致虚拟自我面对虚实社会之间价值观的差异，容易出现迷茫和困惑的问题，道德漂泊感加剧，甚至出现信仰危机。对于自我认同感不强的个体，他们的传统价值观容易被解构，造成自我道德价值观错位，出现自我认同危机。

"微时代"网络行为不同于传统社会，虚拟性是网络行为的典型特征，这使得虚拟自我的身份变得模糊不定。在非网络环境中，社会交往的主体身份是明确的，可以直接确认，而要确认网络交往中的虚拟自我身份，则较为困难。因为主体在进入虚拟社会后，都带上了角色的面具，缺乏约束机制的网络世界，使得主体可以自由地设定自我，甚至塑造一个完全不同于现实自我的虚拟自我，这使得确认主体身份变得更加困难。另外，虚拟自我所交往的虚拟他者情况也十分复杂，尤其对于青少年来说，他们尚未形成稳定的自我认同，容易导致自我道德价值观消解。而且虚拟社会法律不完善，伦理道德规范不健全，现实社会的道德对虚拟社会的约束能力较弱，多种文化体系在网络中交织，对青少年的世界观、价值观、人生观的确立有较大的影响。自我认同能力较弱的青少年，面对诸多变化容易迷茫。

青少年网络行为道德失范与网络监管不健全密切相关。传统社会中的道德规范并不能完全延伸到网络社会，某些约束并不完全适合网络社会，因此从现实社会进入网络社会约束力会一定程度的削弱。而在网络虚拟世界中要形成普适性道德规范又受到多种条件的制约，从而导致大量的网络虚拟行为没有可以遵循的规范，既无法完全遵循现实社会的规章制度，也没有现成的网络社会规则，再加上青少年自身的身心特征，诸多方面导致青少年网络行为会受到不良因素诱惑，造成网络道德失范行为的发生。而这些失范行为如不及时制止，会导致青少年习以为常，逐渐丧失敏感性，进而意识不到失范行为的严重后果。

在网络虚拟世界中，各种文化碰撞交织，容易导致青少年价值观混乱，出现道德意识弱化等问题。"微时代"网络信息的高速发展，上网成本的降低，使得每个人都有机会进入虚拟世界。对于青少年来说，一部手机就可以化身虚拟自我，畅游虚拟世界，在网络中随意获取信息、发布信息。网络不但成为最大的信息存储空间，而且改变了现代人的生存方式，虚拟生活成为与现实生活并存的人类存在方式，信息传播的即时性成为虚拟生活的典型特征。一方面，青少年在网上可以第一时间获取来自不同国家和民族的优秀文化，来丰富自己的知识；另一方面，也会接触到亚文化甚至受到不良文化的侵蚀。青少年世界观尚未完全建构起来，对形形色色的信息缺乏辨识能力，而网络又缺乏把关人的有效监督，因此不仅优秀的文化在网络上高速传播，也为有害信息的传播打开了方便之门。如果青少年长期沉浸在不良信息包裹的虚拟世界中，将会对其道德社会化产生诸多不利影响，容易出现道德是非判断模糊，道德意识薄弱等问题，进而产生自我认同危机。

三 青少年的自我存在焦虑

"存在焦虑"是哲学、心理学、文学通用的概念。其理论来源主要有两个：一是现代存在主义哲学创始人克尔凯郭尔从本体论角度提出的焦虑理论，认为焦虑是"人面临自由选择时必然存在的心理体验"[①]；二是弗洛伊德从心理动力学角度提出的焦虑理论，认为焦虑源自受压抑的力比多。[②] 后世哲学家和心理学家分别从不同角度对"存在焦虑"进行了阐释。如萨特认为，"人的存在和他的自由是没有区别的，自由是意识的存在，对自由的意识采取的形式就是焦虑"[③]。美国存在主义心理学之父罗洛·梅认为，"存在焦虑"是人的生命或生存面临威胁时所产生的一种痛苦的情绪体验，即存在的不正当感，这种威胁可以是危及个体生存的天灾人祸、疾病等，也可以是重要的精神信念、理想和价值意义的丧失。[④] 由此可见，"存在焦虑"是由人的生存境况决定的，它产生在人的本体论的被给予性基础之上，是人在面对自身与世界的被给予性关系时所产生的一种主观状态。[⑤]

"存在焦虑"是自20世纪以来特有的存在困境。自我存在的理想状态是一种本真的存在，是自我与其生存世界相协调的一种状态。而进入20世纪以来，人总是生活在不确定性和偶然性之中，在追求自我存在的本真状态过程中无法摆脱对于当下和未来的担忧。如果自我采取"意识扭曲"的方式来消极面对这种问题，以达到虚假的肯定性和表面上的安全感，就会导致出现"存在焦虑"。因此，"存在焦虑"来自非预期的心理状态。而在"微时代"的网络环境下，可供虚拟自我选择的范围大大超出了自我正常思考空间的限度，或者说超出了自我的控制和预期，过度的选择带来了过多的非预期，导致了自由的异化，于是网络中的虚拟自我就出现了"存在焦虑"问题。当网络通过一种

---

① [丹] 克尔凯郭尔:《概念恐惧》,京不特译,上海三联出版社2005年版,第34、86页。
② 陈坚、王东宇:《存在焦虑的研究述评》,《心理科学进展》2009年第1期。
③ [法] 萨特:《存在与虚无》,陈宣良译,安徽文艺出版社1998年版,第95页。
④ [美] 罗洛·梅:《焦虑的意义》,朱侃如译,广西师范大学出版社2010年版,第22页。
⑤ 杨鑫辉:《心理学通史(第五卷)》,山东教育出版社2000年版,第267、132页。

扭曲的方式提供给虚拟自我的虚假归属感之后，也就助长了"存在焦虑"。

弗洛姆认为，人的存在具有矛盾性，主要体现在：生与死的矛盾；个体化与孤独感的矛盾；潜能的实现与生命短暂的矛盾。[①] 据此，可以将"存在焦虑"分为对命运的焦虑；对无意义感和疏离感的焦虑；对愧疚感的焦虑。而"微时代"下青少年虚拟自我的"存在焦虑"也可以相应分为：本体上的虚拟自我"存在焦虑"、精神上的虚拟自我"存在焦虑"、道德上的虚拟自我"存在焦虑"。

首先，技术中介作用导致青少年本体上的虚拟自我"存在焦虑"。媒体生态学创始人尼尔·波兹曼认为，媒介的独特之处在于，虽然它指导着我们看待和了解事物的方式，但它的这种介入却往往不为人所注意。[②] 当前的"微时代"网络技术就是如此，它让现实转化为影像，空间与距离不再具有明显的可度量性，时间也失去了应有的连贯性，这样会逐渐消解青少年自我的理性思维和内在的反抗维度。由于网络中的虚拟自我受制于技术，一旦虚拟自我成为技术的奴隶，就容易丧失自我本性，成为"他者"，青少年虚拟自我变成工具驱使下的机器，自我意识逐步由网络来引导。在这种状态下，青少年的现实人格逐步被虚拟人格所操纵，进而失去了人的本质特征和独立思考的能力，成为丧失主体意识，任由"微时代"技术摆布的"单向度"的人。通常情况下，青少年的现实自我作为自我意识整体的主要部分，是很难被网络中的虚拟自我完全控制的。但如果虚拟自我过度发展，就会导致青少年的现实自我本性出现难以修复的扭曲。网络的虚拟环境会通过青少年对异化的虚拟自我的过度依赖来操纵其现实自我。一旦异化的虚拟自我逐渐占据青少年的内心世界，将对现实生活中的自我进行摆布，这最终会导致青少年现实中自我的迷失，进而产生对命运的焦虑，出现本体上的虚拟自我"存在焦虑"症状。

其次，自主性下降导致青少年精神上的虚拟自我"存在焦虑"。

---

① 杨鑫辉：《心理学通史（第五卷）》，山东教育出版社2000年版，第267、132页。
② ［美］尼尔·波兹曼：《娱乐至死》，章艳译，广西师范大学出版社2004年版，第59页。

"微时代"出现之前，网络成瘾的类型被分为"网络强迫行为""网络关系成瘾"和"信息收集成瘾"等。[1]但手机和移动互联网整合了各种功能，更易"上瘾"，青少年对网络的依赖性进一步增强。手机和移动互联网能够对信息进行快速接收和反馈，即便离线也可以接收到信息，这就使部分青少年时刻挂念网络中更新的信息，频繁掏出手机去查看，热衷于以虚拟身份在网络环境中享受虚拟生活带来的满足感，过度沉湎于虚拟自我的身份体验而难以自拔，这就严重影响了青少年的现实生活。这种生活方式还让青少年变得更焦虑：收不到信号会焦虑，快没电了也会焦虑，没有手机就不知该如何安排生活。智能手机创造了很多青少年原来可能不从事的活动，生活速度被不自觉地提高，吞噬了青少年活中的"空白"时间，导致精神上的虚拟自我长时间处于"存在焦虑"状态。此外，移动互联网使网络的普罗透斯效应（Proteus Effect）被进一步放大，这种效应意味着当人们被赋予不同角色时，个体的行为往往会表现得与角色特点相一致，即通过虚拟化身来影响个人行为，虚拟角色是用户的投影，本身存在一定的自我暗示和代入感。[2]移动互联网这种随时随地人际沟通的特性，促使青少年现实生活中的自我频繁与网络中的虚拟自我接触，在这一接触的过程中，青少年现实自我的行为表现甚至性情会在不知不觉中变得与所塑造的虚拟自我相一致，而且不同的自我呈现都会对青少年的行为产生影响，引发个体的多重自我心态甚至人格分裂等更严重的问题，而虚拟自我也变得与现实更加疏离，这就容易产生无意义感和空虚感，进而加剧青少年精神上的虚拟自我"存在焦虑"。

最后，认知能力退化导致青少年道德上的虚拟自我"存在焦虑"。在"微时代"中，通过微博和微信这两种新工具传播非理性情绪和行为的问题非常严重。微博的传播特性会影响青少年的认知能力，使青少年很难不受任何影响独立表达观点，而是往往被围观的氛围所牵引，

---

[1] 林绚晖：《网络成瘾现象研究概述》，《中国临床心理学杂志》2002年第10期。

[2] Yee, N., Bailenson, J. N., "The proteus Effect: The Effect of Transformed Self-representation on Behavior", *Human Communication Research*, No. 33, 2007.

最后做出符合围观者意愿的评论，失去自我的独立判断力。微博上围观者一般较为浮躁，没有耐心接受深刻的或者平淡的观点，这就致使传播者常常用极端偏激的语言来快速吸引人的眼球。微博是一种社会各种情绪集中表达的场所，其中的虚拟自我带有浓厚的情绪主义色彩，平和理性而有智慧内涵的观点很少有听众。在这种环境中，青少年塑造的大多是缺乏思考能力的虚拟自我，久而久之便导致自我认知能力的退化，青少年虚拟自我对于随意发表的非理性言论往往于事后产生愧疚感，导致道德上的虚拟自我"存在焦虑"。微信也是一种迅速传播非理性情绪和行为的通道。青少年虚拟自我的生活圈，通过微信与现实自我的生活圈重叠，使信息传播变得更快，与现实自我的联系也变得更加紧密。微信扩散信息甚至会呈现出爆发模式。微信的超快速信息沟通带来一些弊端与隐患，即青少年虚拟自我对于信息的传播方式和话语方式多呈现出反规则的特点。青少年虚拟自我对于海量信息会产生焦虑感，对随意转发信息给他者造成的影响会进行自我谴责，进而加剧道德上的虚拟自我"存在焦虑"。

"微时代"技术对网络中的虚拟自我产生影响，导致部分虚拟自我丧失理性，这是引发虚拟自我"存在焦虑"问题的根本原因。哈贝马斯所倡导的交往理性，为解决"微时代"技术引发的虚拟自我"存在焦虑"问题提供了一种可行性方法，对于增强网络交流中虚拟自我的理性思维，进而重塑虚拟自我具有启发意义。哈贝马斯将"世界"划分为客观世界、社会世界和主观世界，将社会行为划分为四种类型：目的行为、规范调节行为、戏剧行为、交往行为。其中交往行为考虑了所有三个世界，并同三个世界相关联，遵循着真诚性、正当性、真实性原则，与工具行为相对应，比其他三种行为在本质上更具合理性。[①] 因此，遵守交往行为，使人格完善化，才能真正实现"自我"的和谐发展，从而消解虚拟自我"存在焦虑"问题。如何才能实现交往行为的合理化？哈贝马斯从语言、规

---

① 王卉珏：《从哈贝马斯的生活世界殖民化理论看网络空间中的入侵行为》，《马克思主义与现实》2012 年第 4 期。

范、民主三个方面给出了答案。在"微时代"的网络社会中，哈贝马斯的论述具体对应于网络语言的理性化、网络规范的普及化和网络社会的民主化。

首先，促进网络语言的理性化，提升虚拟自我的主体性。哈贝马斯的商谈伦理学建构了一个道德规范体系，使得交往主体能够承认并遵守，在此基础上，交往主体选择恰当的语言进行对话，从而真正充分论证自己的观点，最终达到提升自己主体性的目的。哈贝马斯认为，"人的主体性是人作为活动主体的本质规定性，是在与客体相互作用中得到发展的人的自觉能动性和创造性的特征"[①]。要消除虚拟自我的"存在焦虑"，必须提升人的主体性，提高自我认知能力和自我控制能力，通过理性的交流来充分论证自己的观点，使现实自我能驾驭虚拟自我，而不随波逐流或盲从于权威，从而促进其良性发展，自主地控制虚拟自我"存在焦虑"的发生。促进网络语言的理性化，需要使网络用户本身对网络的使用采取一种理性的审慎态度，保持一定的距离加以反思和评价，批评非理性的网络语言的使用，倡导和遵循理性的对话规则，真正成为网络的使用者而不是盲从者。

其次，促进网络规范普及化，调控虚拟自我的适应性。海德格尔认为，"此在"就是自我，是"我"区别于他人的独特地方。"微时代"下"此在"的载体就是每一个活动于网络之中的虚拟自我，而网络文化、网络规范、网络技术都是"此在"赖以存在着的系统。相对于现实生活而言，虚拟世界的系统对"此在"的影响较弱，也就是说虚拟世界的文化、道德、法规的约束力较现实世界中差一些。因此，在约束力较差的虚拟环境中，虚拟自我往往以本我的状态与他人"共在"，甚至建构一个崭新的自我，从而实现不同于现实世界的自我价值。因此，"微时代"网络伦理的调控重点是加强虚拟世界中道德规范的约束力，使虚拟自我逐步适应虚拟世界的伦理准则，使得承认和遵守网络规范成为一种自觉的活动，从而适当控制对欲望的追求，最

[①] [德] 尤尔根·哈贝马斯：《交往行动理论（第 2 卷）》，洪佩郁译，重庆出版社 1994 年版，第 165 页。

终使理性的虚拟自我与现实自我实现有机统一,从而抑制虚拟自我"存在焦虑"带来的问题。

最后,促进网络社会民主化,建立虚拟自我的主体间性。哈贝马斯的主体间性是建构交往理论的核心概念,主体间性目的是让主体之间进行交往与沟通,达到对事物共同理解的目的,在此基础上实现对行为的协调作用。主体间性使主体从一人变成多人,更加强调各方的交往与互动,让各个主体之间相互对话,即以沟通为取向的行为模式。哈贝马斯说:"一旦用语言建立起来的主体间性获得了优势,自我就处于一种人际关系当中,从而使得他能够从他者的视角出发与作为互动参与者的自我建立联系。"[①] 因此,要想解决"微时代"技术引发的虚拟自我"存在焦虑"问题,必须重建主体间性,通过建立合理的言谈情境,让参加交流的虚拟自我能够不受任何压力和限制而自由、平等地对话,构建话语民主的网络社会。在此基础上,参加对话的虚拟自我能够倾听他人的意见,调整自己的行为,达成哈贝马斯所说的"共识",以消解虚拟自我"存在焦虑"的消极影响。

总之,"存在焦虑"问题是自20世纪以来特有的存在困境,是对人类根本性问题的思考。焦虑是自我的一部分,是自我存在过程中的一种反应,是自我的特殊存在状态。克尔凯郭尔说:"如果没有焦虑,他要么是动物,要么是天使。"[②] 因此,只要存在就会有焦虑。在"微时代",如果虚拟自我企图通过尽量忘记现实自我,或缩小现实自我的意识范围来减少"存在焦虑",往往导致"存在焦虑"问题的越发严重。如果自我能采取积极主动的方式来正视"存在焦虑",将"存在焦虑"作为反思自我的切入点,那么自我就能不断激发潜能,形成良性的虚拟自我意识,将"存在焦虑"转化为一种积极的人生动力,使自我得到积极健康的发展。

[①] [德] 尤尔根·哈贝马斯:《现代性的哲学话语》,曹卫东译,译林出版社2004年版,第348页。

[②] [丹] 克尔凯郭尔:《概念恐惧》,京不特译,上海三联出版社2005年版,第86页。

第 四 章

"微时代"技术引发的青少年虚拟自我认同危机形成原因

第一节 "微时代"下的技术设计原因

一 技术理性对自我实践的控制

技术不断促逼着人类思维的转变，技术设计作为世界构造、展现、解蔽的途径，是人类存在和发展的方式。技术社会是人类摆脱自然束缚的必由之路，是技术推动了人类理想向现实的转变，将劳动自由与人的自由相结合，使人类生活逐渐被技术化。技术理性是指导人类技术设计实践活动的观念掌握以及对实践活动应该"做什么""用什么做"的解答。人类不合理技术实践活动所带来的主体性效应的消解，一定程度上依靠技术设计和技术理性的发展来解决。技术存在于人的实践活动中，人类在改造自然，创造工具的实践活动中也会在观念上产生精神活动，技术理性就是人的技术活动过程中的精神活动。技术理性与技术活动互相依赖、互相支持，不可分开，在二者动态关系中，体现出技术理性对技术发展的重要作用。技术理性在发展过程中一方面提升了物质财富；另一方面也给人类生存造成了威胁。随着人类技术的发展，对自然的控制能力不断增强，技术理性的僭越也不断彰显，技术某种程度上变成了操控人类生活的"统治者"。

"微时代"环境下，技术理性主要表现在电子产品对人的捆绑以及控制上。技术理性一方面要求人类自身的解放和独立意识的满足；

另一方面在技术形成某种独立性后就不再需要人类干涉，技术的自主性形成技术的"有机体"，并形成技术自身的自我决定和自我演变。技术的目的不再是单纯的服务人类，而是通过控制人类，使人类适应技术的发展。人类被电子产品牵引着、捆绑着，并在技术的发展中充当被主宰的角色。[①]"微时代"技术主导了现代人的日常交流方式，无限延伸了人的社交范围，使人对技术产生了强大的依赖感。同时，微技术产品设计的易上手性，能够使虚拟自我快速融入虚拟生活。"微时代"技术建构了虚拟自我的表达、传播、交往方式，使虚拟自我处于技术的控制之中，陷入虚拟生存带来的快感无法自拔。然而，"微时代"技术发展的方向无法完全预知，这种技术化生存方式将导致虚拟自我发展的不确定性，也有可能遮蔽技术对虚拟自我的奴役，使虚拟自我沉浸在技术带给主体能力的虚拟延伸上。

随着微技术产品的日益普及和大众化，虚拟社会已经逐渐成为个体日常生活不可或缺的一部分，人们也适应了虚拟社会和现实社会并存的现状，而且两者之间的界限越来越模糊。个体对虚拟社会和"微时代"技术的过分依赖，一定程度上反映出自我的异化问题。而微技术产品对虚拟自我的异化，不仅体现在行为上，更重要的是对自我意识的异化。正如葛兰西提出："物化……这种客观的过程反映到人的意识结构中，使人们越来越意识到自己的活动必须适应自律性的技术结构。"[②] 自我逐渐适应并认可了"微时代"技术对于个体从行为方式到思维方式的改造，承认了技术主导性地位，并在潜意识中配合了这种异化，这使得虚拟自我发生了质的改变。虚拟自我不仅依赖技术化生存，而且乐于被"微时代"技术所引导和控制，自我认同危机不可避免。

以多视窗功能为例，青少年在现实生活和虚拟世界之间，在电脑

[①] 熊小青：《技术理性僭越的生存论代价》，《昆明理工大学学报》（社会科学版）2009年第6期。

[②] ［意］安东尼奥·葛兰西：《狱中札记》，曹雷雨等译，河南大学出版社2015年版，第22页。

屏幕的窗口环境之间不断地切换着自己的身份，过着多种身份并存的生活。这种分散的自我使得青少年在同一时间里往往处于多个世界，扮演多个角色。可以说在任何时刻，在每个窗口他都在场，于是青少年在电脑上的身份认同就是这些分散在场的集合。这样，青少年的自我体验在网络中更像是进行了身份认同的多种探索和试验，人们体验到多样化、异质化、片断化的自我。

"微时代"网络设计的多视窗功能是造成虚拟自我同一性消解的主要原因。部分热衷于网络的青少年因为工作和学习的需要终日与电脑为伍。他们在网络上可以随时让所扮演的角色睡觉，而继续现实生活中的工作，但是他们心理上还在网络世界中并未退出。这样他们就可以不停地在虚拟和现实中穿梭，游离在虚拟自我与现实自我之间，此时自我被一分为二。接下来，在不同的视窗下，个体的心智还可以被继续分割开来。人们可以看见自己一分为二、一分为三，甚至更多。当个体从现实走到虚拟当中，进而从一个视窗跳到另一个视窗时，自我同时也将心灵的某一部分打开或关掉。视窗成为一个强有力的比喻，即人的自我好比视窗，是一个多重、可分配的系统。自我不再只是因时间、地点、情景差异而扮演的各种角色。当他们改变角色时，有重获新生之感。这些角色都有一些共同之处，即每一个人物都拥有自己希望拥有的特质。这使他们可以不断进行创造与再创造，这种模式凸显出自我意识的不断成长。网民认为自己的真实自我正不断从他的各个角色中一点一滴地汲取经验，不断成长。透过这种方式，他的各种人物之间存有一种关系，它们各自代表他的一个层面，可以在网络空间探索生活问题的解决之道。

视窗功能设计下的虚拟生活让人们同时拥有几种平行的身份及人生。这个平行、对应的感觉促使人们将网络与现实一视同仁。网络带来的经验延伸了视窗的隐喻——好比"网虫"所说的，生命似乎是由许多视窗组成的，此刻的现实生活只是另一个视窗，还不见得是最好的，因而不必再主张自我的完整与一致性，而是认为每个窗口中的自我都同样真实，并不存在相互确认的关系。[①] 在这种情况下，许多青少年往往形成了多重角色差异和冲突，产生消极的生活态度。当多重角色之间的冲突达到一定程度或角色转换过频时，就会导致个体没有统一的自我支配下的确定一致的行为模式，不能把关于自己的各种观念整合到一个完整的自我概念当中，这就引发了自我认同危机

二　匿名性功能对自我的消极遮蔽

移动数据终端和时时在线功能进一步强化了"微时代"技术对虚拟自我的操控。这些功能会导致虚拟自我不断浏览相关信息，淹没在海量信息的无休止处理当中。手机功能的日益强大，制造了个体诸多虚假需求，导致个体碎片化时间被完全占用，理性思辨能力退化。自我通过手机体认世界，自我的认知能力被虚假放大，使人产生技术万能的错觉，成为被遮蔽了自身感知能力，被技术操控的容器人。另外，"微时代"技术进一步加强了网络技术的匿名性，手段更加隐蔽，更加难以发现，这使得虚拟自我交流时无法知晓对方的真实身份，强化了微技术的去抑制性，导致青少年虚拟自我更热衷于抛却现实社会规范和价值束缚，去塑造一个接近于本我或超我的形象。微技术的去中性化和扁平化设计，带来了虚拟自我即时性、匿名性、自由多元的生存方式，但同时也导致了没有绝对中心和真正主体的问题。个体在"微时代"技术营造的虚拟世界中，只能察觉到技术的一部分和主体活动的局部影响，无法预知和掌控整体，这将给虚拟自我认同带来一定程度的不良影响。

人们在研究技术对人的有用性这种外在属性的时候，忽略了技术与人本质上的联系。美国技术哲学家卡尔·米切姆将技术现象分为四个层次：作为对象的技术、作为知识的技术、作为活动的技术和作为意志的技术。从动态上看，技术设计的构思相当于作为知识的技术和作为意志的技术，技术设计的实施、生产过程相当于作为活动的技术，

[①] [美]雪莉·特克：《虚拟化身：网络世代的身份认同》，谭天等译，台湾远流出版公司1998年版，第10页。

技术设计的物化成果——人工物相当于作为对象的技术。① 海德格尔技术现象学认为，技术是构成现代性中较本质的东西，现代技术是形而上学的完成形态。技术不再可以用单纯的技巧、工艺、方法、知识或工具等词汇总结了，技术通过解难题，产生新技术。技术发展有利于人们更加合理地进行技术控制，在技术实践过程中成为人类进步的助推器，技术在不断更新中依旧存在某种局限性。在技术构造的虚拟世界中真实性是在一定范围内的真实，真实性的局限使事物涉及的领域变宽、因素变多，变量越多，事物越复杂，技术设计的功能表现得越明显，也就越容易走向异化，甚至超越了人类反异化的能力。

社会信息化，手机使用范围的不断扩大，逐渐形成了流动性与大众性，个性化与匿名化相结合的手机文化。在这个信息大爆炸的时代，信息、知识和文化逐渐成为人们关注的重点。人们在使用手机的过程中一方面带来了便捷，同时手机匿名性和随时性的特性也给使用者带来了很多问题。社会发展不断的产业化，促使社会文化不断向信息化方向发展，通信也成了最迫切提升的技术手段。②

三 模式化设计对自我的同质化引导

自 20 世纪 80 年代以来，欧美在技术哲学领域的"经验转向"不断着眼于技术本身的分析与研究，将技术知识建立在对技术本身复杂性和丰富性研究以及经验的充分分析基础上，使技术哲学研究的重点更多地放在技术人工物、技术设计以及技术的相关活动上。在工业化高速发展的时代特征下，技术设计的一般特征和路径在于对技术设计的真理观、生命观和全面认识观的方法论原理的总结。技术研究设计的走势需要纳入当代技术发展的总体框图中并生成一定的语言环境，使社会、制度、文化，三位一体，形成交叉研究的综合性研究，达到对技术内部理解的感性与理性的统一。马克斯·韦伯认为技术就是束缚人类的"铁笼"，技术创造了人类的家园，技术是伴随人类历史发

---

① 贾林海：《从设计的技术研究到设计的哲学研究》，《自然辩证法研究》2016 年第 2 期。
② 张秀武：《技术设计的哲学研究》，博士学位论文，山西大学，2008 年，第 73 页。

展不可或缺的一部分，是人类存在的方式。一味地赞扬技术的作用，成为技术崇拜论者，或者是将技术看作一文不值的存在物，成为技术反对者，两种观点都无法完全发挥技术的作用，无法让技术更好地为人类服务，因此，要用哲学的方式追问技术的本质，从技术自身探讨和研究技术对人类发展的意义和作用。

手机作为"微时代"技术的一种表现形式，本身包含交互性、实时性、离散性、随身性、分众性、直接消费性等属性。但同时因为使用者无法遵从应有的使用环境也会导致手机负面的影响，主要表现在手机的模式化，即为使用者构建相同的使用环境，让使用者只能看到手机所展示的世界，并按照手机展示的内容引导使用者理解问题。微技术产品的设计研发及批量化生产，都是基于设计者、管理者的个人或集团的价值理念，这些产品在制造之初就被绑定和定义了使用模式。随着产品的大规模传播，主体在使用这些产品的同时，不得不接纳固化在这些技术中的价值理念，在这种价值理念的引导下，虚拟自我也被批量化生产出来，个体的多样性被解构，独立思维能力被禁锢，创造力被侵蚀。正如福柯所说：人的自我是被发明出来的，而不是被发现的。[1]"微时代"下，这种被技术捆绑下所生产出来的虚拟自我，必然逐渐走向同质化，最终沦为工具理性支配下的单向度的人。

人们习惯于生活在格式化的虚拟世界环境中，每一个环境都是相似的，虚拟世界环境力求包容性，在现有空间中让更多人融入进来，其独特性自然会相对减少。对于人们使用频率最高的手机，更体现了格式化和同质化的特点，使用者对手机的要求仅限于外观，其他内在设置基本都是相似的，没有太多的个性化设置。一方面，手机将人们的世界格式化，越来越多的人成为手机的主人，同时也被手机所控制，人们可以通过手机快捷地做到很多事情，但同时也受到了手机的束缚；另一方面，手机所提供的环境是固定的，人们在使用手机的过程中已经被手机营造的环境所束缚，手机给每个人都营造了相同的环境，不

---

[1] 刘北成：《福柯思想肖像》，北京师范大学出版社1995年版，第308页。

同人在使用过程中会遇到相同的使用环境，表现出相同的使用结果。生活中越来越多的人将生活重心放在了手机上，被手机控制了正常的生活节奏，自我也在这一过程中被同质化，导致了自我认同危机的产生。①

四 交往方式技术化的单一自我选择

技术设计沟通思想与行为，在技术实践活动中，技术的发展在生活世界的演变是从实用工具到信息工具的不断攀升。技术哲学的大转向使人们对技术设计的认识从感性层面转向了理性层面，技术设计发展的历史是人类生存意志发展的缩影，技术设计的发展体现了人类存在的意义和本质，也体现了劳动和人类文化存在的价值。技术设计的功能包括了对世界的构造、展现、解蔽等，是人存在的方式，人类通过技术在技术社会中实现人自身的解放。人为了实现某种目标，利用技术设计进行有意识的活动，并形成了相应的人造物。技术设计将人类对世界的某些想法转变为触手可及的实在物，是技术经验转向的核心概念，是帮助人类更好地认识世界的重要工具。人存在于开放的世界中，技术已经逐渐成了人的一部分，为了能更好地适应环境，人类需要将自身放入技术的视域中，人类与事物的关系逐渐变成了人类与技术和技术与事物的关系，人类通过操作技术，达到操作并改变事物的目的。事物经过技术之手由自然物变成人工物的过程就是技术设计起作用的过程，所有的自然物在变成人工物的过程中也逐渐观念化，不再是人们理解意义中的客观存在物，而是根据人们脑海中存在的客观物形成的人为客观存在物。人类为了达到自由和全面发展这一目的，不断通过技术的解蔽手段将自然与社会对人类的束缚剥开，在异化和超越异化中找到能够解决技术本质和对象化之间矛盾的路径。

波普尔的三个世界理论中讲道："我们可以区分三种不同的世界

---

① 张秀武：《技术设计的哲学研究》，博士学位论文，山西大学，2008 年，第 109 页。

或者宇宙:'第一世界是物理对象或者物理状况的世界;第二世界是意识状况或者精神状况的世界;第三世界是客观思想的世界……'"①虚拟世界是连接主观世界和客观世界的中介,属于第三世界客观思想世界,是技术社会性的一种表现形式。"微时代",虚拟世界成为人们日常生活的重要组成部分,是虚拟自我进行社会活动的场所,离开"微时代"技术现代人几乎寸步难移。因此,虚拟自我的建构必然受到"微时代"技术的影响,并体现出个体认知、实践行为、社会交流等方面的变革。每个虚拟自我都以自我为中心,通过"微时代"技术产品与其他虚拟自我相连接,形成一个互动的网络。尼葛洛庞帝将网络结构划分为环状网络和星状网络,传统媒体的交流方式为环状交流,而网络的出现尤其是自媒体移动互联网的出现,实现了以每个虚拟自我为中心,又没有绝对中心的,多条线路同时扩张的星状网络信息传播方式。"微时代"技术使每个人都是信息的发布者,个体有更大的自由去建构自己的网络关系,凸显了社会平台的草根性。

手机作为大众媒体的重要传播方式,对传统的单一媒体传播具有明显的跨媒体整合性,传统单一的语言、文字、印刷、广播、网络等传播形态无法达到随时随地传播,也无法满足大众对文化需求的增长速度。手机文化的交流一方面复杂多变;另一方面也是单一固定的。手机的广泛使用使人们的交流变得更加容易,手机所营造的交流环境是不同的,但交流方式是相同的。人们在选择手机交流的时候都是通过手机来传达个人的意图,无论是通过语音还是文字都是以手机为媒介的,这种交流方式只是传统的语言交流,但是肢体交流、眼神交流等非语言交流也占了重要的地位。人们在选择手机交流后就淡化了其他交流方式,人们的交流方式被手机格式化,手机交流方式某种程度上让更多的人成为手机技术的附属品,格式化的自我认同,必然带来自我认同危机。②

---

① Karl Popper, *Objective Knowledge: An Evolutionary Approach*, Heidelberg: Heidelberg, 1973, p. 123.

② 张秀武:《技术设计的哲学研究》,博士学位论文,山西大学,2008年,第35页。

总之，虚拟世界向人们展示的五光十色的情欲空间具有强烈的诱惑性，需要保持理智的头脑才能清醒地鉴别。于是，理智能力薄弱者便很难抵御这种诱惑的吸引而深陷其中。在虚拟世界中，事物显得栩栩如生，相形之下日常的经验似乎干瘪不实。而一旦人们对此采取放任的态度时，就存在滑向后现代道德相对主义的危险。诸如非中心主义、多元化、表面化、无终极目标等特征，在网络世界中找到了最适宜生长繁衍的土壤。网络去中心化的功能设计，使网络世界没有中心，没有开始也没有结束。这种状态，除了容易使人忘记对终极目标的追求以外，还会让人不想对任何事情负责。因为作为一个个体，陷入无边无际的网络之中，无法觉得自己有能力对任何事情负责，这就为道德相对主义提供了极好的借口。"个人完全放弃了自我，变成了一个机器人，他周围的其他人也是清一色的机器人，他们完全一体化了。虽然他们不再感到孤独和忧虑。但是他付出的代价是高昂的，他丧失了自我。"[1] 结果正如美国学者斯蒂文·贝斯特等所揭示的：后现代空间成功地超出了个人躯体的定位能力，使他无法借助感知来组织周围环境，无法在一个原本可以图绘的外在世界中理智地标定自身的位置。[2] 这样，自我认同危机就不可避免地出现了。

第二节 "微时代"下网络媒介使用主体原因

一 青少年的先前体验对当下行为的诱导

青少年的身心处于成长阶段，对自身以及对周围人、事、物等关系的了解还不全面，对事物的判断也在不断变化，需要不同的应对方式。青少年通过不断尝试、选择和比较后对生活有所了解并学会应对，

---

[1] 魏晨：《论网络社区的社会角色与行动》，《徐州师范大学学报》（哲学社会科学版）2001年第6期。

[2] ［美］斯蒂文·贝斯特、道格拉斯·凯尔纳：《后现代理论：批判性的质疑》，张志斌译，中央编译出版社1999年版，第245—246页。

在这个成长的过程中，青少年对自身和对世界的认同感都处在不断变化阶段，从而找到自己的发展方向，形成自我同一性。"微时代"，受虚拟网络世界控制最严重的群体就是自我辨析能力较弱的青少年，电子设备的使用已经深入青少年生活的方方面面。手机的便携性为青少年生活提供了便利的同时，也对其心理和身体造成了一定的影响。手机的普及给青少年的成长带来了丰富多彩的生活的同时，也造成了青少年对生活方式，事情选择的迷茫。

个体在成年之前很少能够形成完整的自我认同感，大多数青少年无法确定自己未来的发展方向和人生目标，较易出现迷茫和自卑等消极情绪，时常会感到彷徨，不知所措，没有目标性，丧失价值感，甚至对自己产生怀疑，表现为自我认同危机。青少年在生活中遇到难以解决的问题是成长的必经之路，需要通过自我学习以及家长和老师的引导渡过难关，解决问题。但手机等电子网络设备给了青少年一个逃避问题的地方，在生活中受到挫折的青少年，往往倾向于在虚拟世界中寻找优越感。在生活中无法完成的任务，在虚拟世界却可以轻而易举地实现，这就给了青少年极大的诱惑，导致青少年迷恋虚拟自我，沉浸在虚拟世界的虚假自我实现中。这种优越感会麻痹青少年的心智，使其产生问题得到解决的错觉，而回到现实中的青少年，将虚拟自我与现实自我对比，会发现现实自我的缺陷，造成现实自我认知低下，自卑情结严重，为了摆脱自卑情结，青少年往往选择再次回到虚拟世界中，体验完美的虚拟自我，从而逃离现实。而且青少年的成长与周围环境有着重要的关系，青少年的成长通过辨析和判断周围环境做出对自身发展有利的决定。虚拟世界可以让青少年得到短暂的逃避，而长期逃避现实会使青少年的身心无法与现实生活接轨，心智不能随着青少年的成长一同成长。而网络世界的各种诱惑和不健康因素，极易对青少年树立良好的自我认同造成不利影响，导致青少年自我同一性扩散或延缓，从而造成自我认同危机。

虚拟自我在使用微技术产品的同时，进入一种自主行为选择模式之中。虚拟自我的当下行为主要是根据先前行为所带来的经验感觉而选择的，当一种微技术产品的使用行为结果使虚拟自我产生了便捷、愉悦以及舒适的良好经验时，虚拟自我将再次选择相同的微技术产品，以继续先前的舒适状态。正如米德在《心灵、自我与社会》所说："人类智能的特征正在与根据对未来情境的想象决定当下的行为，未来以观念的形式呈现出来。"① 在这里，"观念的形式"即是个体对先前行为的认可。由于主体的自主选择行为，虚拟自我会不停地选择带给自己愉悦体验的微技术产品，进而沉浸在这种虚拟愉悦体验当中无法自拔，甚至混淆虚拟自我与现实自我的界限，出现自我认同危机问题。

除个体自身的自主选择之外，外部世界也会控制个体的选择。萨特在《自我的超越性》中写道："不应该忘记行动要求时间是为了自我实现。行动拥有一些环节。这些环节相应的，是主动的具体意识，而向着意识的反思在直观中领会完整的行动，这种直观把行动表现为主动意识的超越整体。"② "微时代"网络社会是被技术所架构的社会，主体受各种"微时代"技术所约束，通过微技术产品来表达自我，直观地体现为对微技术产品的使用。由于虚拟自我要选择物的载体来实现自我，微技术产品符合自主选择的路径，导致虚拟自我认同方式发生了异化，自我认同危机问题随之出现。

二　青少年虚拟自我的表现欲与依赖行为

部分青少年在现实生活中对自身的一些行为不满意，对自己有消极的评价，甚至一点小事都会引起其自尊心、自信心受挫；又或者用表面的坚强和傲慢来掩饰内心的迷茫和孤独。前网络时代，青少年遇到认同危机问题，可以寻求家长老师帮助，并会积极努力应对，从而摆脱认同危机对自身造成的影响。"微时代"下，手机作为青少年与外界沟通的方式，正在改变着青少年的生活方式。网络技术的普及，

---

① ［美］乔治·H. 米德：《心灵、自我与社会》，赵月瑟译，上海译文出版社2008年版，第107页。

② ［法］让-保罗·萨特：《自我的超越性》，商务印书馆2010年版，第196页。

为青少年逃避问题提供了场所，当青少年在现实生活中遇到自我认同危机问题时，可以在虚拟世界中变相解决现实生活中难以应对的问题，因而青少年将生活的重心转向了虚拟世界寻求安慰，尽可能规避生活中的自我挫败感。在面对现实与虚拟的选择时，青少年往往会被技术所控制，而不自觉地停留在网络中。

现代人的生活大部分受理性支配，需要按照理性规划进行，这就要克制部分不符合社会期待的欲望。与现实自我不同，虚拟自我在"微时代"技术建构的虚拟世界中，更多地表现出社会学家齐格蒙特·鲍曼所说的"快活血拼客"的特征。网络世界产生后，虚拟自我都试图摆脱现实自我，而得以尽情地表达自我。人类进入文明社会后，理性占据主导意识，但幻想、欲望始终抗拒理性，试图消解理性。马尔库塞《爱欲与文明》中说道："自我……包含着一种不同的现实原则的种子，自我的力比多的贯注可能成为客观世界的一种新的力比多贯注的源泉，它使这个世界转变成一种新的存在方式。"[1] 在"微时代"技术建构的网络社会中，自我可以任意发挥创造性而无须受现实社会规则的约束，自我的个性与多面性得到了尽情地发挥，尽管与理性的自我存在较大差异，但自我的本真状态得到了释放。另外，在"微时代"技术所建构的虚拟世界中，被日常生活所遮蔽的多重自我得以表现。哈贝马斯认为："戏剧行为概念主要涉及到的，既不是孤立的行为者，也不是某个社会群体的成员，而是互动参与者，他们互相形成观众，并在各自对方面前表现自己。行为者自己给了他的观众一个具体的形象和印象，为此，他把自己的主体性多少遮蔽起来一些，以达到一定的目的。"[2] 青少年的虚拟自我在"微时代"技术所建构的虚拟世界中往往倾向于标新立异，表现出异于常人的状态，这样才能吸人眼球获得更多人的关注。而这些虚拟自我并不是真正的自我，是个体创造出来用于展示的自我，是他人期望看到的自我，是一种戏剧

---

[1] [美] 马尔库塞：《爱欲与文明》，黄勇等译，上海译文出版社2005年版，第130页。

[2] [德] 尤尔根·哈贝马斯：《交往行为理论——第一卷 行为合理性与社会合理性》，曹卫东译，人民出版社2004年版，第84—93页。

性自我行为。

"微时代"网络技术有效地刺激了个人的表现欲,技术中介结合了人的感性冲动与形式冲动,形成了席勒所说的游戏冲动:"游戏冲动同时从精神方面和物质方面强制人心……使人在精神方面和物质方面都得到自由。"[①] 青少年网络中虚拟自我在运用"微时代"技术时,以物质载体为基础的感性冲动压制了理性冲动,使理性冲动处于碎片化状态,而两者结合所形成的游戏冲动使虚拟自我在物质和精神方面都得到了满足,体现了虚拟自我的存在价值。如,与远方亲人的视频聊天,可以同时实现亲人陪伴与化解思念的心理需求,虚拟自我情绪在这一过程中得到了充分释放。在虚拟世界可以做现实生活中无法完成的事情,因而吸引了很多青少年趋之若鹜,青少年本身对未知世界充满好奇,当其无法在现实生活中找到证明自己的渠道时,虚拟世界就成为其宣泄场所。埃里克森认为自我认同感应当包括个体感、唯一感和完整感,青少年树立正确的自我认同观是其身心健康发展,生活丰富多彩的重要部分。

胡塞尔在《生活世界现象学》中提到:"意向体验的所有类型由于它们与本源性的联系而相互依赖……它从它的实事内涵出发回溯到其他的意向体验上去,如果没有这些其他的意向体验,这个意识本身是不可能的。所以一个体验是奠基于其他体验之中的。"[②] 这揭示了虚拟自我的依赖性。

首先,虚拟自我沉浸在微技术产品所建构的虚拟世界中不能自拔,主要源于微技术产品所带来的特殊心理体验。每次虚拟自我在使用微技术产品时,先前经验就会对该次使用起到选择作用,良好的体验经验会促使虚拟自我再次使用该技术产品,以及产生对下次使用的期待,不良的体验经验会使虚拟自我避开该技术产品。这种体验的依赖性实

---

① [德] 弗里德里希·席勒:《审美教育书简》,冯至等译,上海人民出版社2003年版,第114页。
② [德] 埃德蒙德·胡塞尔:《生活世界现象学》,倪梁康等译,上海译文出版社2002年版,第7页。

际是虚拟自我对技术的依赖性延伸,良好体验进一步增强了人对技术的依赖,以及对虚拟认同的体验。然而,对微技术产品的过度依赖,甚至沉迷于虚拟体验和虚拟认同,会导致自我认同危机的出现。

其次,虚拟自我的依赖表现在对群体的依赖性,即对"泛化的他者"的依赖。虚拟自我在实现了某些特定行为之后,会对自己进行反思从而形成一定的认知模式。然而,特定的组织和社群对虚拟自我的态度也会对自我认知造成重要影响,这种泛化的他者与虚拟自我存在内在的联系。当虚拟自我与泛化的他者处于同一状态时,即获得了群体归属感和自我存在感时,会使得虚拟自我更加依赖于群体认同。此时,群体的认知和行为模式进入个人的经验系统之中,形成对群体的进一步依赖。因此,虚拟世界中随处可见的,社区、群、圈,都是自我群体依赖性的表现。当虚拟自我获得了群体的认可,不仅依赖群体而且也成为群体的一部分,被群体所依赖时,虚拟自我的自我认知就出现了模糊。自我在获得存在感的同时,自身的同一性遭到了解构。

最后,"微时代"使旧的秩序被打破,多元化的道德标准被建立起来,导致人们的认知出现偏差,成为网络的附属品,人们被虚拟世界所操控,造成对虚拟自我的依赖。"微时代"社会环境的快速改变,个体的成长不再是固定不变的,碎片化的价值观被树立起来,要求青少年不断与周围环境以及人、事、物的交流,进而打破传统的地域和血亲的关系,找到自身存在的特点。当青少年无法适应快速改变的环境,就会失去自我,产生自我认同危机。手机为青少年营造的环境比现实中的环境舒适,因而青少年会依赖虚拟自我,形成虚拟自我认同。当青少年在现实中找不到自己的位置,不愿关注现实生活中的自己、否定自己,而沉迷于虚拟自我带来的满足感时,将最终在现实自我与虚拟自我之间迷失方向,失去现实自我和虚拟自我的同一性,导致自我认同危机的产生。因此,自我认同危机的产生源自于自我意识的觉醒,"微时代"加强了技术的流动性,为技术找到了更便捷的表现形式,进一步促进了自我意识的觉醒,自我认同危机问题也变得更为严重。

三　虚拟世界中自由的异化

青少年迷恋于网络中的虚拟自我,是因为自我能在网络当中自由驰骋,这其实在很大程度上是迷恋网络虚拟世界中的自由,但是虚拟自由却存在某些悖反性。

第一,自由的本质在于选择的自由,而选择的难度与选择的范围有关。"微时代"网络世界扩展了选择范围但也增加了人类选择的难度。以网络世界中的海量信息为例,这种海量信息在给青少年带来几乎无限广阔的选择范围的同时,也加大了选择的难度。青少年看起来具有选择的极大自由,实际上却很难作出自己真正想要的选择。选择的难度还与青少年的认识能力有关。因此,人对一定问题的判断越是自由,这个判断的内容所具有的必然性就越大;而犹豫不决是以不知为基础的,它看来好像是在许多不同的和相互矛盾的可能的决定中任意进行选择,但恰好由此证明它的不自由,证明它恰好被应该由它支配的对象所支配。未来学家托夫勒在其《未来的震荡》中说:"有时选择不但不能使人摆脱束缚,反而使人感到事情更棘手、更昂贵,以至于走向反面,成为无法选择的选择。一句话,有朝一日,选择将是超选择的选择,自由将成为太自由的不自由。"[1] 在信息过量的情况下,不是人在支配网络世界中的信息,而是网络世界中的信息在支配人,即"人的信息异化"。这种现象的存在,极为深刻地反映了网络自由的悖反性。

自由是自我存在的特征,自我在自由选择的过程中,必然伴随着一定焦虑的出现。选择范围越自由,焦虑伴生越多。"微时代"可供选择的信息数量突破了青少年消化的生理限度,技术设计使个体总是处于消极被动地接受感知状态,没有进行独立思考、自主判断的时间,理性思维能力逐渐消失或接近盲从,虚拟自我完全被"微时代"技术制造的海量信息所操控。微信创始人张小龙称:"不要给用户超过马桶上看不完的内容。"如果虚拟自我将碎片化时间完全利用都跟不上

---

[1]　[美]阿尔温·托夫勒:《未来的震荡》,任小明译,四川人民出版社1985年版,第313页。

"微时代"信息更新的速度,虚拟自我将时刻处于焦虑状态,这无疑增加了网络的黏性,但也使虚拟自我成为网络的奴隶。"微时代"网络技术在很大程度上剥夺了虚拟自我的自由,毫无节制地被动接收信息,在这种状况下网络依赖的出现不可避免。另外,焦虑源于责任未尽。虚拟自我在实现其价值的过程中,必然要突破现有状态。然而在虚拟世界带来的无间断信息面前,虚拟自我面临无数种选择,选择了一种可能性必然舍弃其他所有可能性,这可能导致虚拟自我产生愧疚感。因此,虚拟自我所面临的选择性越多,其相伴而生的愧疚感和责任感就越多,网络依赖问题也就越明显。

第二,网络对于人的包办代替显示出网络自由的悖反性。如今的网络代替了人类活动的方方面面,使人貌似获得了自由。网络不但代替了许多人类自身就可解决的问题,使人们习惯于网络化的思维方式,依附于网络,甚至已经预先设定了虚拟实践的可能结果,代替了人创造的自由。海姆指出:"在线的自由似乎是悖论性的。如果建构网络实体的动力来自柏拉图意义的厄洛斯,如果网络空间结构是按莱布尼茨的计算机上帝的模式,那么网络空间危险地安放在一种悖论的内在错误之上了。去掉了隐藏的奥秘、未知的诱惑,你也就破坏了去发现和进一步探索的冲动了;你破坏了渴求的源泉。……知道了计算机上帝已经知道了每一个细节,也就等于剥夺了你探索和发现的自由。"[①]"它庞大的网络铺天盖地地笼罩全球,犹如一只大鸟笼或大网将我们像小鸟一样地网络在里面,使我们习惯于依附它,服从它的指令和程序,从而丧失了自由。……关在笼中的鸟儿会渐渐丧失自然的灵性,每天的冷漠的人机对话中人也会变得冷漠,会失去对五彩缤纷的生活的感受力,从而在无数的'程序'和'系统'中丧失掉无拘无束的自然的灵性。"[②] 网络自由看起来是网络世界中的自由,其实网络自由的基础不在网络世界中而在现实世界中,这种现实基础就是技术。有人

---

① [美]迈克尔·海姆:《从界面到网络空间:虚拟实在的形而上学》,金吾伦等译,上海科技教育出版社 2000 年版,第 109 页。
② 周能友、朱晓兰:《Internet 集中营》,中国城市出版社 1998 年版,第 274 页。

认为，网络自由并不是真正的人类本质自由，而是完全技术性的自由，是完成了的技术控制。① 这种与技术密切相连的自由在很大的程度上会不利于人的自由。正如我国学者肖峰所指出的："虚拟实在感是不自由的实在感，是一种要在一系列的人工条件和技术系统下才能产生的实在感，一离开了这些条件和系统，虚拟实在感就消失殆尽。"② 虚拟世界表面上给人以更多的自由，如可以超越现实因果性，而实际上使人更不自由，使人的感觉受到设计者的左右。设计者的想象力和技术水平达到什么程度，我们的感觉就达到什么范围。

第三，如果人们沉醉于人对于机器的自由中，而对于人、对于社会的自由不闻不问，这实质上是对于真正自由的消极逃避。因为人与物之间的关系不能代替人与人之间的关系。迈克尔·海姆写道："不幸的是，技术一只手给予，另一只手则常常索取。技术愈来愈忽略人类直接的相互依存。当我们的装置给了我们更大的个人自治的同时，它们也破坏了直接交往的亲切的关系网。由于机器使我们的许多劳作都自动化了，我们相互之间所互助的事也就少了。交往成了一件有意识、有意愿的活动。资源交往的自发性，要比偶发的交往少得多。机器给我们力量，让我们在宇宙中弹来弹去，可我们的社区却变得更脆弱、空虚和短暂，即使我们的连接多了起来。"③ 网络自由在一定程度上就是以人与机器之间的无机联系，减少了人与人之间的现实有机联系，而后者要更为真实，更为坚固。

第四，表面上看，网络中放纵的情欲似乎很自由，其实人在虚拟社会中这种放纵的情感体验不仅不是自由的原因，反而是不自由或丧失自由的根源。洛克指出，如果脱离了理性的引导，不受考察和判断的限制而使自己进行并去实践最糟糕的选择，这并不是真正的自由。④

---

① 梁晓杰：《网络自由》，《开放导报》2000 年第 12 期。
② [美] 阿尔温·托夫勒：《未来的震荡》，任小明译，四川人民出版社 1985 年版，第 313 页。
③ [美] 迈克尔·海姆：《从界面到网络空间：虚拟实在的形而上学》，金吾伦等译，上海科技教育出版社 2000 年版，第 102—103 页。
④ [英] 约翰·洛克：《人类理解论（上）》，关文运译，商务印书馆 1959 年版，第 316 页。

人的虚拟实践活动应是对虚拟社会必然的认识。认识必然性的程度愈高,虚拟行为受到束缚愈小,而虚拟自由的程度就愈高,自主自为的能力愈强。由于虚拟社会环境的开放性,虚拟自我身份的难以确定性,使得人们在虚拟社会中可以放纵自己的情欲,似乎认为虚拟社会是一个为所欲为的世界,认为这种无拘束地放纵自己的情欲便是人的最大自由。而实际上这种情感体验是人的感性认识,是在虚拟社会中受各种信息刺激,人的感知系统所产生的一种表层的心理体验。它未必真正符合必然性,也未必符合我们的本性和主体的需要。所以,如果人的行为受其支配,就易于使人的行为活动失去自主,反而会在对象性活动过程中被对象所异化。因此,由于对虚拟社会的本质和人的虚拟活动规律的认识和把握不足,往往造成青少年在虚拟社会场域中的认识、实践和交往活动更加不自觉和不自由。

由虚拟自由的悖反性可以看出,网络作为人的自由活动的客体本来是人的本质力量的体现,应该为人的自由全面发展提供动力,但是很多时候网络世界中青少年的自由价值却正被网络本身所日益消融。自由的活动必须是自主、自觉、自愿性的活动,表面看来青少年网络虚拟自我充满了意志的自由性、选择的自由性,事实上却受到诸多的限制。而且现实中的个体被束缚在网络世界中,活动被限制在手机之前,在一定程度上导致失去了现实的自由。网上的任意行为并非真正的自由,而只是一种形式上的自由,一种感性的自由。倘若青少年网络虚拟自我的自由只满足于生活的放纵,过分地追求欲望的满足,把享乐、放纵看作网上生活的唯一目的,这与其说表现为自由,不如说是给自我套上了枷锁。自由是需要理性的,脱离理性的自由不能为人们带来更多的幸福。那种受原始欲望驱动的自由,由兴趣和利益导向的自由,摒弃了理性反思的自由,更多的只是一种感性的狂欢。一个对人的原始本性极度贪婪毫无克制的人,不过是一个受欲望摆布与奴役而丧失自我的人。绝对的自由必然导致自由的滥用。

四　虚拟体验与现实逻辑的偏差

英国哲学家 A. J. 艾耶尔在《语言、真理与逻辑》中指出:"自我必须认为是由感觉经验造成的逻辑构造。"① 实际上，虚拟自我可以看作一系列感觉经验的集合，诞生于"微时代"技术体验的全过程，是经过主体逻辑判断后产生的自我，虚拟自我由技术生成其表象，由物理主体支撑内容，二者共同建构出虚拟自我的整体概念。"微时代"网络虚拟世界使得虚拟自我受感觉经验冲击尤为严重，而且"一个感觉经验要属于一个以上的单一自我的感觉过程是逻辑上不可能的"②，个体最后期待完成的自我逻辑结构是健全而客观的，而个体却难以主观地将自我经验感觉整合为现实逻辑构造，这就导致了每个单独的虚拟自我仅存在于"微时代"技术中，存在于感觉经验中，而不能有效地将对其他虚拟自我的感知进行汇总和上升，转化为逻辑认知。这种矛盾无法有效消解，而微技术中的虚拟自我在这样的矛盾冲突中被扭曲变形，虚拟自我中的感觉经验与现实自我的逻辑认知无法重合，给虚拟自我的完整逻辑思考带来了障碍。

　　米德用"主我"和"客我"的矛盾来描述虚拟体验与现实逻辑的偏差。根据米德的观点，虚拟自我的产生由两方面因素决定，一方面是虚拟自我主动对他者的认知，是一种对他人态度的映射，这种反应产生的虚拟自我是一种"主我"的虚拟自我；另一方面是与之相对，虚拟自我对他人反应的态度，可以成为"客我"的虚拟自我。"主我"的虚拟自我是一种感性的自我，根据自己主观心理情绪来应对微技术产品所建构的环境，表现为肆意发泄、任意发挥、主动展示自我的非理性认知行为。而"客我"的虚拟自我是一种受理性操纵的自我，在面对虚拟世界的感性诱惑时，能够用一套完整的思维模式、行为模式约束自我，是虚拟自我发展的高级阶段，这一阶段的虚拟自我对于现实世界和虚拟世界的认知达到了平衡。而当前的虚拟自我大多处于低级阶段的"主我"的虚拟自我，受感性思维控制，没有形成"客我"

---

① ［英］A. J. 艾耶尔：《语言、真理与逻辑》，尹大贻译，上海译文出版社2006年版，第108页。
② ［英］A. J. 艾耶尔：《语言、真理与逻辑》，尹大贻译，上海译文出版社2006年版，第108页。

的有效应对系统，容易被不良信息诱导，而一步步沉迷其中。"主我"的虚拟自我和"客我"的虚拟自我的矛盾被"微时代"技术进一步放大，"主我"的虚拟自我占据虚拟世界中自我认知的主要地位，而"客我"的虚拟自我被压抑甚至消解，这将导致自我认知的错位，出现自我认同危机问题。

一方面，"微时代"网络使孤寂的心得到满足，不必在乎别人如何看待自己，甚至在不经意间还能得到众人的尊重。足不出户的网络交往，为这一类人提供了更多的人际互动的机会。特别是在受到挫折，比如失恋、失去工作等情况下，个体更会努力寻求心灵上的解脱，如果此时喜欢网络，喜欢网络上的那个自信、乐观、受人尊敬的虚拟自我，那么网上生存将极易取代日常生活中的人际互动而成为主导。因而，虚拟的网络世界带来的可塑性的虚拟自我较易吸引孤独者和受挫者，进而导致自我认同危机。另一方面，个体的许多本能欲望（诸如攻击本能和性本能）为正常的社会意识所不容许，在现实生活中也没有表达的机会和空间，从而使得个体需要寻找一个去抑制的环境来释放潜意识中积聚的张力，使自己发泄。在日常生活中，当人们出现意识所不能容忍的或令人痛苦不安的思想、欲望、冲动时，会不知不觉地使用自我防卫机制，将其压抑到潜意识中，不被人们的意识所觉察到。但是潜意识里的东西并非消失了，一旦这些不被容忍的或令人痛苦不安的思想、欲望寻找到适当的意识出口，就会趁机表现出来。可这些潜意识的欲望很多在现实的生活中会受各种法制、道德观念、人类文化约定俗成观念的制约，往往无法获得满足，但它们逃脱制约的斗争是不会停止的，所以这些内心深处的欲望便会促使人们寻找其他的方式获得补偿。

网络在现实生活中的迅速普及，使青少年有更多的机会接触到网络。网上交流可以不受现实生活中的道德准则和社会规范的约束，从而使人际交流变得更自由随便，更没有压力，使人的本性得到发挥和张扬。比如，网络中某些充满了血腥和暴力的打斗或战争游戏之所以屡禁不止，就是因为其迎合了部分游戏者想要发泄潜在的攻击、愤怒或仇恨的欲望，转移和释放为社会规范或文明所不允许的内在压力。这时候青少年潜意识当中不被现实接受的欲望已经不再受道德原则的制约，表现出解除抑制的特点，从而使潜意识的欲望得到了满足。所以，那些在现实生活中积聚了很多痛苦、愤怒、仇恨等不良情绪的青少年在网络中找到了发泄的渠道，塑造了一个类似本我的虚拟自我。这样的虚拟自我在某种程度上是潜意识的象征，容易使人失去控制，进而导致很多青少年在网络中丧失道德标准，甚至迷失了自我。

现代化进程的不断加深，虚拟世界对人类的影响越来越广，主体在虚拟世界中的角色也越来越多变，而交流的隐蔽性为主体享受权利与履行义务不对等提供便利，人与人之间的基本信任因为虚拟世界的隐蔽性变得越来越欠缺，青少年在这样的环境中会感到不安全、不舒适，长期处在这样的环境中会增加主体压力，对周围事物产生怀疑，从而产生自我认同危机。个体在日常生活与他人、社会环境之间固有的模式也会随之发生改变和重组，如人际关系的淡漠、面对面交往的减少等。青少年不知不觉中被不安和风险包围，这种危机对人自身旧有经验形式的消解表现在对个人早期心理自我认同的冲击，越来越多的青少年在确立自我认同感的道路中迷失。自我认知过程是青少年能动地认识世界的过程，认知的结果不是固定不变的。青少年对于社会的发展应该有正确的认识，积极在活动和交流过程中对信息进行合理的加工和反馈，而不是沉迷在网络营造的环境中，失去自我调节能力。

第三节 "微时代"下网络媒介的环境影响

一 虚拟世界中的非理性交往氛围

微技术创造的虚拟世界是一个非理性思维占据主导地位的世界，各种情绪化的文章、行为、言论大行其道，虚拟自我受这种非理性氛围的影响较大。人本主义学者艾瑞克·弗洛姆强调，人应当运用其理智来建立自己的道德价值，缺少理性就是缺少对他人的尊重，更无法了解他人的需求。一方面，"微时代"技术的去抑制性导致虚拟自我迷失在海量信息中，不停地查阅信息、收发信息，消解了自我的理性思辨能力和道德认知力；另一方面，去抑制性带来的虚拟自我会无限放大自我体验，这种体验会影响他者，降低对他人的尊重，导致他者同样不受理性控制，非理性氛围将在虚拟世界迅速传播开来。

虚拟空间中非理性氛围的广泛传播是虚拟自我机械适应性的结果。"微时代"技术建构出的虚拟空间是一个有着群体效应的环境，个体虽然寻求标新立异，但总体趋势是追寻与群体观点的一致性。而大部分人的虚拟自我处于初级阶段，是一种感性的虚拟自我，由感性的虚拟自我组成的群体将是一个非理性氛围浓郁的群体。新加入的虚拟自我只有认可他人的非理性观点，才能被群体所接纳，逃避被孤立的样态。这一机械自适应的过程是自我身份"合理化"过程，加剧了非理性氛围的传播，而理性的虚拟自我被忽视，甚至被异化。

从社会群体意识角度，"微时代"网络技术存在于自我日常表达中，"微时代"技术的高频使用，使个体能够自由地发泄感性欲求。"人的力量与权力的关系日益成为客观存在，人的自我外化、自我剥夺、自我分裂和自我异化等也在不断加剧。"[①] "微时代"技术一方面推动了非理性虚拟自我的大量涌现；另一方面也起到了释放合乎自我需求欲望的作用。列斐伏尔所描绘的"消费社会"的群体状态，在"微时代"交往中以非理性氛围被表达出来。

就微技术产品应用的短期效应来看，美国学者罗伯特·莫顿提出的"马太效应"也深有影响。马太效应即为"好的更好，坏的更坏"。诸多受非理性情绪控制的虚拟自我的内心体验会变成一种群体效应而被迅速地传播开来，在传播的过程中有可能变得越来越情绪化和难以控制。非理性情绪受到微技术产品的不断强化，会造成更多虚拟自我的认可和传播，导致群体的认知失衡，造成更大范围的蔓延和混乱。而个体虚拟自我在这种环境下会变得混淆是非，行为认知偏激，甚至出现自我认同危机。

---

① ［法］亨利·列斐伏尔：《日常生活批判》第1卷，叶齐茂等译，社会科学文献出版社2018年版，第58页。

非理性的氛围造成虚拟空间道德相对主义的盛行。由于移动互联网和便携式终端的产生，固定地点、固定时间登录的局限被打破，虚拟自我获得了更多的自由，这使虚拟自我产生了错觉，认为虚拟空间是不受道德束缚的空间，个人的道德选择水平在虚拟空间中急剧滑坡，非理性的道德标准在微技术产品建构的虚拟空间中肆意蔓延。这种认知行为不但打破了现实社会的伦理道德评判标准，而且破坏了虚拟社会的正常社会秩序，导致更多的虚拟自我以消极的方式应对虚拟世界中的事件，进而迷失自我出现自我认同危机。

在"微时代"下，手机正成为人们交往理性试验区，马克思的精神交往理论以及哈贝马斯倡导的"主体间性"和"理性共识"原则都应当是长期坚持的指导方针。手机交往为青少年获取信息提供了方便，使青少年很难出现信息闭塞现象，但对青少年身心的控制是有目共睹的。手机传播的交往信息往往是浮躁的，甚至是面目全非的，青少年在使用手机的过程中，往往会被网络中非理性信息所影响，形成不良的自我认同。随着科技控制能力的扩大，手机功能的增强，技术系统化的控制欲逐渐增强，导致生活世界被技术殖民化；工具理性膨胀，扩大了主体性的物化及独立性与理性的迷失，严重制约着价值共识的形成。理性的交往方式具有先验性和包容性等特性，并对社会危机进行有效管控。"微时代"，青少年网络虚拟自我交往理性存在的问题主要在于主体意识缺乏理性精神，交往价值观缺乏理性引导，对网络交往的负面影响缺乏理性认知等。构建青少年网络虚拟自我交往理性，需要从所处的网络虚拟环境入手，提升青少年的理性意识，培养理性交往理念，追求理性交往行为，遵循理性交往规则。[1]

二　技术理性操控下的舆论导向

美国学者葛伦蒂尼曾指出"我们被一种认为技术安全的信念所包围……我们完全生活在一个由技术程序支配的世界……人们在乐观主

---

[1] 申玉丽：《自媒体时代大学生交往理性的建构》，硕士学位论文，河北师范大学，2017年。

义思想的引导下开始丧失对技术危险的知觉"①。"微时代"舆论导向一直处于将"微时代"技术产品塑造成进步生活的象征,在社会群体意识中充满了对"微时代"技术的崇拜,遮蔽了"微时代"技术可能带来的社会不良影响和人们对技术的依赖问题,社会盲目地陷入技术无害论中。舆论引导的失职也表现在社会群体对"微时代"技术的低认知上,这将会导致个体对新技术使用的恐慌。

"微时代"环境下,微技术产品由技术理性所操控,个体发展由技术手段决定,其所导致的社会放大效应,刷新了传统社会的价值认同。自我的个性化也被技术所同化,社会舆论则也较少关注个性。"人类社会被技术原则所左右,技术理性与社会意识贯通,按照技术程序来衡量社会发展看似更高效,但代价是个体经验被压扁,屈服于工具理性之下。"② 技术理性引导下的社会,仅注重技术的高速发展,人们都在为技术带来的成就而欢呼,而人本主义价值观却被遮蔽了。海德格尔技术批判思想对这一问题进行了反思,如果舆论被技术理性所操控,那么社会将以一种非常态表现为注重工具作为"存在者",消解了隐匿在工具背后的"存在"价值。在这样的舆论引导下,也将弱化对网络中虚拟自我的结构性重构。

另外,"微时代"技术产品中隐藏着专家系统的决定性作用。吉登斯认为:"对多数人而言,经验的封存意味着个体与事件和情境的直接接触变得稀少而肤浅,而这些事件和情境却能够把个体的生命历程与道德性及生命有限这样广泛的论题联结起来。"③ 微技术产品中融入了专家系统的认知,个体所使用的"微时代"技术都由专家系统所涉及和反馈,因此社会群体的认知由专家系统控制,个体的感知体验建立在专家系统的设计之上。专家系统成为"微时代"引领社会发展模式和舆论方式的力量,使全社会变得同质化、单一化,个体的反应

---

① Chellis Glendinning, *When Technology Wounds—The Human Consequence of Progress*, New York: William Morrow and Company, Inc., 1990, p. 43.
② 黄剑:《技术化生存状态中的自我认同》,《自然辩证法研究》2010年第2期。
③ [英]安东尼·吉登斯:《现代性与自我认同》,赵旭方译,生活·读书·新知三联书店1998年版,第161—166页。

被忽视。对于微技术产品的舆论，个体也只能听从专家系统的认知，丧失了对事物认知的主体性，技术的渗入使得舆论导向机制失效，变得由技术所主导。

"微时代"下，手机成了青少年在生活中使用最为广泛，最为便捷的传播方式，而在青少年使用手机的时候，手机上并没有类似香烟包装上的"吸烟有害健康"一样的提示。技术发明者没有提醒青少年尤其是未成年人，手机对人类的控制已经超出了使用者与被使用者的关系。青少年的成长实质上就是社会化的过程，在手机使用过程中，青少年一方面要作为手机信息的接受者；另一方面也是手机使用的适应者，难以区分出手机中一些技术的好坏。因此，对于手机设计的舆论导向，应秉承健康向上的价值理念，加强对青少年的自我控制能力和分辨能力的提升，进而削弱对技术的依赖。

三 客观世界交互性的消极影响

萨特在《自我的超越性》一书中系统地解释了单原子的自我个体与共同体，及与周围世界的关系。"微时代"周围世界在自我行为模式的设置、自我意象选择等问题上为个体的存在提供了"在原则上特有的联结"。[1] 这种联结将单个虚拟自我组成一个先验共同体，虚拟自我在这个先验共同体中依照自我认知、其他虚拟自我的期望，以及先验共同体被赋予的意义进行活动，而不受其他干扰。在这种情形中，虚拟自我成为可统觉的个体，个体被统觉也就意味着虚拟自我认同部分地被经验共同体和他人态度所操控。虚拟自我的认同由两种力量所控制，一种力量是自我认知；另一种力量就源于经验共同体和他者对自我的要求。两种力量相互制衡，导致虚拟自我无法判断自我的行为标准，也无法有效区分哪个才是真正的自我需求。"微时代"技术所建构的虚拟世界中，行为选择具有开放性的特征，任何未被认知的经验共同体，以及虚拟交互的他者，都可能造成虚拟自我的迷失，成为

---

[1] ［法］让-保罗·萨特：《自我的超越性》，杨小真译，商务印书馆2010年版，第196页。

虚拟自我认同危机的诱因。

首先，美国社会学家班杜拉在《社会学习理论》中阐述了交互性的影响问题，虚拟自我同样在交互性作用中被操控，表现在虚拟自我受网络虚拟环境的决定作用。虚拟环境影响虚拟自我的自我期待，自我期待影响着虚拟自我的选择行为，选择结果带来的感觉体验又反馈给虚拟自我，形成新的自我期待。因此，这种选择性行为受主客观两方面因素制约，偶然因素不起决定作用，由整个系统所影响，存在于虚拟自我与"微时代"技术的相互作用活动过程中。

其次，"微时代"网络中的虚拟自我的自由性，因交互性影响而受到多方面的制约。虚拟自我的行为选择趋于能带来更多自由的"微时代"技术，经过增加选择的机会可以起到扩大虚拟自我能量的作用。但是"微时代"技术在释放虚拟自我的自由时，应对虚拟自我有一定的制约，不能任由虚拟自我自由的无限扩大，而侵害他者的自由。因此，虚拟自我的交互性选择的自由，是一种倾向于排他主义的自由，作为社会性存在的"微时代"技术应对虚拟自我有效施加限定，引导虚拟自我良性发展。

最后，"微时代"网络虚拟世界的交互性影响，导致虚拟自我的主体性增强，以此来抵御约束自我意志的社会控制因素，虚拟社会不能完全操控虚拟自我。但另外，"微时代"虚拟世界逐渐发展出一系列强制性保护措施，以压制虚拟自我的反抗。在这种冲突中，激化了虚拟自我和虚拟世界之间交互性导致的不可控因素，虚拟自我在交互性冲突中被撕裂。

客观世界交互性影响，加速了青少年自我认同危机的深化。在青少年成长过程中，会不自觉地寻找一种相对稳定性，个体对周围环境以及人、事、物的认同感也需要恒常性，而网络中的虚拟自我令个体的稳定性和恒常性之间的矛盾日渐升温，对青少年的要求也越来越多，青少年一方面要努力改变自己来适应交互性影响；另一方面又要保有自身的基本特质，不能被技术所控制。因此，存在交互性冲突的"微时代"网络虚拟生活世界，以及迷失理性虚拟自我主体间的对话，共同滋生了异化的交往行为，难以形成良性互动和意见整合，公共精神以及独立批判意识都未能充分表达，虚拟自我认同危机不可避免。①

四　网络后现代文化环境对自我的消解

"微时代"网络的特殊性使得若干人有可能聚集在一起而形成独特的社会，进而形成一种独特的网络文化。在这种特殊文化的内部，人类社会原有的许多规则和习俗被重新规范。在网络中经常可以看到一些反社会主流的言论，尤其在一些有关社会问题的论坛中更是充满极端的观点，究其原因主要有以下两点。

一方面，由于网络遮蔽了一定的社会规范，这就使得长期受到压抑的本我处在一种原有社会规范失去效力的环境当中，由社会对本我压制改变为本我依据快乐原则来支配自己的行为。由于网络中的虚拟自我将本我受压抑的一面释放出来，某种程度上社会规范本身将受到挑战。由注重他人对自己的看法，根据所属的社会群体的一般化立场来规范自我本身，转化为自我参与网络共同体一般化立场。而在虚拟角色实现自我的过程中，也不再是单纯的社会化过程，库利与米德所思考的社会规范单向度的内化过程在此发生了变化，② 虚拟自我依据ID所履行的不再是一种简单的社会期待行为，角色更多地呈现出自我的隐秘、夸张的一面。当个人的欲望在网络环境中既缺乏社会的控制机制，又缺乏个体自我控制的道德实践能力时，失范行为便在网络中出现了。

另一方面，在现实生活中，主体想任意串联起来并不十分容易，而在虚拟世界中，由于网络的大规模普及，使得更多的人能够接触到网络。而微博、微信、虚拟社区等新型传播形态，将有着共同兴趣、经验、背景的人聚集在一起成为群体。该群体中的个体虽然同样是匿名、自治、分散的，但是不可否认他们具有很强的凝聚力，而不再是

---

① 杨雅泉：《手机文化的功能分析》，硕士学位论文，辽宁大学，2013年。
② 方益波：《网络之音：信息世界疆域的终结者》，世界图书出版公司2001年版，第13页。

分散的个体。虽然这些人不能代表大众整体，但聚集到一定的数量以后，个人观点就形成了合力从而成为一种舆论力量。当我们成为这个群体的一员时，我们的思想、感情、行为，与我们作为单独个人时是很不一样的。法国社会心理学家勒庞曾指出：智力在群体中是不起作用的，它会处在无意识的情绪支配下。一个受过良好教育的人，在群体里，可能会做出非常粗暴的行为，而自己既不自知，也不会意识到不正常。群体的心理很奇特，力量也很巨大。勒庞曾打比方：群体很容易做出刽子手的行动，也很容易听人的号召义无反顾地慷慨就义。[①]当我们每一个个体聚合成一个群体的时候，有可能会出现感性的强化和理性的缺失。在这样的情形下，会变得偏执、冲动、轻信、夸大、专横、易受暗示，具有某种心理盲从倾向，容易跟随大多数的心理倾向来表明自己的倾向，而不会独立思考。个体更多表现的是内心怨恨的发泄，而不是理性的探讨问题，不会表述自己持有该种态度的理由，只会用极端化的语言来表明自己的极端化态度或者是愤怒。

通过网络，可能使人们对社会的某些不满得到鼓励和放大。那些躲在手机和计算机后面的人跟风跟帖，将原本公民应该承担的责任抛开。他们需要言语的快感胜过理性思考，需要情绪的发泄胜过社会责任的承担。网络的特性使他们不必担心承担责任，也并不考虑由此带来的后果，只顾发泄不满。这使整个网络弥漫着非理智的亢奋状态，导致网民的理智思考能力弱化，舆论倾向扭曲，网民行为也从个人行为变成了一种群体行为。缺少理性和清晰度的、激愤的社会情绪，容易产生非理性的社会仇视心理，反社会的虚拟自我也将影响到现实自我，给现实自我洗脑。如果对这种情绪引导不力或出现引导失误，将对现实生活造成冲击，不利于社会的发展，甚至导致社会的不稳定。

把网络上探索自我认同的活动放到后现代文化的背景上理解，我们可以追问，当真实与虚拟之间正在相互渗透，而人们又倾向于从界面来理解事物时，对个人来说，除了享乐之外，还有什么事情是重要

---

① ［法］古斯塔夫·勒庞：《乌合之众》，冯克利译，中央编译出版社2004年版，第20—41页。

的？这样的状况，又和柏拉图笔下那些在洞穴中把幻影当成一切的人们有什么差别？这些后果并不是耸人听闻的过分渲染。现代心理学的研究已经证明，一个人如果长期处于自我认同危机的状态，将可能导致与社会关系的分离。

一方面，虚拟自我认同危机的产生，是由于网络作为影响人们自我认同的一个外在环境，对自我的恒常性进行了挑战。人自身本来就有一种对于自我认同固有的危机感，只是在不同的外部环境的影响下有着不同的表现，或隐匿或凸显。特别是在面对剧烈变迁的外部环境时，自我认同危机就表现得越发明显。网络改变了社会变迁的进程。事件的花样翻新，节奏的加快，既为人的发展提供了机遇，又使得人们的心理和身体都经历着疾风暴雨般的变化。过去依次而来的事件变成了如潮而来，对此许多人产生了强烈的自我认同危机感。而且同以往相比，网络背景使得个体与他人、社会环境之间固有的模式发生了改变和重组，如人际关系的淡漠、面对面交往的减少等，在这一过程中个体承受着巨大的压力，常常感到不适。与这种不适相伴随的就是风险、怀疑的产生，这实质上意味着自我认同危机的到来。

另一方面，网络本身所特有的内部环境特点，为虚拟自我认同危机的产生提供了条件。自我的发展过程实质上就是人的社会化过程。人们在网络上不仅是一个被动的接受者，还是一个主动的适应者，具有一定的适应性。因此，面对环境的影响，人本身所固有的恒常性、稳定性与适应性、可变性，时刻在做着抗争。当人们不能很快适应环境变化时，就会产生心理冲突，严重的会造成对以往所形成的经验产生怀疑，进而对自我产生怀疑，造成自我认同危机。而网络所特有的环境，使这种危机的产生有了更肥沃的土壤。网络以其独有的特点如虚拟性、超时空性、匿名性等，造成了现实主体对以往经验的质疑，以往经验无法为网络空间出现的新问题，如虚拟自我、新的人际互动方式、时空阻隔的突然消失等，提供现成的答案，自我的恒常性赖以存在的因素消失殆尽，就使自我认同危机更容易出现。结果正如美国学者斯蒂文·贝斯特等所揭示的：后现代空间成功地超出了个人躯体的定位能力，使他无法借助感知来组织周围环境，无法在一个原本可以图绘的外在世界中理智地标定自身的位置。① 这样，自我认同危机就不可避免地出现了。

总之，青少年带上角色的面具，幻化成网络世界中的角色，满足着种种现实中无法实现的成就感、虚荣心乃至暴力欲望。这时候，网络沉溺者往往对网络和现实的界限感到模糊，将现实中的自我与网络中的自我混同起来，甚至情愿认为网络中的自我才是真的自我。而且长时间沉溺于网络会使青少年感到自己无法适应现实生活，很多网络沉溺者对这种情况采取逃避的方式，更加沉溺到网络当中。他们通过虚拟的情境、一时忘我的激情，逃避现实生活中痛苦、失落、孤独、苦闷，结果只是使问题变得更严重、更复杂。而且，一旦离开网络，马上就会重新面对现实的一切危机，最终就会堕入：逃避烦恼—加重烦恼—更逃避—更加重……的恶性循环之中，进而否定自我，不愿意接受自我，产生自我认同危机。

第四节 "微时代"技术主客体关系的后现象学技术哲学解读

青少年虚拟自我认同危机问题的产生很大程度上源自对手机的依赖，从技术哲学角度看，手机依赖现象的典型思想特征是使用者的自主与不由自主并存，而使用者往往并未意识到这一特征的存在。表面看起来，使用者是充分自主的，在何时何地以何种方式使用手机，与什么人联系，参与什么话题，完全取决于自己。但是使用者却又不由自主地利用一切可能的时间、地点和方式使用手机，仿佛受某种"魔力"驱使，而此时自主性似乎不起任何作用。正因为手机功能同时带来了使用者的自主与不由自主，才在介入人际交往时引发了一系列新的社会问题。手机依赖现象的这种特征，是人机关系在信息时代进一

---

① ［美］斯蒂文·贝斯特、道格拉斯·凯尔纳：《后现代理论：批判性的质疑》，张志斌译，中央编译出版社1999年版，第245—246页。

步复杂化的体现。后现象学技术哲学为思考手机依赖现象的成因提供了重要理论基础和方法，值得深入加以探究。

美国技术哲学家唐·伊德开创的后现象学技术哲学，是当代技术哲学研究的新领域。唐·伊德继承了胡塞尔和海德格尔的现象学研究传统，结合梅洛-庞蒂的知觉现象学和杜威的实用主义哲学，从探讨技术的中介调节作用角度入手，建构了后现象学技术哲学理论体系。这一理论聚焦于生活世界，拒斥一般性的超验的技术观念，在人—技术—世界的关系中研究具体的技术现象，深入讨论了人—技术—世界的4种关系，即"具身关系""解释关系""它异关系"以及"背景关系"，因而是一种"关系本体论"。[①]手机作为一种特殊的技术人工物，也遵循技术中介作用的一般规律，而恰恰是以上4种关系在手机上的耦合与凸显，导致了青少年对手机的过度依赖，进而丧失了理性的自主性。

一 "具身关系"导致青少年自主性的非理性扩张

伊德认为，"人是通过技术这一中介来感知世界的，因此人与技术就体现为具身关系"[②]。"具身关系"将技术的应用视作我们参与环境或世界的方式，直接影响了我们的知觉能力。从使用者角度看，人与手机的"具身关系"结构为：（人—手机）→世界，主体对世界的认知经验被手机居间调节，人与手机共生为一体。这种技术关系使手机展现出部分透明性，手机本身并不是主体关注的焦点，手机作为海德格尔所说的上手事物在使用中退隐，主体关注的焦点是手机的意向性和反映的信息。人使用手机与使用其他工具不同，手机意向性指向的是虚拟世界。由手机创设出来的世界并不是一个自然世界，而是人为构造出来的，是经由手机的使用来实现的，这使得手机对使用主体

---

① ［美］唐·伊德：《技术与生活世界——从伊甸园到尘世》，韩连庆译，北京大学出版社2012年版，第72—117页。

② 陈凡、曹继东：《现象学视野中的技术——伊德技术现象学评析》，《自然辩证法研究》2004年第5期。

产生了极大的吸引力,"具身关系"在这里会明显影响知觉和判断的理性程度。

一般情况下,人在面对外界有吸引力的事物时具有一定的权衡能力。当外界信息的通道几乎一样,没有更吸引人的方式时,人们会较为理性。而手机带来的是强烈的刺激信号,把人了解外部信息的渠道放大,这能够改变使用者的权衡能力,因而容易使人的自主选择变得非理性。在手机出现之前,人的自主性建立在人们相互接触的范围相对固定、信息交流渠道相对固定、知识范围相对固定的基础上,一个人该干什么、不该干什么的价值观和道德规范体系也相对固定。在这个固定的框架里,人的自主性当然会较为理性。随着手机功能与互联网技术的紧密结合,人们获得了越来越多的自主选择空间,很多人在这样的空间中呈现出自主权的任意扩张状态。他们缺乏理性层面的自我主宰,缺乏反思,不能控制那些由欲望带来的非理性冲动,自主权的任意扩张最终使手机的社会功能和时代价值受到严重扭曲。马尔库塞认为:"现代工业社会的技术进步给人类提供的自由条件越多,给人的种种强制也就越多。"[①] 信息技术的不断发展使手机承载的功能越来越多,使用者在控制手机的同时也受制于技术。人的自主性是人作为活动主体,在对客体的作用过程中所表现出来的创造性或能动性。当技术在"具身关系"中被异化为支配人类的工具时,人的自主性也必然遭受异化。

(一) 技术工具的"消散"作用转化了直觉和身体体验,引起自我意识泛化

现象学试图克服自笛卡尔以来现代哲学中对世界的怀疑和不信任感,既然我们对事物本身不可能有任何把握,理性的唯一对象无非就是现象学。现象学不是根据逻辑推论而是根据现象本身去辨析事物,是一种主体的纯粹意识经验,着重于探讨人的情感、价值和现象背后的意向性。按照海德格尔的看法,使用事物的现象之所以被忽视,恰恰是因为在这些技术的使用中,使用者被"消散"了。青少年在使用

[①] [美] 马尔库塞:《单向度的人:发达工业社会意识形态研究》,刘继译,上海译文出版社 2014 年版,第 3 页。

手机的过程中，手机充当了技术工具，而使用者就是青少年，青少年完全融入了手机营造的世界中，每次使用手机时都会融入其中，形成一种格式塔，手机成了青少年不可分割的工具，这种对手机的依赖，海德格尔称之为使用中用具的抽身而去。海德格尔锤子的例子，是说人们在使用锤子的过程中就已经将锤子和自身产生了具身关系，人们自然地将锤子作为工具，而不会关注锤子本身，人们利用锤子达到修理的目的，在这个过程中，锤子不是对象而是使用者和对象之间的工具。现在技术使人和对象物之间多了一个中介，在一定程度上中介是为了帮助使用者更好地了解和利用对象物，从存在论角度讲，人们感知世界的方式改变了。

在使用工具的过程中，工具是透明的，是不被人所注意到的。手机是青少年生活的一部分，青少年通过手机了解外部世界，手机在被使用过程中是透明的，只有当手机不能正常使用的时候才会被使用者感知到。但手机这项技术的抽身而去从来不是彻底的，手机所展示的世界虽然与真实世界相差不多，但依然有技术"意向性"。对于每一种明显的转化，同时也存在对世界的暗藏的转化，这是由技术中介所带来的，会不经意间改变我们的身体空间感觉，这是技术非中立性的根源。随着手机功能的不断强化与提高，手机所展示出来的是等待探索的世界，在这样的世界中，任何特定的物体都能无限制地重新塑造，对于青少年有无限的吸引力。

借助技术把实践具身化，这是现代人的生存方式。这种我—技术—世界的关系被唐·伊德称为"具身关系"。技术以这种特殊的方式融入人的生活中，并且转化了人的直觉和身体感觉。技术实际上处在中介的位置，在人和对象物之间，只要技术充当好中介的角色而不被使用者注意到，那么将技术具身就是可能的，这是具身的物质条件。技术在一开始也是具有含混性的，正如青少年在刚拿到手机的时候会先欣赏它的外貌一样，在进一步使用技术后会发现，手机技术在青少年不知情的情况下重新修正了他们的世界，融入青少年自身的知觉与身体经验中。

（二）技术工具对信息的"解蔽"与"遮蔽"作用，隔绝了青少年与外界的联系，从而产生虚拟自我自主性的非理性扩张，现实自我的萎缩

在海德格尔锤子的例子中，工具是"抽身而去"，但在梅洛-庞帝的羽饰中，工具是借助这种"抽身而去"所获得的世界的一部分。实质性的身体作为一种经验的身体空间性，能够借助人工物得以"扩展"。以开车为例，当具身良好时，司机潜意识中感觉到的是自己和路边的距离而非所看到的汽车与路边的距离，司机的身体知觉"扩展"到车"身"上，尽管车子这样更大更复杂的人工物需要更长时间以及更复杂的学习过程，但其中需要的身体默会知识却是知觉——身体的。这样的技术依赖体现在手机上并不乐观，青少年对手机的依赖，将自己困在了手机垒起的移动高墙内，他们越来越孤独，导致更加依赖手机，形成了恶性循环，从而使青少年与外界隔离，失去了人性和美德。

"微时代"技术已经不是对直接经验和身体经验的简单复制，如果手机只是人们活动的反映，借此能够从技术上经验世界，那青少年不会对手机产生强大的依赖。只有失去不可见性，让手机实体化，青少年才会对它产生兴趣，手机这项技术才会有所发展，这样的代价就是失去了完全的透明性。人与技术的具身关系体现在人类认知世界的方方面面，人类任何感觉都可以借助技术工具实现增强或转变，不断通过技术的解蔽手段将自然与社会对人类的束缚剥开，在异化和超越异化中找到解决技术本质和对象化之间矛盾的途径。手机技术使用过程是一种特殊的使用情境，手机技术必须"适用于"使用。手机在使用过程中营造了一种使用情境，当手机越接近技术所允许的不可见性和透明性，并且越能扩展身体的感觉时，这种技术就越好。手机潜移默化地影响青少年生活，成为青少年生活的一部分，当离开手机时，甚至会感觉缺少了身体的一部分，这样的技术转化了青少年的生活习惯，影响了青少年对技术的使用情境。

手机在使用过程中同时具有扩展与缩小，解蔽与遮蔽的效果。手

机扩展了人们的地域联系，同时也约束了人们思想和行为；手机将信息制造者想让使用者看到的东西展现出来，但同时也隐藏了不想让受众看到的信息；手机的使用者被手机的使用范围遮蔽了，但同时也获得了其他途径无法获得的信息。手机以工具性的聚焦方式，转化了视觉、听觉、知觉等的空间含义。当青少年通过中介感受世界时，有一种近似间隔的存在，不是完全亲身感受，但当习惯于手机营造的日常实践空间性时，会产生判断参照系混乱的问题，从而导致虚拟自我自主性的非理性扩张，现实自我的萎缩。

二 "解释关系"导致青少年被隐蔽地操控

伊德认为："解释关系不是扩展或模仿感觉和身体能力，而是语言及解释能力。"[①] "解释关系"表明，人需要通过技术展现出来的数据对世界进行感知，世界变成了一个文本，人和世界之间具有不透明性。从获得内容的角度看，人与手机的"解释关系"结构为：人→（手机—世界），手机成为世界的解构者，向主体展现的是一种表象，主体通过手机所知觉到的并不是世界本身，而是获得间接性的经验。然而，在人与手机的解释关系中存在一个谜团，主体一般无法确认手机展现的世界是否为真实世界。当手机出现故障时，主体会怀疑手机展现世界的真实性；而当手机正常运行时，主体就会信任手机所展现的世界，"解释关系"增加了使用主体对手机的依赖。

因此，"解释关系"可能导致一种主体隐蔽地被操控状态。手机制造和使用领域的技术专家系统在不知不觉中引导了整个手机自媒体行业的发展方向，使之变得统一化、单向化，而使用者对这一行业的影响逐渐被弱化甚至忽略。正如伽达默尔所说："交往的现代技术导致一种对我们头脑的愈加有力的操作。人们可以有目的地把公众舆论引向某个方向，并出于某些决定的利益而对其施加影响力。"[②] 手机的

[①] Ihde D., *Instrumental Realism: The Interface between Philosophy of Science and Philosophy of Technology*, Bloomington and Indianapolis: Indiana University Press, 1991, p.75.

[②] ［德］伽达默尔：《科学时代的理性》，薛华译，国际文化出版公司1988年版，第64页。

功能设计充分考虑到使用者的感知和需求。人们接触手机的整个过程都在专家的设计、测评、反馈之中，个体的实践体验实际上被专家所控制。手机信息的发送建立在后台数据流的交换上，其实质就是信息编码→传输→解码的过程，而这一过程又是实际用户难以见证的。手机技术的开发者却可以依据营销目的对数据流进行筛选和控制，进而深刻影响人与手机展现的世界之间的"解释关系"。因而，手机使用中的"不由自主"是自主性与"他者"控制不断较量的产物，而在这种较量中"他者"控制又往往通过使用者的"不由自主"而占上风。

（一）技术工具的"透明性"与"同构性"操控了青少年的自我意识

具身关系是：（人—技术）→世界，而解释学关系是：人→（技术—世界）。在具身关系中，人跟技术是捆绑的，人是通过技术看世界，技术越不明显越有助于人看世界。而在解释学关系中，世界和技术是捆绑的，技术展示了世界，让人能够看到，这时技术的功能越强大越好。当使用工具的感受和使用工具的过程之间的透明性和同构性同时出现时，完全的具身关系最为明显，这种发展路径通常是横向的，而解释学通过转化，所带来的发展路径是纵向的。解释学的转化将放大镜能力变为缩减背景，而日常视觉所看到的仍然是具身关系的中心。由于解释学关系我们能够将自己置身于任何不在场的情形中，这样保持了对对象物的指示和解释学的透明性。人通过技术将所看到的世界压缩成字符串后通过手机解锁，进入一个即时视觉格式塔范围中，从而展示所谓的世界，这种双重翻译过程可以使人理解并看到无法直接感知的世界。手机展示的世界并不是本质的世界，通过手机独特的意向性实现了对现实世界的放大与缩小。手机是生活的写照，从技术上得到了转化，与非技术的经验是不同构的，但是却有着诸多联系，手机技术用独特的方式指示"世界"，是现实的替代品。

解释学关系是被构建好的直观展示，人通过解读技术、认知世界，使技术成为世界的指示物。音乐演奏家将书写出的乐谱演奏成动听的乐曲是将图像转化为声音，而声波定位仪就是将声音转化为视觉图形，超声波心电图也是将声音转化为视觉化的曲线震动。这些都是将经验到的东西转化为视觉，被转化后的经验更容易被人类认知和理解。手机把信息、文字或图像直观地传递出来，相比课本知识，青少年在面对直观的具有诱惑力的视觉感知时，容易丧失分辨能力。同时，在接收信息的同时也受到了手机的束缚，只能接收到经过加工的信息，对世界的认知局限在了手机中，自我意识被手机所操控。

（二）手机技术的"对象性"与"它者性"转移青少年自我认知方向

使用手机是一种意向性阅读，这时我们处在一种近距离鸟瞰视角的情景中。在这种情境中，表象上的"透明性"使知觉产生"同构性"，进而手机成了知觉的对象，这是一种解释学的"透明性"。手机的发展依赖于成像技术的成熟，以及记录工具的进步，从手机中看到的是别人希望我们看到的，若想证实，就需要真实地去感受。手机的解释功能是通过手机感知世界，有即时性，是一种被构造好了的直观，这就将手机看作直接知觉的焦点，而解释学就成为存在论本身的工具。人看世界时，世界是"阅读的文本"，人看技术时，技术又是"阅读的文本"。能够成为"文本"是解释学透明性的条件之一，不管是人类经验转变为"文本"，还是将人类不能经验到的东西转化为视觉图像，都是为了使他们"可视化"，从而展示出来。这种转化一开始是从听觉开始的，将视觉的不能"说话的"图像转化为听觉可以被"听"到的声音，或者将听觉无法形象化的声音转化为可以看到的视觉化的图像。很多情况下，是将人类的感觉器官还原为视觉形式，这种视觉主义有时候被"偏见"为以视觉为中心，但事实是这种复杂的视觉解释学保持了解释学最原始的批判性和解释性，是一种知觉的解释，当技术正常使用时，知觉结构便起到了作用。并不是所有技术和对象物之间的连接都是物质性的，所以手机与所展示世界的连接也并不是物质性的，只保持了与对象物的表象同构。

通过手机看到的世界与亲身感受的世界有所不同，需要舍弃一定的相似结构，从而把表象修改成非感知的"表象"。这种转变用一种完全不同的感知方式把看不到的东西带入视觉领域中，这种看不到的东西需要专业的阅读方式，为了获得以前不能感知到的东西，就要开始一种特殊的知觉转化，这种转化可以有意识地增强不同的方面。任何图片都是一种类似数字转化的极端解释学方式的转化，根源于量化的科学实践，数字是用解释学的步骤把自身从具身知觉中分离出来。数字化就是解释学化的过程，这种对象的"透明性"本身成了迷，这就需要更加专业化的解释。当青少年面对无法感知到或者经验到的事物需要"解读"时，手机技术就充当了"解读"的工具，使世界进入到青少年可以感知的范围内，从而达到青少年理解世界的目的。然而这种认识世界的方式，容易转移青少年的自我认知方向，使青少年的认知成为一种在技术操控下的认知方式，一定程度上消解了青少年的自我意识。

三 "它异关系"促逼着青少年成为技术对象物

"它异关系"是指"技术在使用中成为一个完全独立于人的存在物，技术成为一个他者，人不是通过技术来知觉世界，而是单纯与技术发生关系。"[①]"它异关系"体现了技术本身的自主性，特点是技术能够按照自身需求发展并且"摆置"人的生存状态。人与手机的"它异关系"结构为：人←手机→（世界），这种关系体现了手机技术将使用者摆置到技术系统中，促逼着人去适应技术系统规定的思维方式和行为方式。手机技术提供了在信息时代约束人类生活的一种"座架"，逐渐由解放人的工具沦为主宰人的不可抗拒的力量。正如海德格尔所说，"座架"把人会集到技术展现中，即唤起他的限定方式的全部思想、追求和努力，并使它们只集中在这一种方式的展现上……在我们的时代，不仅仅人，而且所有的存在者，自然和历史，鉴于他们的存在，都处于某种要求之下。[②] 在他看来，人在技术意志塑造下，

---

① Ihde D., *Technics and Praxis: A Philosophy of Technology*, Dorderecht: Reidel Publishing Company, 1979, p.35.
② ［德］冈特·绍伊博尔德：《海德格尔分析新时代的科技》，宋祖良译，中国社会科学出版社1993年版，第87—88页。

成为失去自主性的异化的人。而手机技术呈现的"它异关系",正在使海德格尔的忧虑部分地变成现实。当前,手机的设计和使用正朝着"它异关系"更加明显的方向发展,它使世界以信息的方式被展现,信息通过手机载体传播,进而成为一种象征着发展空间和财富的资源。"人被一股力量安排着、要求着,这股力量是在技术的本质中显示出来而又是人自己所不能控制的力量。"①

  在具身关系中,技术如果不是通过人类知觉逐步进入世界,那么技术的对象性意义就一定会从负面显现。然而在解释学关系中,这种技术对象性的正面意义却是不可忽略的,因为客观主义的描述是非关系论的,所以对于现象学的描述来说就遗漏了"人—技术"关系的独特之处。不能只是简单地关注作为知识对象的技术物质性,而要关注有关技术的关系,也就是与作为它者的技术相关联。手机是一种技术事实的"偏好",这其中包含了它异关系的根源,手机赋予人们一种能量放大的感觉,青少年能够更快地找到想找的知识、朋友,同样也可以发现具身关系中的一些突出特点。青少年通过手机知觉这个世界,表面上青少年在操作手机,事实上却受制于手机。在"人—技术"关系中,技术成为它者后,比单纯的对象性要强。玩手机游戏的过程中,既有具身关系又有解释学关系,当青少年与工具成为对手时,就与异于人的东西之间产生了相互作用,人机对战往往会引起准生机性、程序的固定性,以及选择的多样性。

  工具的独创性尽管被限制在一定范围内,但却产生了更多的现象知识。人们通过天文望远镜观察到的天空跟肉眼观察到的有一部分是同构的图像,也有一部分是不同构的图像,这就需要被"阅读"和"解码",从而发现其中的"化学成分"。唐·伊德认为"如果你不能控制你的研究对象,那么你就控制你的工具。"在实验室中,工具的"插手"让我们了解到科学是被操控和干涉的,通过手机独特的意向性实现了对现实世界的放大与缩小。手机技术与非技术的经验不是同

---

① [德]海德格尔:《海德格尔选集》,孙周兴译,上海三联书店1996年版,第946、953页。

构的，但是却有着很多联系，是现实的替代品。"文本"是一种"静态"的技术，视频是"动态"的技术，手机技术用独特的方式指示"世界"，经过编辑存储成了固定的文本。同时，手机技术也像很多可读技术一样，对知觉状态的最终目标有所呈现，只是这种方式更生动，在这种知觉直接性中，它异性被呈现。看手机并不是与世界的真实接触，个体所拥有的情绪只是通过屏幕对世界有所期待。具身关系要求的是完全的透明化的技术，这样才能完全地将技术与"我"融合，从而更好地使用技术。而在它异关系中，"人—技术"的关系为了获得转化效应，更希望技术脱离本身，成为独立的个体，同时又受人的控制。人可以通过正常地或者呈现意义方面与技术发生联系，技术可以作为有焦实体来赋予不同形式的它者多重关注，可以表示为"人—技术—（世界）"的关系，这就表明它异关系下，可以有但却并不是必然有借助技术指向外部世界的关系，世界成了背景，技术成了关注的焦点。当青少年玩手机游戏的时候，技术被放大，技术所营造的世界成了背景，青少年更关注的是手机游戏而不是情景，这就使技术脱离了一般的使用情景，进入各种自由组合中，作为"它者"与"我"发生关系。这种使用方式将青少年摆置到技术系统中，促逼着青少年去适应技术系统规定的思维方式和行为方式，导致青少年的自我认同出现偏差。

四 "背景关系"导致青少年丧失批判能力

在具身关系、解释学关系、它异关系中，因素分配比例不均，技术的对象性和透明性之间存在一个比例，技术虽是人工物但带来的转化却影响了世界和人。这三种关系都是有焦关系，都标志着一种自我意识，都处在实践的中心位置，但只有这三种关系还远远无法穷尽技术的作用和经验，在"背景关系"中，研究对象由前景中的技术转入到背景中，成为接近技术环境的技术。

伊德认为，"我们处处存在主义地遭遇机器。背景关系是使现象学的观察从前景中的技术发展到背景中的技术，并成为一种技术环境"①。在当前技术化程度越来越高的社会中，人和技术的关系更多地展现出以机器为背景的状态。技术的使用由直接退居幕后。基兰认为，这些不在场的技术，恰恰更加深刻地影响着人类自身的建构，人类好像生活在一个"技术茧"之中。人与手机的"背景关系"结构是：（（人）←手机/世界），这种关系表明手机以潜在的、缺席的方式影响主体生活，人被手机包围，形成一种人在技术网络之中的关系。在"背景关系"中，手机接收指令后自主处理问题，主体与手机之间是瞬间操作关系，主体生活在手机营造的世界之中，而手机日益成为人们不自觉的生活背景。②

手机的使用从来都不是一个孤立的存在，手机运营商、专家系统、手机研发人员、手机媒体从业人员、手机使用者等共同构成一个庞大的系统。在这个体系里，使用者甚至觉察不到自己身处现实空间还是虚拟空间。使用者在手机技术所构造的环境中似乎已经变成一个启动代码，一经开启便无法停止。正是这个系统以显性或隐性的方式影响着手机使用者的观念和行为。手机技术用它的各种便利性取代了人的自主性，也渐渐地剥夺了人的主体性地位。人们已经习惯于被包裹在手机布控的世界中，暴露在以"镜头"为象征的第三只眼的注视下，生活被粉饰成文化制品，使人们产生错觉，进而依赖手机造成的幻象。在手机技术控制下，人们被同质化而失去自主性，甘于沉浸在手机世界之中，乐此不疲。使用者可以利用手机替代其他技术工具完成诸多任务，这使自身陷入被计算的技术氛围中，人格被符号代替，行为被数据表达，思想受信息左右，人的特征变成了二进制代码。手机提供的背景越是隐性化，对使用者生活的影响就越大，越难以识别和控制。

技术作为背景没有显示出它原有的透明性或不透明性，是技术功能的抽身而去，成为所处环境的组成部分。生活中大部分技术都处在背景中，虽然有些半自动的机器仍然需要人工重复设定，但一旦运作

---

① Ihde D., *Philosophy of Technology: An Introduction*, New York: Paragon House, 1993, p. 18.
② Kiran A H, "Technological Presence Actuality and Potentiality in Subject Constitution", *Human Studies*, No.1, 2012.

起来，就处在背景之中，这是"人—技术"的关系中重要的一点。技术作为一种庇护所时，更像一种场域的背景现象。房子的建造，人在入住后自然成为一种近似的背景。唐·伊德说这是"人类文化再次展示了从极简主义策略到极致主义策略的一种有意思的连续"。① 很多传统文化中，人们讨厌窗户类的东西，不希望从自然环境中孤立出来，而希望将庇护技术整合为"技术蚕茧"，即一个有效的、自动的、封闭的生命系统。如今的核潜艇和太空站就是最好的例子，这是完全以技术为中介的，这种封闭空间显示了不同类型的整体性。手机将人们的生活包裹起来，让人们生活在手机营造的世界中，一定程度上隔绝了人与世界的联系，很多人将手机视作了解外界的唯一工具，失去了知觉本来应该有的作用，没有了交流，没有了亲身感受，只是通过手机看世界，也只能看到一个手机让你看到的世界。当人们看手机时，就已经处在这个"技术蚕茧"中了。手机隔绝了青少年与外界世界的联系，青少年只能从手机中看世界。手机控制了青少年的生活，使青少年的日常生活在这个精心制作的蚕茧中完成。

背景技术展现了一种不在场，是所处技术环境中的一部分或者整体的场域。这些背景起到场域的作用，虽然不处在焦点位置，但是却起到了调节环境的作用。一旦背景技术失效，会引起巨大的破坏，例如冰箱的失效会改变人们的饮食习惯，电灯的失效会促使人们改变生活习惯。手机这种非中立的存在形式，是一种有焦技术，已经从背景技术转变成了人们生活的焦点技术。可能缺少这个技术对经验世界只是缺少了一项技术，但对生活世界却有很大影响。现代技术自认为是自足的、绝他的，可凭借自身决定和规范一切，却没有意识到它自己首先被规范了，被假定所支配。无论何种技术都处在生活与世界中，是整体的一部分，不可分割。手机技术也是生活的一部分，不能占据生活的全部，只有掌握好分寸，才能更好地发挥手机技术的作用，使手机技术成为生活技术中有利的助力。

---

① ［美］唐·伊德：《技术与生活世界：从伊甸园到尘世》，韩连庆译，北京大学出版社2012年版，第116页。

总之，手机与其他工具的一个重要区别，在于后现象学技术哲学所说的4种人机关系在手机的使用中可以耦合在一起，从而产生更为复杂的影响。对于人来说，手机的使用既是"具身"的，能够直接影响人们的知觉和判断，又具有解释功能，还受到手机作为"它者"的明显"摆置"，直至成为人的生活背景的组成部分，因而才造成手机使用中自主与不由自主的现象并存，导致青少年出现明显的手机依赖特征，诱发虚拟自我认同危机。

第 五 章

青少年良性虚拟自我意识养成路径选择

"微时代"网络中的虚拟自我认同危机带来了诸多社会问题，其本身也开始逐渐偏离了良性健康的发展渠道。当我们不得不面对网络空间中自我多元化的倾向时，必须寻求一种使虚拟自我与现实自我整合以及使不确定的自我健全发展的途径。分裂却不能整合的自我会使青少年丧失最基本的道德意识和社会责任感。因此，多元的自我必须寻求某种整合，建立某种相对统一的健康的自我意识。自我可以适当变形，但其根本应保持不变，并且具有自我约束能力和道德意识。青少年良性虚拟自我意识养成，是对青少年网络道德意识认知，及网络道德思维内化培养的过程。"养"和"成"二者相辅相成，密不可分。所谓"养"是指在"微时代"社会背景下对青少年进行网络伦理意识培养；"成"，强调的是将良性虚拟自我意识内化为青少年思维、行为习惯的结果。

第一节 青少年良性虚拟自我意识养成概念

一 青少年良性虚拟自我意识养成含义

"养成"意味着通过培养而形成。"微时代"下青少年良性虚拟自我意识的养成，是指通过一定的方法使青少年掌握良性虚拟自我意识的理论及重要内容，这样青少年才能够在"微时代"网络实践中自觉地将良性虚拟自我意识的要求内化于自身，自觉应用于实践活动。青少年的良性虚拟自我意识养成分为两个方面，一是"养"；二是"成"。"养"，强调的是一个过程，是指采取一定的方法，通过一定的渠道对青少年进行培养；"成"，强调的是结果，是指形成青少年良性虚拟自我的结果。"养"和"成"是辩证统一、相辅相成的关系，"成"以"养"为前提，是"养"的结果，二者统一于网络实践活动中。青少年对良性虚拟自我意识有所了解不等于会在网络实践中自觉运用，因此，良性虚拟自我意识养成的过程强调青少年将自身的网络虚拟自我伦理意识上升为道德情感，在道德情感的支配下指导"微时代"网络虚拟自我实践活动。青少年网络良性虚拟自我意识的养成，是对网络技术带来的虚拟自我与伦理关系的道德认知与道德情感由少至多，直至产生质变的积累过程。

二 青少年良性虚拟自我意识养成目标

青少年良性虚拟自我意识的养成教育离不开对目标的明确认知。明确了青少年良性虚拟自我意识养成目标，才能够培养青少年从伦理的视角对网络实践活动予以充分的理解、判断与反思，使良性虚拟自我意识成为青少年参与网络实践活动的重要习惯。

青少年良性虚拟自我意识养成的目标分为两个层次，第一，基本目标；第二，最终目标。青少年良性虚拟自我意识养成的基本目标，是指通过良性虚拟自我意识的养成，使青少年正确认识"微时代"技术，消除网络技术决定论思想，从伦理学的角度明确技术承载的价值。"现代技术的客观基础的主体际建构性和技术活动的价值负载及其复杂性表明，技术从本质上讲是一种伴随着风险的不确定的活动。"[1] 青少年一方面需要在网络实践活动中运用技术；另一方面还要反思运用技术可能产生的不确定性后果，这就需要具备良性虚拟自我意识。青少年要结合文化与社会，综合考虑技术与伦理的关系，以客观的立场

---

[1] 刘大椿：《科学技术哲学导论》，中国人民大学出版社2005年版，第157页。

实现二者良性互动。然而青少年受自身因素等方面的影响，对"微时代"网络实践活动的价值判断可能存在一定的误区，不能对网络实践内容作出完全明晰的判断，当技术价值与伦理价值发生冲突时，需要运用网络伦理观念来约束网络行为。"微时代"下，青少年良性虚拟自我意识养成的最终目标，是使青少年具备网络伦理意识，在网络实践中能有效运用网路伦理规范去实现自律与他律的统一。

三 青少年良性虚拟自我意识养成内容

良性虚拟自我意识是青少年在认识"微时代"网络技术本质基础上形成的对网络发展的正确价值取向。在"微时代"，青少年良性虚拟自我意识的养成，需要将网络虚拟自我伦理内化为自我意识，在具体的网络实践活动中提升对网络虚拟自我伦理问题的认知与判断，使青少年将自身的道德意识上升为道德情感，从而指导"微时代"网络实践活动。青少年良性虚拟自我意识养成，需要着重培养人本意识、风险意识、责任意识、公平意识、诚信意识这五个方面的内容。

（一）人本意识

"微时代"网络互动中的人本意识是指要关注网络主体的价值要求，使网络实践活动成为有利于虚拟自我良性发展的活动，成为维护网络主体在技术活动中尊严的活动，同时"微时代"网络实践中的人本意识，还要求强化网络行为的人文关怀。与传统媒体信息传播的单向性不同，自媒体传播受众不单纯是信息的接受者，同时也可以是信息的发布者。青少年作为网络传播活动的主体之一，首先要提高个人的网络文化素养，将自我能力的提升作为参与网络实践活动的首要目标。同时，网络传播主体也要具备人本意识，尊重受众是其首要传播原则，发布的信息要合乎伦理要求，具有严谨性、科学性，使网络实践活动起到教育青少年的目的。

（二）风险意识

"微时代"网络技术实践活动具有后果的不确定性，网络参与者具有一定的风险意识，能够及时避免网络技术发展的不良后果，如果缺少技术风险的反思意识，任由技术理性泛滥，则会导致网络主体被网络技术所控制。技术的出现就伴随着技术风险，然而随着技术发展的日新月异，技术风险问题变得更加突出，而自媒体的出现进一步加剧了技术风险问题。自媒体传播是一种去中心化的传播，信息能够被即时发散性地迅速传播，这就使得一些虚假信息借助自媒体平台被迅速扩散开来，这将破坏网络生态环境，造成舆论失衡，甚至引发社会恐慌。人类不规制技术的使用方向，会导致技术风险的出现。"微时代"下，青少年虚拟生活已经成为日常生活的重要组成部分，占据了越来越大比例的时间，现实社交活动时间在明显缩短。部分网络设计者和经营者在将青少年一步步引向沉迷，导致自主性自我的丧失，不具备批判意识的虚拟自我也将被技术所异化。由此可见，网络主体具备技术风险意识，是有效规避网络技术引发不良后果的重要方式，同时也是树立青少年良性虚拟自我意识的有效途径。

汉斯·约纳斯曾说："并非只有当技术恶意地滥用，即滥用于恶的目的时，即便当它被善意地用于其本来的和最合法的目的时，技术仍有其危险的、能够长期起决定作用的一面。"[①] 由此可见，面对"微时代"技术发展，青少年要有谨慎的态度和良好的风险意识，这将有利于青少年明确网络技术发展引发的风险问题，对技术风险具备前瞻性和防范意识，进而降低滥用网络技术造成的不良后果，规避技术风险，促进技术健康发展。

（三）责任意识

"现代科学技术向现代人提出了前所未有的道德要求：突破权力中心的伦理观念，突出责任意识。"[②] "微时代"网络技术的发展不仅带来了新的伦理问题，而且使伦理问题有了新的表现形式，进一步拓展了伦理学的研究范围，伦理责任主体也由个体转向群体、由小我转

---

① ［德］汉斯·约纳斯：《技术、医学与伦理学：责任原理的实践》，张荣译，上海译文出版社 2008 年版，第 25 页。

② 林琳：《现代科学技术的伦理反思：从"我"到"类"的责任》，经济管理出版社 2012 年版，第 8 页。

向大我。网络实践不仅要求责任主体具有前瞻意识，可以预测"微时代"网络技术发展可能带来的不利影响，而且要求主体具备责任意识，能够承担起网络主体应承担的责任。汉斯·约纳斯提出："责任的最一般、最首要的条件是因果力，即我们的行为都会对世界造成影响；其次，这些行为都受行为者控制；第三，在一定程度上他能预见后果。"① 因此，在"微时代"网络实践活动中，任何传播参与者包括青少年，都需要具备责任意识，由此，才能够及时监督传播过程，预测传播后果，进而对自身要采取的活动予以及时地调整。"技术的道德责任有三种形式，包括义务责任、过失责任和角色责任"②，这三种基于技术行为的责任，是技术主体对自身行为认知的责任意识培养，这需要青少年在网络实践活动中正确运用，并在其角色范围内承担伦理责任要求。

（四）公平意识

所谓公平是指："人们的平等利害相交换的行为。"③ "公平分为社会公平和个人公平：个人公平是个人为行为者的公平，是个人所进行的等利（害）交换；社会公平是社会为行为者的公平，是社会所进行的等利（害）交换。"④ 公平意识的形成有利于个体形成权利义务对等的意识，自觉履行与自身权利相对应的义务。"微时代"网络实践活动中的公平意识，要求青少年在制定和评估网络活动目标时，不侵害他者的知情同意权。约纳斯认为："技术是人的权力的表现"⑤，网络权利的不恰当使用，会导致不公平问题的出现，凸显了青少年网络公平意识养成的重要价值。

"微时代"网络社会环境的正常运行，需要各网络主体的通力合作，在合作的过程中，个体的利益得到了保障而且创造性得以发挥。网络主体之间可能会发生利益冲突，这就需要个体树立公平原则，从

---

① 王前：《技术伦理通论》，中国人民大学出版社2011年版，第76页。
② 王前：《技术伦理通论》，中国人民大学出版社2011年版，第76页。
③ 王海明：《新伦理学》，商务印书馆2001年版，第383页。
④ 王海明：《新伦理学》，商务印书馆2001年版，第383页。
⑤ 王前：《技术伦理通论》，中国人民大学出版社2011年版，第76页。

道德层面和技术实践层面协调各网络主体间的社会关系，保证网络活动的正常有序进行。

(五) 诚信意识

中华传统文化中历来讲求对诚信的道德修养。《中庸》中说道："诚者天之道，诚之者人之道"；而"信"意味着信守承诺。在《说文解字》中将"诚"与"信"二者意义互通。在微技术塑造的虚拟世界中，"诚"与"信"密切相连，相辅相成。虚拟世界的正常运转，以传播主体的诚信意识为前提，丧失诚信意识的网络行为是无意义的行为。而一些个人或组织为了商业利益，违背了诚信原则，传播虚假信息，制造混乱，导致网络社会风险的出现。传播主体长期丧失诚信意识，将会失去传播受众的信任，不利于自身的长远发展。

因此，"微时代"网络空间中诚信意识是指网络传播主体对传播受众的告知义务，以便于虚拟自我对信息的知情权。诚信意识不仅是有利于青少年良性虚拟自我意识养成的重要内容，也是现实社会积极提倡的职业道德规范。青少年在网络实践活动中也要养成诚信意识，这将有利于"微时代"网络实践活动的有效进行。

第二节 "微时代"环境下青少年良性虚拟自我的伦理建构

培养青少年良性虚拟自我意识，涉及用什么有效方法管理自己的问题。而"微时代"网络世界的特征导致他律的难以顺利实现，而自律往往是约束现实中自我的。因此，将现实中的自律延伸到网络中对虚拟世界中的自我起到作用，是值得探讨的问题。青少年在虚拟世界中塑造了多个虚拟自我，这些虚拟自我如同多面镜子，能够发现青少年的问题所在。我们应通过这些镜子，一方面抑制消极的虚拟自我的出现；另一方面扶植积极健康的虚拟自我，让良性的虚拟自我和现实自我实现有机统一，进而建构一个健康的自我。而要实现这一目标，需要学校、家庭、社会、网络经营者和网络设计人员的共同努力。

美国网络伦理研究者巴戈认为，在虚拟世界中，人类道德呈现弱化趋势，诚实、公正、友爱、互助等现实社会中的道德规范受到了前所未有的冲击。[①] 尼葛洛庞帝曾说过，在网络中，人是自由的个体存在，即使政府依靠法律和炸弹也不能完全控制人在网上的行为。[②] 由于"微时代"网络技术的特点，导致法律、道德、舆论等建构起来的防线很容易崩溃。传统道德在网络社会中起到的作用减弱，个体道德意识也逐渐消解。道德责任感匮乏导致青少年游戏人生心态的滋生，甚至主动进行一些反社会行为。现实生活中，青少年头脑中可能偶尔会萌发出杀人放火的想法，但是却不会真正实施，道德的界限和法律的约束会有效制约人的不良行为，唤醒人们理性的自我。然而，"微时代"网络中的青少年面对自己突然拥有的无限力量和犯罪的低成本性，抛却了自己的社会角色和教育背景，不顾及自己行为后果，去实施现实生活中不敢触碰的事情。网络社会本来应该是一个"自己管理自己""自己对自己负责""自己是自己的国王"的特殊世界，[③] 而这个特殊世界可能陷入道德的无主体和主体的无道德的困境。因此，网络空间更加考验慎独的品格，即在没有约束的环境下一个人的品格和道德。"微时代"网络空间不应成为自我肆无忌惮、为所欲为的场所，这为虚拟自我伦理的建构提出了迫切的要求。

一　协调虚拟与现实的自我伦理原则

人是链接虚拟世界与现实世界的中介，虚拟社会的伦理以现实社会的伦理资源为基础，是现实社会伦理的延伸和新形式，不能割裂与现实社会伦理的联系，也无法超越现实社会伦理原则，成为单独存在的"虚拟伦理"。当现实社会伦理和虚拟社会伦理相悖时，需要人作

[①] ［美］理查德·A. 斯皮内洛：《世纪道德：信息技术的伦理方面》，刘钢译，中央编译出版社1999年版，第149页。

[②] ［美］尼古拉·尼葛洛庞帝：《数字化生存》，胡泳等译，海南出版社1997年版，第43页。

[③] ［加］马歇尔·麦克卢汉：《理解媒介：论人的延伸》，何道宽译，商务印书馆2000年版，第212—213页。

为主体来整合。网络虚拟社会的伦理建构，起决定作用的仍然是人，绝不能因为虚拟社会由技术建构，其伦理原则就由技术决定。"微时代"下，自我穿梭于现实世界与虚拟世界已成为一种常态，避免沉迷于虚拟世界是值得探讨的问题。虚拟自我一方面要体验畅游虚拟世界的愉悦；另一方面要避免丧失相对稳定的自我认同，充分利用"微时代"网络带来的新契机，这就需要建构"微时代"网络空间的自我伦理，即虚拟自我伦理，其遵循的原则如下。

（一）自主建构原则

自我需要在不断地建构和创造中发展，这是个体主体化的过程。在这一过程中，自我同时具有向好和坏两方面发展的趋势，因此，个体要具备自主意识，控制自我发展方向，自觉地将自我建构成为健康的主体。虚拟网络社会，监督机制薄弱，法律不健全，建构良性虚拟自我更需要伦理因素的介入。虽然"微时代"技术创造了塑造多样虚拟自我的条件，但发展哪种虚拟自我，需要主体的伦理选择。因为自我在不断生长，存在变好变坏两种可能，长期受不良虚拟自我影响，可能导致自我丧失正确的价值判断标准，从而使消极的自我不断膨胀，破坏了人格的健康全面发展，也会对他人和社会造成危害。因此，个体应遵守自主的伦理原则，抵制多重自我当中消极阴暗部分，自主地建构起积极健康的良性虚拟自我。

（二）自我节制原则

伦理是"自由所采取的审慎的形式"，[①] 自我伦理是疏导欲望的伦理，蕴含着对自我的内在安宁与和谐的追求。人们应该及时反思自我行为的适当性和对他人的正当性，并适当控制欲望以保持对自我的驾驭。某些网络运营商出于商业目的，不停地调动青少年感性欲望，这导致虚拟世界的繁荣与自我幸福的悖论。为了使虚拟自我长时间停留在虚拟世界中，诸多对智力锻炼毫无意义，对精神境界提升毫无促进作用的纯享乐活动，通过外在诱导和内在暗示不断刺激自我，使自我

---

① ［美］斯蒂文·贝斯特、道格拉斯·凯尔纳：《后现代理论：批判性的质疑》，张志斌译，中央编译出版社1999年版，第83页。

越发陷入非自主的欲望追求中。因此，自我要恢复理性维持自我同一性，就必须放弃不正当的欲望追求。这种放弃并不是消极的自我放弃，而是有所选择的放弃，为了更好地掌控积极健康的自我。自我不应沉溺于符号构造的虚拟世界而放弃真实世界，这可能导致真实自我的迷失。因此，"微时代"网络虚拟生活，要求个体掌握自我节制原则，学会放弃以便自我实现获得幸福。福科将个人自由定义为对欲望的自我控制———一种不停地进行自我控制与自我看管的伦理实践。在这一过程中，个人自由不仅是个体的善，而且只有那些能最好地驾驭自我的人，才能最好地善待他人。

（三）虚实协调原则

亚里士多德认为，真正正直的人是自爱的。正直的人对自己始终能够保持其正直，真诚的人对自己始终能够表现其真诚。所以，善良的人愿意与自己做朋友，从不回避自己，坦荡地回味过往；卑劣的人则灵魂分崩离析，惶惶不可终日，他们憎恶自己，逃避自己，时常处于悔恨之中。[①]"微时代"技术创造的虚拟世界，已经成为某些青少年逃避现实的场所，塑造虚拟自我成为青少年寻求解脱的出路，他们回避现实中的自我，厌恶真实的自我，在"微时代"网络虚拟世界中扮演着一个或多个不同于现实自我的虚拟角色，导致自我认同危机的出现。然而，虚拟自我无论多完美，仍然不能代替真实的身体体验，这种虚拟与现实冲突还会导致新的压抑形式。"微时代"的某些网络技术会不断地诱导青少年进行一些隐匿的反道德行为，甚至是违法行为，更为严重的是会导致青少年模糊虚拟与现实的界限，出现多重角色混乱状态，甚至放弃真实的自我。虚拟世界带来的多元虚拟自我必须与现实自我进行整合，消除自我对虚拟生活的过度依赖，协调真实生活与虚拟生活，使虚拟自我成为现实自我的经验补充。

（四）"大我"优位原则

"自我"应该包括两方面的含义：一是个人对社会的贡献与回报

---

① 苗力田：《亚里士多德选集（伦理学卷）》，中国人民大学出版社1999年版，序言。

即"大我";二是社会对个人的尊重与满足即"小我"。中国传统文化强调社会秩序的绝对性、至上性,强调自我的前一方面,容易埋没个性,忽视个体。而西方的"自我观"强调以个体为本位,坚持人本主义,强调自我的后一方面,这种"自我"较适应市场经济的发展。如果我们简单地将西方的观念输送进来,容易导致极端个人主义的滋生,引导人们片面地追求自我价值的实现,形成绝对以自我为中心的价值取向。所以,要走出对"虚拟自我"的迷恋,就要找到建立既适应社会发展又具有中国文化特色的途径,并赋予其在新时代社会主义市场经济条件下的崭新内涵和时代精神,进而建构健康人格,重塑理性的"虚拟自我"。

要发展"自我"就需要强调个性,但不能轻易地将西方关于"自我"的规则和观念简单地转换到中国人的现实生活之中。在中国,社会秩序被理解为一种和谐,这种和谐是通过个人参与群体之中来获得的。自我实现并不意味着绝对的个人自主,社会中的每个成员同时要对他人有益,这也将使自己受益。人们相互忠诚,互相承担责任,这种忠诚和责任既护卫又激励了一个人,并且规定了他自己的价值。[①]所以说,中国人的传统自我是一种"道德自我",顺着修、齐、治、平的方向发展,追求由"为私"的"小我"发展成"为公"的"大我"。在这一过程中,人们将大于"小我"的单位(父母、朋友、家庭、国家、社会)作为放大了的"自我",从而以这个"自我"作为道德判断及实践的依据,这应该说是一种"大我"优位的道德境界和审美境界。

因此,我们需要发掘传统文化中的有益成分,建立具有中国文化特色的有机整体的"自我观"。中国传统文化的主要特点就是重视道德教化,注重民众基本道德素质的培育和提高,注重对民众价值取向、人生态度的引导,这种"自我观"的培养模式,对于重塑当代符合社会发展需要的"虚拟自我观",有着积极的借鉴作用。一方面,规范

[①] [美]安乐哲:《自我的圆成:中西互镜下的古典儒学与道家》,彭国翔译,河北人民出版社2006年版,第319页。

的调节力不可缺失，社会的凝聚力、整体性和秩序性必须得到重视；另一方面，应该保证个体的独立性、平等性，从而使社会的整体性包容丰富多彩各具特色的个性，在不妨碍社会和谐的前提下为个性张扬提供必要的空间。对于网络中的青少年"虚拟自我"的建设，同样可以汲取传统文化的有益成分。传统文化中包含着对于如何对待义与利、公与私、美与丑、善与恶等各种矛盾关系，以及人生观和价值观等方面的诸多警示，蕴藏着建构网络"虚拟自我"所汲取的合理因素。诸如"己所不欲，勿施于人""自重"等要求，正是对"微时代"网络中恶意破坏、侵犯他人隐私、盗窃他人成果等诸多不道德行为的强有力的自律原则。遵循这些原则，可以从道德层面和知识层面最大限度地提高个人的素质，以健全的人格、良好的修养、自觉的道德意识、成熟的判断约束自己的行为，自觉抵制人性的弱点和心理的阴暗面，不使人性中恶的方面和低下的情操在失去外在约束的情况下任意释放，从而对网络"虚拟自我"有清醒的认识和自觉的把握。

总之，培养正确道德意识的前提和基础是区分出行为的正确与否。培养道德自律的关键性因素是要有坚定的道德意志，对符合道德的行为能够自我约束，坚持遵守。而培养道德自律最为重要的是良好行为习惯的养成。道德主体是拥有道德权利，承担道德责任，履行道德义务的，具有道德意识的人，他们将道德原则内化为自我意识当中，并以之作为自我行为准则，才能成为真正的道德主体。建构"微时代"网络虚拟自我伦理，其目的即为明晰网络主体的道德义务，树立网络主体的道德意识，加强道德情感体验，使其自觉履行道德规范，成为真正的网络道德主体。同时，能够有效维护网络虚拟自我伦理规范，自觉遵守网络虚拟自我伦理章程，对不符合时代发展和大多数人意志的网络虚拟自我伦理内容能够及时提出修订意见，使网络虚拟自我伦理规范能够符合网络主体的利益。同时，网络虚拟自我伦理与靠外在惩罚和监督的约束机制不同，其主要强调的是内在的道德修为，靠自觉自律来实现约束的作用，"道德自律"注重个人的慎独意识和内在一贯性。对于网络虚拟世界来说，养成良好的道德习惯，形成道德自觉意识，遵守公共道德规范是实现虚拟自我伦理建构的前提和基础。

二 促进青少年良性虚拟自我发展的自律意识

"微时代"网络技术带来了虚拟世界，人们的社会关系从现实社会延伸到虚拟社会，自我隐藏在网络大幕之下，隐身人的意味越来越浓厚，因此，网络虚拟自我伦理是一种独自在场的"隐身人"伦理。这种伦理不仅是对于他者和社会的责任，也兼顾自我内心的和谐有序。网络中虚拟自我的伦理建构，需要发挥以"慎独"为基础的自律意识的作用，强调道德实践上的自我管理、自我约束、自我修为。

道德是由一定的社会经济关系决定，表现为善恶对立的社会意识与行为规范的总和。在传统社会中，道德发挥作用的重要渠道有三个：一是社会舆论；二是传统习惯；三是内心信念。前两个是外在渠道，后一个是内在的。[①] 由此可见，道德主要由社会舆论来监督，受传统习惯和人们内心信仰支撑而自觉发生作用，一般不借助外在强制力量，区别于政治、法律等其他社会意识形式。

社会舆论是指一定社会或集团内相当数量的有组织或无组织的人们，依据某种道德标准在一定范围内表达、传播关于某一道德现象的较为一致的评价性看法和倾向性态度。[②] 一种良好的社会舆论有利于"社会比较"的正确进行，也有利于社会大众形成正确的自我评价。在前网络社会，由于物理空间的局限性，面对面交流方式是主要的交往方式。这种交流方式是一种熟人交往，依赖于亲朋好友的相互监督，言行举止受熟人圈舆论评价体系约束，而这种评价影响着一个人的名声、地位，甚至决定其前途、命运，因此，"人言可畏"使得传统社会的舆论体系受到极大重视，中国人的道德和信仰恰恰通过这种严密的舆论体系来维系和发挥其功能。由此，人们具有强烈的道德责任意识，行为也受这种道德的约束而较为严谨。

传统习惯是在社会生活中逐渐形成的，从历史上沿袭下来的具有

[①] 孙立军：《内心信念与当代青年伦理道德的维系》，《中国青年研究》2005 年第 10 期。
[②] 段文阁：《传统习惯的手段性质疑》，《伦理学研究》2003 年第 4 期。

稳定性和连续性的生活方式或行为常规。① 传统习惯是对行为进行道德评价时的重要标准和依据，是一种审美价值体系，是在特定的历史文化背景下而形成的，是人们评价道德现象时的首要价值标准。

伦理学上所讲的内心信念，主要是指人们发自内心的对某种道德原则和规范或道德理想的真诚信服与强烈的责任感，是深刻的道德认识、强烈的道德情感和坚强的道德意志的有机统一，是人们进行道德选择的内在动机与道德品质构成的基本要素。② 积极向善的内心信念，是人们在对社会进行改造和进行生产实践过程中，受社会和自然客观条件影响而形成的经验。这些积极的经验将使人们对道德规范和道德原则有较为深入的理解和认知，产生内心信仰，进而产生使命感，去自觉履行并维护这些原则和立场。

伦理道德规范从"应然"走向"实然"，这其中社会舆论的监督作用，传统习惯的引导作用，以及内心信仰的维系作用，都是重要因素。而在这诸多因素当中，内心信仰的作用是最为重要的。因为无论社会舆论还是传统习惯，都是人们内心信念的外在化、社会化表现形式，而任何伦理道德规范只有成为人们的内心信仰，内化为人们的思想意识当中去，才会在实践中被有效执行。

一般来说，在熟人社会众人监督的情况下，人们通常较为注重自己的言行举止，但是在舆论监督失灵的情况下，尤其做了违背道德的行为却不被谴责之时，一部分人就会对自己的要求降低，甚至为所欲为。网络社会正是这样一个缺失监督的非熟人社会，人变成了虚拟的符号，面对面的交流变成了符号之间沟通，摆脱了物理世界身份、地位、等级等诸多限制，让人产生为所欲为的错觉。社会舆论、风俗习惯等传统的外在制约方式都被极大地弱化，甚至完全失去作用。由熟人舆论建构的防线崩塌，虚拟自我伦理产生迫在眉睫。

就像当年德国哲学家尼采面对基督教价值体系崩溃时所发出的呼喊："上帝死了。"但是，理性告诉我们，外在的"上帝"死了，我们

---

① 段文阁：《传统习惯的手段性质疑》，《伦理学研究》2003 年第 4 期。
② 孙立军：《内心信念与当代青年伦理道德的维系》，《中国青年研究》2005 年第 10 期。

心中的"上帝"（如康德所说的道德绝对命令）不能死。每一个理性的人，心中都要有所敬畏，敬畏自己内心的道德。因此，在"微时代"网络环境缺少监督和外在约束的条件下，青少年的自我监督能力就显得尤为重要，这要求青少年的行为是一种更具自律性的行为。在现实世界中，青少年以服从为主的道德范式，在网络虚拟世界中基本失去效力。在隐匿的缺乏约束力的"微时代"网络虚拟社会里，青少年的内心道德信仰对于促进网络道德文明建设显得尤为重要。如果青少年缺乏道德自律，所塑造的虚拟自我将以本我的面貌出现，久而久之将会使现实中的自我偏离道德轨迹。青少年养成道德自律意识，清楚能做和不能做的界限，将是网络道德教育最基本的问题。因此，自律是青少年道德水平的衡量标准，处于监督机制匮乏的网络环境下，能够做到"慎独"，青少年才能成为具有自律精神的理性的人。

中国哲学思想中有着丰富的关于独处道德的阐释，"慎独"是古代道德先圣们对个人修养的目标追求，是关于独处道德的最完整、最准确的概括和表述，对"微时代"网络伦理建设，有着重要的启迪作用。"慎独"最早见于《中庸》，"莫见乎隐，莫显乎微，故君子慎其独也"。《大学》中也谈到"所谓诚其意者，毋自欺也。如恶恶臭，如好好色，此之谓自谦，故君子必慎其独也"。"慎独"意味着即使一个人独处，也不要做有违道德规范的事，这是儒家修身齐家治国平天下之道德理想的出发点，是一种极高的道德修养境界，由此推衍出儒家"达则兼善天下，穷则独善其身"的经世致用之途。宋明理学家，特别是朱熹，把"慎独"作为一种重要的修养方法。"慎独"要求一个人在独处时，不因为无人监督而肆意妄行，谨慎有德，能够自律，将一定的道德规范内化为主体的内心信念，以自觉的道德意识对自己的行为进行自我调节。

中国传统伦理教化注重民众基本道德素质的培育和提高，注重对民众价值取向、人生态度的引导。这里包含着可为虚拟自我伦理建设所汲取的合理因素，在"微时代"的网络实践中仍然可以发挥积极的规范作用，为构建网络中虚拟自我伦理提供了基本的参照和积极的借鉴作用。中华传统美德的精髓就是个人道德层面的自我修养,这是"微时代"网络空间自我伦理建设的根本保障。由于"微时代"技术带来的主体交流的匿名性、传播权利的大众化、传播方式的个性化等,使得网络社会成为一个缺乏自律的空间,植根于传统社会的统一道德规范的约束机制被削弱,刚性的他律对"微时代"网络传播主体难以有效管控,因此,网络虚拟自我伦理的建设显得尤为重要。传统的道德约束强调舆论监督的作用,但是网络匿名性使主体隐藏在符号之后,真实身份确认难度加大。青少年躲在一个非熟人社会,舆论监督的作用大大削弱,青少年行为处于无标识状态,道德约束淡化。因此,"微时代"网络建设必须强化自我伦理和道德规范的内化作用,使青少年在外在他律约束机制弱化的情况下,也能自觉遵循社会公德。这是儒家"慎独"修养在"微时代"的进一步发展,即在缺少外在监督的环境下,仍能保持良好的道德操守,以个人健全的人格、良好的修养、自觉的道德意识、成熟的判断约束自己的行为,自觉抵制人性的弱点和心理的阴暗面,自己为自己的行为立法,设定准则。这是虚拟自我伦理建构中最有效的修养,可以促进网络社会道德的整体进步。青少年只有将道德规范内化为对自身的内在要求,自我约束、内省自律,才能实现虚拟自我的健康发展。

三 避免青少年虚拟自我伦理建构的唯技术论倾向

"微时代"虚拟自我的存在有其积极正面的价值,但虚拟自我之所以引起社会的广泛关注,却恰恰由于其带来的消极作用,尤其是部分青少年沉迷网络无法自拔、丧失理智放弃学业,甚至人格变态走向犯罪,由此导致诸多社会问题。事实上,虚拟自我的正负价值的出现是此消彼长的,只有控制负面价值的出现,才能使正面价值更充分地体现出来,才能促进虚拟自我的良性发展。

在应然层次上,人与"微时代"网络技术的关系是主体与客体、目的与手段的关系。然而,在实然层面上,自我常常沉浸在虚拟世界里,被海量信息所捆绑,被低级趣味所诱惑,甚至抛弃自我、放弃理想和追求。进一步发展，自我被"微时代"技术异化为虚拟世界的一部分，虚拟自我控制现实自我，甚至要取代现实自我。所以，在建构网络虚拟世界的过程中，要避免唯技术论的影响，对新技术可能造成社会和人自身的异化，做充分的考证，不要过分注重技术的经济价值。在"没有见到产品之前，我们便有责任去预测其影响，并评估该技术可能的发展方向"。① 如果有可能会给人造成思想上的迷乱，就要谨慎采用或同时找到解脱的办法。迈克尔·海姆指出："要使虚拟实在在功能上实现虚实之间更加平滑和有序的过渡"，② 即要让人能够自由进出虚拟世界，而不是陷入其中而不能自拔。"微时代"网络技术的使用应具有与其他人类技术及实践活动一样的原则，应以自我实现、自我提升、自我成就为目标，而不是破坏和分裂自我。"微时代"网络技术之所以会导致自我异化问题的出现，正因为自我意识被技术化的"物我"所支配，自我迷失在技术建构的虚拟世界当中。

  事实上，自我既不能随意操纵，也不能任其发展，否则将可能导致本我的泛滥和人性系统不可逆的倒退，整体自我不可恢复地瓦解和消失。当虚拟自我在网络世界欺诈勒索、毫无诚信时，现实自我也会逐渐变得肆意妄为、道德沦丧。当虚拟自我在网络世界以杀人放火、窃取他人信息为荣时，现实自我也会逐渐胆大妄为、蔑视法律。因此，"微时代"网络技术对青少年虚拟自我的操控，会导致现实自我的分解重组，改变青少年的自我呈现状态。虚拟自我是自我外化的结果，是"微时代"网络技术分离出来的存在形式。然而，人不应该有一个完全独立于身心整体之外的"自我"，目前尚缺乏良好的方法有效规制独立的虚拟自我，因此更多地需要靠青少年自身的道德修养来控制虚拟自我的独立，不要让虚拟自我控制现实自我，导致自我系统的崩溃。

---

  ① ［美］迈克尔·海姆：《从界面到网络空间：虚拟实在的形而上学》，金吾伦等译，上海科技教育出版社2000年版，第147页。
  ② ［美］迈克尔·海姆：《从界面到网络空间：虚拟实在的形而上学》，金吾伦等译，上海科技教育出版社2000年版，第132页。

庄子笔下的"庖丁解牛"能很好地诠释这一问题。庖丁运用技术在解牛之时，将自我与整体实践活动融为一体，这才能做到"游刃有余"，合乎"合于桑林之舞，乃中经首之会"的生命节奏。庖丁在解牛的过程中获得了一种从心所欲不逾矩的自由，在自由追求的技艺境界里，技术化身为全心投入的修道过程，而非仅为达到解牛之目的的片面化技术。庖丁与技术活动融为一体，技术活动成为庖丁存在的一种特殊的方式，使技术主体在技术活动过程中领悟到了存在的自由。[①]"微时代"网络实践活动也应成为青少年自我修炼的途径，成为由自我意识所操纵的自我整合的活动，以此促进自我的升华，而非自我分裂。

总之，"微时代"网络虚拟世界虽然能部分满足青少年的心理需求，但是这种快乐毕竟不是现实实践的结果。青少年还需在现实世界中追求真正的自我价值实现，才能获得真正的快乐。虚拟世界的快乐是精神上的暂时寄托，是一种较易实现的快乐。青少年如果长时间寻求这种虚拟寄托，将会倍感现实实践的艰难，进而导致深陷虚拟世界而逃避现实。甚至部分青少年的外部形态也会出现变化，表现为目光呆滞、神情恍惚、对现实生活不适应，失去对生活的兴趣，甚至可能会出现反社会行为。因此，人类用技术建构出的虚拟世界，并不是为了取代现实世界，而是为了更好地认识现实世界，合理地改造现实世界，以及弥补现实世界存在的不足。同样，虚拟自我也不能离开现实自我独立存在，虚拟自我是现实自我在网络世界的延伸而非替代，是主体发展的新形式。一切客观实在都"决不是在无中介的客观主义的意义上，即决不是从本体论意义上来理解的人之外的实在"。[②] 人在现实世界中的能动实践，将主体不断对象化，与日俱增地把自然纳入人的自觉劳动的生成之中。

[①] 吴文新：《试从"自我"角度探求科技人性化之路径》，《哈尔滨学院学报》2006 年第 2 期。

[②] ［德］A. 施密特：《马克思的自然概念》，欧力同等译，商务印书馆 1988 年版，第 14、126 页。

四　多元自我下青少年良性虚拟自我与现实自我的统一

青少年一旦在虚拟网络世界获得成就感，就会反复体验。这就会在其身上形成两种对立的力量，一种是"瘾"的力量，这种力量会不断地吸引青少年长时间停留在虚拟世界，使其产生强烈地不可抗拒的欲望；另一种力量来自于自身价值的实现、爱与归属感等，这是人生意义所在，这种力量使人感到幸福、充实，以此战胜"瘾"的力量。而失去这种力量就会使人迷失方向，这也是导致青少年迷恋虚拟自我的根本原因。处于成长期的青少年有一定的逆反心理，一旦遭遇老师和家长的不恰当管教方式，就容易对现实失去信心，进而到网络世界寻求慰藉。由于青少年在经济上、人格上都不独立，再加上认知不成熟、自我定位不准确，较成年人来说更容易受到伤害，导致严重的后果，因此需要培育青少年良好的虚拟自我意识，以便抵御对虚拟自我的依赖。

（一）培养青少年自我控制能力

个体的性格、品质、意志形成的重要时期是青少年阶段，在这一阶段如果能形成良好的意志品质，个体日后将能够有效控制事件的进展和结果，使期望和目标实现有效的统一。"意志控制，是指个体能够在实现目标的过程中，消除和达成与目标相悖的内部障碍，如内心干扰，也能消解与实现目标相冲突的外部干扰。"[1]对于身处"微时代"网络虚拟世界的青少年来说，过度沉迷是阻碍青少年身心健康发展的外部因素，这一因素与情感体验形成的虚拟自我密切相关。青少年人格发展还不完善，意志品质较弱，无法有效抵制网络虚拟世界的刺激带来的外部干扰因素，以及虚拟自我情感体验带来的内部诱因。因此，要解决网络虚拟自我带来的问题，就需要培育青少年良好的自控能力。自我控制能力是只有当个体自我意识发展到一定阶段，才能具备的能力，是自我意识所具有的特殊功能，表现为一系列相关的行

---

[1] 顾明远：《教育大辞典（简编本）》，上海教育出版社1999年版，第1—2页。

为，这些相关行为经自我意识自主调节之后能够与个体价值和社会期许相吻合。

当青少年具备了良好的自律能力时，即便在缺少外在监督的环境下，也能自觉地抵制诱惑，朝着预定目标坚定前行，而自律意识差是网瘾少年最显著的特征。青少年渴望独立的欲望会随着年龄的增长越发强烈，他们希望成为独立的个体，希望像成年人一样自主地决定自己事情并不受干扰地操控外物，以此来实现自我价值，而不是执行老师和父母的命令。"微时代"网络虚拟环境很好地满足了青少年的这种心理需求，但与之相对应的自控能力却没有得到及时的培育，以至于部分青少年在进入自己操控的虚拟世界时，明知沉迷的危害却管不了自己，导致非理性虚拟自我肆意滋长。因此，应让青少年掌握通过自己的力量抵御外界诱惑的能力，这才能使青少年彻底摆脱不良虚拟自我，形成积极健康的自我。

首先，父母应该尽可能地为孩子提供自己决定的机会，而不是替孩子做出一切安排，要求孩子一味服从。中国家庭中的很多父母都做不到这一点，包办与代替孩子做决定并不是促进孩子建立健康自我观的方法。父母的过分控制其实是剥夺了孩子自己选择的权利，也就消解了孩子的独立人格。独立是自主的前提，父母的关心只是一种外在因素，如果要让孩子建立自主意识，要以获得一定的自由为前提。因此，家长应该让青少年在试错中成长，帮助他们成长而不是决定他们成长。青少年在一次次自由选择的结果体验中，获得自我控制的能力。在尊重他们自由选择的前提下，给予必要的帮助，当孩子困惑时，要提供解释，进而让他们掌握不触犯别人利益的前提下活动的能力，而不是滋长过度自由和为所欲为的思想。另外，父母的表率作用极其重要，父母不理智的宣泄方式也会被青少年所模仿，造成对孩子自我控制能力养成的不良影响。

其次，学校教育应大力加强自我控制能力的培养，每一教育阶段都应明确相应的教育内容和教育目标。第一，在日常行为习惯养成方面，教师应培养学生制订计划，并严格执行计划的能力，养成不拖拉、自觉有效抵抗外界不良因素干扰的习惯，从而消解来自网络世界的信息刺激；第二，磨炼青少年的意志，锻炼青少年的品质，培养青少年面对诱惑时自我控制的坚定信念，使青少年面对网络五花八门的诱惑时，具备抵御的能力；第三，让青少年明确不当使用网络的危害，清楚过度使用网络对学习生活带来的不利影响，使他们认识到网络应是促进学习生活的工具，进而产生自我控制的愿望；第四，学校应积极开展丰富多彩的校园文化活动，在鼓励学生积极参与的同时，也支持他们自己组织策划活动，并为他们提供多方面的保障，让学生们在课业之余有一个锻炼自己的渠道。学生参与团体活动，不但需要遵守规则，还要协调个人利益与他人利益的关系，甚至有时候还需要牺牲自己利益服从集体利益，这有利于学生培养自控能力，潜移默化加强青少年对自我意愿的约束力，提升自身能力、实现自我价值、增强集体荣誉感，进而使自控能力得到有效提升。

事实上，想要在网络虚拟世界中获得成功，也需要比别人付出更多的时间和精力，或许未来的某些成功人士就曾经在虚拟世界中磨炼过自我意志，获得过成功，从而促进了现实中的自我实现。因此，关键问题是网络虚拟生活对现实生活的意义是促进还是阻碍，是建设性的还是破坏性的。沉浸在虚拟世界如果是为了逃避现实，或自我放纵，这必然造成虚拟自我和现实自我的冲突，导致自我认同危机。如果青少年具备了足够的自我控制能力，合理利用网络工作生活，进而促进了自身的健康成长，那网络就起到了建设性作用。因此，青少年应培育自我控制能力以便养成自主能力，在遇到困难挫折时具备抗压能力，在面对五光十色的网络世界时能做到慎独，而不是沉迷其中无法自拔。

（二）使青少年充分认识到虚拟实践并不能成为人的主要存在方式

马克思指出，人的本质并不是单个人所固有的抽象物。在其现实性上，它是一切社会关系的总和。社会生活在本质上是实践的。马克思认为人是从事着实践的主体，如果人不在社会环境中进行对象性活动，就成了一个空洞的、无生命的实体，那它就不能担当认识和改造周围世界的重任,就不能称其为主体,所以人的本质是在生产劳动中构成的社会关系的总和。人们在网络世界中的实践是一种虚拟实践,人类确实需要虚拟实践这种创造性的实践方式,用现代网络技术构建的数字化方式来超越现实。但人类却不能仅靠虚拟实践来改造自身,现实实践仍是人类最根本的存在方式和生活方式,也是人类创造世界的基本方式。虚拟实践是对现实实践的虚拟,离开了现实的实践活动,虚拟实践将成为无源之水和无本之木。

首先,虚拟实践活动不同于变革自然的生产活动。因为虚拟实践并没有直接地改变自然客体,并相应地造成直接的物质产品。就其与自然客体的关系来说,它所改变的只是作为自然客体的转化形式的那部分虚拟客体,而不是自然客体本身。诚然,对这种虚拟客体的改变会有助于人们实际地改造现实的自然客体,然而,却不能把虚拟实践活动对虚拟客体的改造直接等同于改变自然客体的现实社会实践。虚拟实践并不能从根本上替代现实的物质生产活动,没有现实的物质生产活动,人类不可能生存下去。

其次,虚拟实践不同于处理人与人之间关系的社会活动。虚拟实践活动是发生在虚拟空间之中的活动,与由原子所构成的物理空间中的物质实体之间的相互作用过程相比,这类活动只不过是现实的物质活动的"影像",是对这些物质活动的"虚拟"。[①] 因此,虚拟实践活动的过程和结果不会对现实的人和物理性的事物造成直接的影响。

再次,虚拟实践是对现实实践的突破和超越,但虚拟实践和现实生活并不能分开,虚拟实践始终是附属于现实物质生活的。虚拟实践不能脱离现实实践而独立存在,它必然要在与现实的联系中才能发挥作用。虚拟实践有着现实实践所不具有的功能,但不管功能多么巨大,都只能包容在现实社会整体之中,不会出现虚拟社会统治现实社会的情况。

复次,虚拟实践所获认识的正确性、有效性和合理性要依赖现实

[①] 杨富斌:《虚拟实践的涵义、特征与功能》,《社科纵横》2004年第1期。

实践来检验。虚拟认识的最终目的是为帮助主体更快捷、更正确地揭示各种事物的本质和规律。这种实践只能帮助我们提高认识水平,但不能真实地改变我们通过现实生活中的实践改造的对象。人类的实践不管有多少虚拟认识参与其中,最终还得回归现实,也只有在现实的实践中,虚拟认识的正确性才得以确认。

最后,虚拟实践虽然也是人类的一种实践方式,但是它却导致了人的主体性的弱化。虚拟实践的水平取决于计算机网络系统的硬件设施与软件开发系统。所有从事虚拟实践的主体都必须服从软件程序的安排,偏离这个轨道就无法工作。软件程序里面渗透着电脑专家的思想意识,从事虚拟实践者只能听从安排,被动适应,这会使主体失去自主思考的能力,虚拟实践主体的自主创新能力面临退化的危险。

总之,虚拟实践大大拓展了人类的认识范围和生存空间,但虚拟实践并不能代替现实实践。现实实践是整个人类社会存在和发展的基础,是人之为人的活动。虚拟实践只是人类实践活动的新手段和历史延续,只能是从属和派生,是由现实世界所产生和决定的,不可能取代现实或与现实并驾齐驱。虚拟世界只不过是技术对现实的虚拟,尽管在其中也会有某种程度的满足感,但却缺乏真实人际沟通的亲和力,它带来的只是一种虚幻的自由。人一味地生活在虚拟世界中,一味地用网络来逃避现实,其后果是严重的。毕竟,网络永远是一个虚拟的世界,它可能是美的,但却不真。在虚拟世界中,我们不可能去完成一种真实的发明创造,也不可能去实际地推动社会进步。作为个人,我们也不可能通过在网上的生活来解决自己的现实问题。如果人的生存完全数字化,生存本身能否继续下去就值得怀疑,因为自我存在前提是个体的自由和选择,生存在虚拟世界中的人在很大程度上是被决定和被支配的,不可能有真正自主的自由,也就谈不上真正意义上自我的合理存在。只有网络尽量人性化,人的本质、社会的本质才得以保留。人类建构虚拟世界绝不是为了抛弃现实世界,恰恰是为了更好地认识、改造、适应和弥补现实世界。网络中的虚拟自我当然不能离开现实自我而单独存在,它是现实自我的延伸,应该让青少年清醒地认识到对虚拟世界和虚拟自我寄予太大希望是不切实际的。

(三) 使良性虚拟自我和现实自我实现有机统一

要让青少年在现实中获得真实成功体验，才能使他们理解每个人都有在现实中获得成功的机会，而不需要一味地在网络中获得虚拟的成功体验。只有充分认识到虚拟成功无法取代现实成功，才能减轻网络虚拟自我对青少年的不良影响。这是使青少年彻底摆脱沉迷网络虚拟自我的最根本保障。

首先，要从思想上让青少年意识到虚拟与现实的区别。任何人都同时生活在虚拟和现实中，而不是仅存在于一个世界中。因此，每个人的一生都是从理想走向实际，从虚拟走向现实的过程。一个理性的成年人能够明确地分清楚游戏世界与现实世界，而沉迷网络虚拟世界的青少年却模糊了二者，不愿进入现实社会，或者虽进入现实社会但一旦遇到网络诱因就极易发生变化。而当今社会就是一个网络社会，人们的一切生活实践都无法离开网络，如果青少年自律意识薄弱就很难抵御"微时代"网络虚拟世界的诱惑。因此，应帮助青少年培育良性虚拟自我意识，使他们清楚地区分开网络虚拟世界和真实社会，使他们清楚地认识到虚拟无法代替真实，游戏无法代替生活，现实社会才是一个理性的人应该生存的世界。青少年的最终目的就是完成从虚拟走向现实的过程，这是他们实现人生目标，进而成为一个独立自主个体的必经之路。

其次，帮助青少年在现实中获得成功体验，以便摆脱其对网络虚拟自我的依恋。青少年对"微时代"网络虚拟世界的迷恋，究其原因在于逃避现实中的困难，或者想体验现实无法轻易提供的成功、冒险等经历。如果青少年能够在现实中感受到成功的喜悦，实现了理想和目标，就不会一味地去虚拟世界寻求安慰，不会对现实世界的替代品感兴趣。"微时代"，网络是现代生活必不可少的工具，对网络不应全盘否定，健康的网络生活是现实生活的有效补充。因此，不应一味限制青少年使用网络，可以允许他们去接触网络并获得成就感。但在青少年应用"微时代"产品的同时，必须不断地向他们宣传虚拟世界的性质、功能，以及青少年在虚拟世界实践的目的等。让他们将虚拟世界与现实世界进行对比，理解在现实世界获得成功和虚拟世界的不同，从而降低网络虚拟世界的诱惑力，增强现实生活的感召力。只有青少年在现实中体验到虚拟世界所无法带来的魅力时，他们才能真正地从虚拟走回现实。另外，青少年往往在现实中找不到可以交流和玩耍的对象时才会去虚拟世界寻找，因此，应让青少年清楚地意识到虚拟世界只不过是现实世界的补充而非替代。

最后，培育良性的虚拟自我，以抵御消极的虚拟自我。青少年在网络上塑造的虚拟自我就像自我的一面镜子，不同的虚拟自我能够发现自我的不同问题。因此，扶植积极的虚拟自我，能够使良性的虚拟自我和现实自我实现有机统一，从而促进自我的健康发展。要让青少年在虚拟世界中塑造的理想人格既符合所处的理想层次，又契合人生发展的阶段性特征，这样的虚拟自我才能够促进现实自我的健康发展。其次，让青少年树立正确的虚拟自我伦理意识和道德规范，正确判断"微时代"虚拟世界中的真、善、美。"真"，就是如实地认识网络和自我；"善"，就是坚持心中的道德律令，以伦理视角度量虚拟世界；"美"，就是在网络世界里也要追求美好人生，按照美的规律审视、创造自己的生活。因此，只要青少年正视网络中的各种现象并保持清醒的头脑，正确把握网络中的真、善、美，自我就不会被扭曲，就不会被非理性虚拟自我所控制，自我就能够健康成长。

综上所述，对非理性虚拟自我的迷恋是一种精神上的依赖，因此需要从心理方面疏导，培养良性的虚拟自我意识才能够真正解决问题，寻回迷失的自我。而仅从自我意识角度并不能完全解决当前青少年虚拟自我带来的严重问题，需要教育、文化、制度等多方面协同管理才能从根本上解决。当前社会，青少年课业负担繁重、心理压力大，而正规解压渠道又较少，因此，网络就成为青少年排解压力，寻求自我实现的场所。社会各部门都应反思，积极为青少年课余生活提供更多的释放自我、展示自我的平台。

第三节 强化青少年良性虚拟自我意识养成的教育改革与普及

我国沉迷网络的主要群体是青少年，他们尚未完全步入社会，活动范围有限，社交范围较窄，人生观、价值观还不成熟，且对新鲜事物有强烈的探索欲，但是非观念不强，自制力较弱，很容易受五光十色的虚拟世界所诱惑，迷恋理想化的虚拟自我。青少年是国家的未来，如果庞大的网络沉迷群体在网络不良信息中成长，进而引起青少年虚拟自我认同危机，将对社会发展造成无法挽回的后果，因此，需要引起社会各界的高度重视。"微时代"遏制青少年网络成瘾，消除青少年自我认同危机是一个长期的、系统的工程，需要社会各方面积极主动配合，从多方面关注青少年的心理发展状况、生活需要、情感寄托渠道等，使青少年的归属感回归到现实的各种力量中，解除对虚拟自我的依赖，进而树立良性的虚拟自我伦理意识。

道德教育与理论学习对于青少年良性虚拟自我意识的养成至关重要，有利于青少年形成追求真理、实事求是的科学态度和良性虚拟自我意识养成的系统知识。这将使得青少年能够理性地对待"微时代"技术发展，并审慎地进行技术发展价值选择，形成对于技术发展的良好价值取向。青少年良性虚拟自我意识养成需要从以下几方面做好教育改革与普及工作。

一 学校教育中促进道德教育与科技教育融合发展

"自我"是一个社会性概念，是与社会中的他者相作用、比较、评价的结果。青少年的大部分时间在学校度过，因此，学校教育决定了他们的自我评价机制，对于如何建构一个积极健康的良性虚拟自我起到了至关重要的作用。

第一，教师不要贬低学生的自我观念。在学校生活中他人对自己的评价和态度（包括赞扬、批评、友好、疏远等）是学生认识自我的一面镜子，为其自我评价和自我体验提供了基本的线索。对于学生的自我观念的形成，教师起着决定性的作用，他们对学生的评价和态度可能影响学生一生。越是低龄化的学生受这种作用的影响越大，年龄小的学生自我观念的形成一定程度上反映着权威人士对他们的评价，而对于学生来说，教师评价即为他们成长过程中最为重要的权威因素，他们的自尊一定程度上依靠教师的积极评价来维系。①

然而在我国教育中，部分教师却把贬低学生的自我观念作为一种教育方式，误认为这种方法可以使学生反思自我。然而损伤学生自尊心的教育方式，会对成长中的个体自我观念的建立产生极其不利的影响，而随着个体年龄的增长会导致积累效应，逐渐使得青少年的自我观念、生活热情，及对待学习的态度等方面减弱，进而无法在虚拟网络社会里形成一个健康理性的虚拟自我。

第二，促进学校网络伦理教育改革。青少年大部分时间在学校度过，所以其行为受学校的教育内容和管理水平的影响，青少年网络虚拟自我认同危机也与学校管理和教育有直接的关系。"微时代"下，学生不仅能学习到网络课程，而且也能随时手机上网，但是网络的相关课程并没有跟上时代的发展，学校的课程多停留在技术层面上，一般讲授的多是如何使用计算机和网络的课程，对于网络伦理方面的内容讲授很少，甚至完全没有开设，如网络使用规范、网络成瘾的预防、网络道德等教育严重缺失。由于青少年处于性格形成期，自控能力较差，如没有学校的正确引导和科学教育，就容易沉迷网络，导致自我认同危机。另外，"微时代"网络经济的高速发展，也容易导致社会重技术轻人文的现象发生，尤其容易诱发青少年在选择专业时重理工轻文史。这将导致青少年人文精神匮乏、道德滑坡现象的发生，较易受不良网络信息诱惑，难以抵制非理性虚拟自我的诱惑。因此，学校应该开展网络伦理相关内容的教育，提升学生自控意识和理智看待网络虚拟自我的能力，使学生在进入网络虚拟世界之前就学会对信息进

---

① ［美］简·卢文格：《自我的发展》，韦子木译，浙江教育出版社1998年版，第23页。

行价值判断,从而避免虚拟自我认同危机的发生。

"微时代"技术的快速发展,为道德教育提出新的要求,道德教育目标需要不断完善,道德教育内容需要进一步补充,网络伦理教育和虚拟自我伦理意识需要纳入学校科技伦理教育中去,以完善科技伦理教育体系。一方面,加强伦理教育对"微时代"网络技术的引导。教育不只是传授学生知识、教授学生职业技能,更为重要的是让学生树立良好的价值观。目前,学校对科技知识的教育主要是理论知识的传授,而缺少伦理角度的审视,科技伦理内容匮乏,对于"微时代"网络伦理教育内容更是难觅踪影。因此,学校应开设科技伦理课程,系统讲授网络伦理内容,使学生掌握从伦理视角看待科技发展,尤其是网络发展带来的问题,充分认识到网络发展的双刃剑效应,使网络伦理教育、虚拟自我伦理教育成为"微时代"科技教育的重要内容。另一方面,在科技教育中渗透道德教育。青少年网络伦理意识和虚拟自我伦理意识的养成都需要在科技教育中加入道德教育的相关内容,如将科学史内容与科学知识的传授相结合,通过介绍科学家追求真理的艰难过程和勇于探索的科学精神,潜移默化地培养青少年追求真善美的意识。

第三,学校除开展心理学方面的课程外,还应开展多种形式的心理辅导活动,将传统面对面的心理咨询和网络匿名心理咨询相结合。匿名的心理咨询更能够释放学生的心理压力,学生不必担心自己的问题被他人知道,有利于及时得到老师的帮助和指导。如果学生漫无目的地在网络中发泄,不利于舒缓压力,还可能导致更严重的问题发生。因此,正规的网络心理咨询和辅导能够使学生正确对待心理问题,及时调整心态。网络匿名咨询由于其不受时间地点的限制,以及开放自由的形式,将越来越受到青少年群体的欢迎,帮助他们顺利度过心理困境期,健康成长。同时,也可以利用"微时代"传播特点,开设同学们喜闻乐见的心理辅导微课堂,针对某一心理问题主题,录制几分钟之内的视频解说,通过这种短小精湛自主选择的方式,让同学们自己设置个性化的心理疏导渠道,从而普及心理健康知识,达到促进青少年虚拟自我健康发展的目的。

第四，开展多种校园文化活动，完善校园社团组织，丰富青少年课余文化活动，为其缓解课业压力提供合理的渠道。丰富多彩的校园文化活动有利于学生综合能力的培养和个体的全面发展，是以学生为主体的涵盖文化、娱乐、体育、科技等多方面的综合活动。校园文化环境对学生的思想具有广泛而深刻的影响。"微时代"来临，为校园文化活动提供了更加丰富的主题和内容，校园文化活动也应随着时代的步伐进一步创新，营造和谐有序的"微时代"校园文化环境，加大教育的感染力。青少年参加校园文化活动能够丰富知识、开阔视野、锻炼其交际沟通及组织能力、增强分析问题解决问题的能力，进而释放自我、树立正确的价值观，最终达到自觉抵御"微时代"网络不良信息诱惑的目的，以及自觉抵御到虚拟世界中寻求自我认同的目的。

第五，大力打造一批绿色青少年网站，建设内容丰富多彩的校园网，充分发挥网络的教育作用。"微时代"，几乎人手一部手机，青少年学生也不例外，单靠限制学生不使用手机、不上网来抵制不良虚拟自我是不现实的。只有抓住"微时代"的特点，充分发挥"微时代"网络的教育作用，才能从根本上解决问题。"微时代"网络是教育的重要阵地，其对青少年的影响甚至堪比学校教育和家庭教育，如何争夺这块阵地，是教育界应该认真研究的课题。青少年之所以沉迷网络不良信息，一个重要的因素即为虚拟世界建设不完善，导致大量不良信息流出。受眼球经济影响，网络中适合青少年积极向上的优秀资源相对匮乏，因此要着力建设绿色网站和校园网，将教育性、知识性、科学性、趣味性相结合，既让学生接受了教育、学到了知识，又不乏娱乐性，这符合青少年的身心发展和情趣要求。绿色青少年网站要求不含广告插件，不含垃圾信息和色情暴力，赢得大众的普遍赞扬，具有一定的品牌和知名度的专属青少年的网站。校园网要有精心设计的内容，让学生既能了解国家的政策方针、时政新闻，又能了解青少年群体普遍关注的问题，还能玩到有教育意义的游戏，提高网站的趣味性，调动学生访问的积极性。这类网站要能提供外网无法获得的信息，这样才能吸引学生主动登录。对于热门事件，青少年在青少年专属网站上能够得到权威正确的解读，这样可以避免受不良信息影响而随波逐流。同时，专属网站要开设"青年论坛""心理咨询""就业服务"等栏目，有效帮助青少年解决实际问题。青少年受专属网站丰富多彩的内容吸引，自然就避免了外网不良信息的诱惑。

另外，学校还应积极帮助已经网络成瘾的青少年回归正常学习生活，如引导一些精通网络技术的网瘾学生，将其网络开发的才能应用于校园网开发、建设、维护。引导沉迷网络游戏的学生做网络管理员，将他们的主要精力从游戏转移到管理工作等。这样的一系列措施将减少网络成瘾学生沉迷网络虚拟自我的时间，使他们在现实中实现自我价值、获得成功感，从而逐步走出虚拟回归现实。

二 家庭教育中强化网络适应性与控制力培养

父母是孩子的第一任老师，应该给予孩子更多的理解和关心，应引导孩子正确面对网络信息，有效利用网络资源，而不是一味地打击、制止孩子上网，把网络视为耽误孩子学习的洪水猛兽，将孩子乐于探索、喜欢发掘新鲜事物的天性归咎于"微时代"网络信息诱惑的不良后果。家长应看到虚拟世界所带来的正面人生体验，如拼搏、团结、奋斗等精神也出现在网络游戏里，关怀、理解、坦诚也出现在网络社区中。因此，要尝试和孩子进行有效沟通，从孩子的角度看待问题，出现问题及时给予帮助和指导，使孩子形成合理使用网络的习惯。

首先，家长要勇于改变和孩子的不平等地位，认真倾听孩子的想法，这才能做到及时沟通，避免出现更大的问题。一般来说，在现实中能得到情感满足的孩子，并不十分热衷于网络虚拟自我，而长期受到父母责备、打击，缺乏自信的孩子，或者父母忙于工作缺少温暖感、安全感的孩子，更愿意到虚拟世界寻找情感寄托，这些沉迷在网络中塑造虚拟自我的孩子需要父母更多的关心和帮助，而不是一味地谴责。毕竟，虚拟自我代替不了现实自我，虚拟情感代替不了现实关怀，人机对话代替不了亲子互动。青少年需要精神层面的爱与关怀，他们希望父母能够了解他们的内心世界和心理需要，他们希望自己的想法得到父母的理解和指导。很多青少年沉迷网络，不是因为虚拟自我本身带给他们的缤纷世界，而是在现实中无法满足他们的需要，无人给予他们必要的指导，现实的乏力促使他们用网络来填补，以获得心理慰藉。因此，父母应该学会与青少年进行平等的沟通，耐心倾听和交流，多了解青少年的内心世界，尊重他们的想法，满足他们的精神需求，将孩子当作平等、自由的主体和有选择能力的个人来对待。只有成为孩子的朋友才能把握其思想动态，及时帮助他们解决问题，避免沉迷网络导致自我认同危机出现。

其次，家长也要不断学习"微时代"网络知识，才能跟上时代的步伐。青少年属于网络原住民，他们同网络一同成长，网络就是他们的生活，数字化生存是他们从小就接触的生存方式，自媒体是他们获得知识的重要来源。在"微时代"下，家长知识的权威性受到了空前的挑战，家长向子女传递信息的单向性与现代传媒的复杂性发生了矛盾和冲突，对家长的素质修养提出了更高的要求。"微时代"新技术层出不穷，如果父母不去学习了解新生事物，用自己的眼光来评判孩子的世界，自然无法了解孩子，其教育也不会被喜欢新生事物的青少年所接受。因此，"微时代"下的家长必须正视网络，树立新思想、新观念，正确认识网络给人类带来的积极作用，引导青少年科学、合理使用新媒体。因此，家长的教育方式、教育内容都要跟得上时代的步伐，适应孩子成长的需要。家长要对"微时代"网络虚拟世界有充分的了解，要有合理利用网络的能力，才能引导孩子正确使用网络，规范孩子网络使用行为，这意味着整个社会成员网络素养的普遍提高。家长应起到榜样作用，与青少年和网络共同成长，共同提高应用自媒体技能，以相互学习的态度，共同探讨新媒体所出现的新文化、新思想、新观念，教会青少年价值判断标准，引导其树立正确的人生观。因此，家长应避免两个极端现象，完全禁止和完全放任，从两个极端走向支持孩子正确合理使用网络，进一步应做到陪同使用共同规划，从而预防孩子沉迷于不良网络信息，避免自我认同危机等问题的出现。

再次，建立家庭对青少年自我养成引导机制。养成引导就是青少年良好品质和行为习惯的训练和习得过程，家庭是青少年最初的引导载体和最佳的实践课堂，青少年养成引导在家庭教育中负有不可替代的责任和作用。要建构和谐积极向上的家庭民主氛围，建立家庭学习养成习惯，创建学习型家庭，让孩子懂得学习知识的重要性，引导孩子的学习兴趣和学习的自觉性、主动性、创造性。如长阅读习惯的养成，在碎片化的"微时代"对于完整自我的形成至关重要，其可以克服碎片化文化的不足，凸显学习的联系性和整体性，从长阅读中汲取文化精髓和营养，获得科学的价值导向。家庭引导的核心是让青少年形成优秀人格和良好道德品质，使孩子富有正义感、责任心，形成良好的个性心理品质和良性的虚拟自我意识。

最后，家长应培养孩子一两样兴趣爱好，从而转移对网络世界的沉迷。一般来说，没有兴趣爱好的青少年更容易自我封闭，更容易被虚拟自我所吸引。青少年处于可塑性极强的时期，根据其不同的性格特点有针对性地培育其一定的特长，能够使他们的精力集中于有利于自我发展的活动当中去，转移对网络的沉迷。在现实中能够实现自我价值，获得成就感的青少年，较少去虚拟世界实现自我。因此，家长设计安排好青少年的课余文化生活，培养他们广泛的兴趣爱好，积极参加校内外活动，可以有效地分散孩子对网络不良信息的注意力。

三 社会教育中加强媒介素养培育

针对"微时代"技术引发的网络虚拟自我问题，一味地制止打压是无济于事的，单纯学校和家庭教育也是远远不够的，这个问题的最终解决需要社会各界的通力合作，是一个系统的社会工程。对于网络多元文化带来的价值观混乱、自我理想信念模糊、不良网络虚拟自我泛滥、沉迷网络低俗文化等问题，需要培育公众包括青少年，以及"微时代"网络媒体从业人员的网络伦理意识。因此，"微时代"自媒体网络媒介素养教育是多层面的，最为重要的在于培养网络媒体参与者的信息鉴别能力，使网络媒体涉及的最大群体，能够在"微时代"

理性地运用网络信息实现自我价值。同时，有效的媒介素养教育能够使网络媒介从业者正确传递信息，这将是网民理性使用网络资源的基础，也是青少年抵制非理性虚拟自我的一剂良药。① 因此，媒介素养教育不仅仅是单纯的知识传授，更是"微时代"网民必备的一种技能和思维方式，也是青少年应该具备的基本素养，应贯穿于教育的各个阶段。

首先，培养青少年的理性批判能力。加拿大的《媒介素养教育——安大略教育部教育师资指南》中提到："媒介素养教育的最终目标不仅仅是（对媒介）更好的认识和理解，而是批判的自主性。"美国学者道格拉斯·凯尔纳说："获得一种对媒体的批判性的解读能力是个人和公民在学习如何应对这一具有诱惑力的文化环境时的一种重要资源。它可以提升个人面对媒体文化时的自主权，能给个人以更多的驾驭自身文化环境的力量以及创造新的文化形式所必需的教养。"② "微时代"网络媒介素养教育的一个重要方面就是要使青少年了解网络传播原因，了解媒介基本知识，使青少年充分认识到网络传播具有意识形态属性，政治、资本和市场都是影响网络传播内容的重要因素，甚至起到决定性作用。因此，青少年对于媒介信息要有高度的鉴别能力和批判意识。"微时代"下，应教会青少年充分认识到网络传播内容受市场经济影响，具有极强的娱乐化、商品化属性，部分网络媒体责任意识淡薄，网络传播的信息未必都是真实可靠的。因此，每个身处网络的个体都应该具备批判精神和辨别能力，用批判的思维去自觉审视网络信息，从信息的来源、信息的技术属性以及设计者、发布者等多个角度全方位考察，综合评定一个信息的可靠性，用客观的批判思维来面对传媒，对传播的信息提出质疑，以此完善理性自我。

其次，培养青少年充分利用网络媒介实现自身发展的能力，加强青少年社会责任感教育。"微时代"网络媒介素养意味着个性化程度

---

① 余惠琼、谭明刚：《论青少年网络媒介素养教育》，《中国青年研究》2008年第7期。
② ［美］道格拉斯·凯尔纳：《媒体文化：介于现代与后现代之间的文化研究、认同性与政治》，丁宁译，商务印书馆2004年版，第10页。

的提高以及所带来的物质生活和精神生活的协同发展，乃至自我创造力的全面提升。媒介素养教育要充分利用网络媒介传者与受者相互转换的特点，建立青少年与"微时代"网络技术的作用反馈机制，使青少年拥有对网络传播信息的辨识能力和理性认知能力，减少不良信息的影响。良好的媒介素养教育能够使青少年拥有客观分析信息能力及正确传播信息能力，以此促进自我的全面健康发展。

"微时代"为青少年进入信息传播领域，参与制造信息、传播信息提供了一个有效平台，青少年不再只是被动的信息接受者，而且可以成为信息的生产者、加工者。因此，"微时代"网络媒体作为草根阶层发声的有效工具，除了要求网络媒体从业者应自觉自律遵守行业规范，承担社会责任之外，也应该提高大众的媒介素养。对青少年的媒介素养教育不仅要传授其媒介知识，更要培养其社会正义感，使青少年的自我能够全面健康的发展。

最后，转变手机使用者的技术理念，技术哲学家需及时"出场"。消除手机使用中的不由自主，关键是使用者的自主性需要建立在理性层次上，这就需要转变手机使用者的技术理念，而这种需求是以往人类使用其他工具时未曾凸显的。手机使用者的技术理念指的是使用者对手机的功能以及人与手机关系的根本性认识，涉及技术的价值论、伦理学和心理学的深层次问题，这是每个手机使用者都会遇到但却难以辨识清楚的问题。转变手机使用者的技术理念，意味着青少年应该在使用手机时实现从观念到行为的根本转变，要达到这一目标，需要技术哲学工作者及时"出场"，提供必要的思想资源和教育支持。技术哲学提供的独特视角，有助于人们更清楚地了解手机新技术带来的负面影响及其思想症结，因而可以在重塑使用者自主性，逐步消除手机依赖现象方面充分发挥作用。

手机依赖现象深深植根于青少年的思维方式和心理习惯之中，需要通过学校教育和科学普及的途径，引导人们不断进行反思，发现自己思维和行为习惯中的问题，充分意识到手机依赖现象的消极后果，掌握手机的理性使用方式，树立技术理性和价值理性相结合的观念。

当代技术不断改变人的基本生存方式，人需要技术去改造世界并适应技术发展，而技术也需要人性化发展。通过加强人对技术化生存的适应性教育和引导，可以拓宽手机使用者的视域，从正反两方面认识手机使用的利弊得失，使手机使用者提高理性自主能力，去适应技术化生存，提升对手机技术的认知能力和技术价值的判断。在从小学到大学的学校教育中，应该开展有针对性的合理使用手机的教育，在大众传媒的内容中也应该有深入分析手机依赖现象的弊端、思维症结和消除途径的相关介绍。

综上，"微时代"青少年媒介素养教育不仅要教授青少年获取、创造、传播信息的能力，更要培育其社会责任感和悲天悯人的情怀，使青少年能够用正确的价值观念判断网络信息，自觉抵制网络非理性虚拟自我对现实自我的渗透，进而成为网络中正能量的制造者和传播者。

四 职业教育中提高网络媒体从业者的伦理意识

"微时代"网络媒体从业人员组成较为复杂，具有多元化的特征，因此，不同的从业群体应运用不同的教育方式。网络媒体从业人员中最为核心的是专业技术人员，他们受过正规系统的专业技术教育，并在学校教育中受到一定的科技伦理教育。然而，学校教育中获得的伦理知识不能完全适应"微时代"网络实践中遇到的伦理问题。因此，针对专业技术人员应组织定期的培训，使他们及时获得最新的科技伦理知识，以应对变幻莫测的"微时代"技术带来的网络问题。另外，由于自媒体传播特征导致大量非专业人员涌入自媒体平台，这一部分人没有接受过较为专业系统的职业培训，缺乏新闻理论基础，更没有学习过相关职业素养和科技伦理的相关内容，缺乏新闻从业者应具有的基本政治业务素养和职业道德操守，缺乏责任意识。这就要使青少年清晰地认识到，虽然自媒体每天产生海量信息，但传播这些信息的人并不都是专业新闻传播者，其中存在大量的非专业媒体从业人员，传播的信息并非全部经过严谨的审核，很大一部分的信息并不确切。

"微时代"下，主流媒体的传播权遭到了消解，"微时代"技术将传播权传递给草根阶层，使得传统意义上的"受者"获得了信息传播的话语权，传统意义的"传者"也部分地转变了角色，成为阅听者。微博、微信、直播平台等自媒体传播媒介大大降低了受众参与新闻传播的要求。另外，由于传播门槛过低导致人人皆有麦克风，传播者的媒介素养得不到保障，随意传播行为大量涌现，而许多青少年由于缺乏辨识能力，就将这类随意传播的信息当作权威的信息来接受甚至追捧。如果此时得不到学校家长的正确引导，或者发布平台只顾眼球效益而不加干涉，或者没有主流媒体对不良信息进行澄清，就有可能造成青少年迷失在"微时代"虚拟世界中，进而导致自我认同危机的出现。

因此，为使青少年能够形成良性网络虚拟自我意识，就需要消除自媒体传播隐患，而首先需要加强的即各类自媒体从业者"把关人"伦理意识。第一，自媒体从业者首先要具备高度的政治敏锐性，对于危害国家利益、破坏民族团结、有损公共利益的有害信息，不仅要做到不传播，还要及时制止传播，并对传播者进行说服教育。第二，自媒体从业者要有大局意识和责任感以及高度的辨识能力，主动消除和过滤带有侵权、侮辱、诋毁、煽动性质的不良信息，不纵容其肆意扩散。对于网络平台上的舆论热点问题，要做好舆论引导工作，不纵容错误的声音影响越来越大造成不良后果，要让民众对传播正确观点有认同感。第三，自媒体从业者要对所从事的职业有敬畏感，要明确把关人的重要作用，对信息的处理保持客观公正，对事件的判断更多地考虑伦理法规而不是个人主观印象，用积极向上的优秀作品引导公众的文化生活，促进青少年的虚拟自我健康发展。

第四节　促进青少年良性虚拟自我意识养成的监管与舆论引导

青少年良性虚拟自我意识的养成，学校教育及家庭教育是最为重要的，然而仅靠这两方面还远远不够，需要社会各界的通力合作才能得以实现，对于违背"微时代"网络伦理的言行要进行有效监督，及时给予制止，从而营造一个有利于青少年网络虚拟自我健康成长的社会环境。

一 "微时代"下的网络技术监管

"微时代"网络技术层出不穷，各种 App 和信息传播平台日新月异，因此，对各种网络技术和平台进行监管就显得尤为重要。"微时代"青少年的良性虚拟自我意识的养成主要靠道德自律，但是道德自律也具有一定的局限性。由于道德自律的非强制性特点，其实现主要靠主体自身，而这种非制度化的良知一旦缺位，就会造成技术与伦理的冲突。因此，"微时代"网络媒介迫切需要通过技术手段监控信息传播，防止不良信息扩散，形成道德他律。

第一，道德他律的形成需要建立"微时代"网络技术监管中心，监管中心控制整个网络的调配，并协调各局域网和各子系统的功能。当监控中心检测到违背网络伦理的不良信息时，可以迅速做出反应，从源头切断信息传播的途径，并将捕获的信息锁在一定的模块中，防止其再次泄露。为提高和完善"微时代"网络技术监控中心职能，监控中心可以和高校和科研院所展开合作，将研发出的最新"微时代"网络技术，应用到网络信息识别与监控中来。

第二，完善信息获取阻断技术和安全预警技术。"微时代"，诸多不良信息借助自媒体平台迅速扩散，因此，为防止不良信息对公众尤其是青少年造成的消极影响，需要完善信息获取阻断技术，如 IP 地址阻断、关键字阻断、关闭网页等，及时从源头上中断用户对此类信息的访问，从而达到净化网络环境的目的。当前，国内大型网站如百度网、搜狐网、腾讯网等的新闻发布及评论都会采取信息阻断技术，有效遏制了不良信息的传播，为建构良性虚拟自我提供了有利环境。同时，要加强"微时代"网络安全预警技术的建构，建立自媒体传播危机防范与处理机制，跟踪热点问题形成网络传播多级监管系统。另外，由于自媒体技术更新换代迅速，很多技术运行尚不稳定，因此需要所有网络传播参与者都要具有一定的前瞻意识，能够对技术风险进行一定程度的预测。

第三，完善青少年防沉迷系统的开发与建设。2019年1月9日，网络视听节目服务协会发布《网络短视频平台管理规范》，《规范》提出："网络短视频平台应当建立未成年人保护机制，采用技术手段对未成年人在线时间予以限制，设立未成年人家长监护系统，有效防止未成年人沉迷短视频。"[①] 行业规范的提出体现了媒体责任意识，在国家网信办指导组织下，抖音、快手等试点短视频平台，率先上线青少年防沉迷系统。2019年6月开始，青少年防沉迷系统将在全国各大主要短视频平台上广泛推广。然而，青少年防沉迷系统内置于App，需要用户自动开启，进入该模式后App的服务功能，在线时长等才能受限，才能只访问App推送的专属青少年内容。而是否开启青少年防沉迷系统由青少年自己决定，这就存在使用漏洞，防沉迷系统有可能形同虚设。当青少年沉迷于网络时，他的自制力也会相应减弱，依靠自主的力量是否能起到作用还需考虑，这就需要外力的强制作用予以干涉，用技术手段识别疑似未成年人，并自动切换至"青少年模式"，以便从根本上解决问题。

第四，完善不良信息举报奖励制度。单靠技术的力量无法对所有不良信息进行监管，还要大力倡导自媒体全体传播参与者举报不良网络信息。当网络监管部门接收到举报后，不是直接将举报信息删除，而是对信息进行识别，完成分析、归类、细化不良信息等级等一系列程序，用不同技术手段处理不同信息。全民参与网络信息监督管理，将会为建设健康网络环境提供更大的可能，也将有利于青少年良性网络虚拟自我的建设。

二 网络自媒体的健康舆论导向

社会舆论的显著特点是其具有的广泛公众参与性，社会舆论普遍关注的问题都会成为热点事件。技术应用的后果具有一定的滞后性，

---

① 东原：《短视频平台更需要防沉迷系统》，《乌鲁木齐晚报》（汉），2019年4月2日第A02版。

需要经历一定的时间才能反馈出来,"微时代"网络技术属于高新技术,其应用造成的后果有些并不能立即显现,而网络虚拟社会技术监管不健全,这就需要社会舆论的监督功能发挥作用。技术主体的网络伦理意识某种程度上需要公众舆论对"微时代"技术的监督,有效发挥社会舆论的监督作用,一方面可以对网络传播参与者施加压力,促使其正确传播信息,生成网络伦理意识;另一方面可以促进公众网络文化素养的提高,对网络伦理问题的出现有正确的认知与反思。同时,社会成员共同认可、共同掌握的社会规约,能够使人们对"自我"的意义做出一致的判断。而正确的社会舆论能够形成正确的社会导向,从而帮助人们形成正确的自我评价。网络媒体是文化传播途径之一,承载着促进社会进步,引导社会舆论,塑造人的精神信仰的重要责任,作为社会公器会形成无形的力量,推动伦理意识的形成。

  自媒体应该积极向青少年宣传真实与虚拟之间的关系,使青少年清醒地认识到,沉迷在虚拟世界中,不可能拥有真正的社会关系,不会对现实的他者产生任何积极或消极的影响,不可能创造真实的幸福生活。在描述真实和不真实的时候,存在主义哲学家们往往给予"真实"以特权,明显地提升了真实的地位而对不真实加以嘲笑。在他们的哲学著作中,对于不真实一律都是用消极的术语来描述的。萨特称不真实是一种有害的信仰。[①] 加缪形容它是智力上的自杀。[②] 海德格尔则声称不真实地活着不但会导致"所有可能性水平下降",[③] 而且还会使得"相位调整同样是不可能的"。相反,这些存在主义哲学家们肯定地把可信的生活方式形容为是一种勇敢的生活方式,是一种充满了"最高权威"[④] 并且"摆脱了幻想"的生活方式。[⑤] 由此可见,存在主

[①] [法]让·保罗·萨特:《存在与虚无》,陈宣良译,生活·读书·新知三联书店2007年版,第92页。
[②] [法]阿尔贝·加缪:《西西弗的神话》,刘琼歌译,光明日报出版社2009年版,第224页。
[③] [德]马丁·海德格尔:《存在与时间》,陈嘉映等译,生活·读书·新知三联书店2006年版,第119页。
[④] [法]阿尔贝·加缪:《西西弗的神话》,刘琼歌译,光明日报出版社2009年版,第40页。
[⑤] [德]马丁·海德格尔:《存在与时间》,陈嘉映等译,生活·读书·新知三联书店2006年版,第245页。

义所说的真实是指自我的本真性，即未遭到外力影响、改变和左右的自我本性。可信的生活方式应为本真的生活方式，即按照我们自己的真实感受去生活的那样一种方式。尽管虚拟世界看起来比真实生活更有诱惑力，但后者仍然是更优越、更可取的。虚拟生存虽可以减轻忧虑，但却无法根除忧虑。存在主义者认为，我们都有一种脆弱性和本质上的忧虑感。尽管可以掩饰或否认这种认识，但无法根除它。当一个人不真实地活着的时候，就掩盖了他存在的不安全感的真正原因，反而会把这种感觉归于某种世俗原因。在虚拟世界时，这个人可能会很满足，而在清醒镇定时，他将会意识到自己非常不快乐，因为在虚拟世界里找到的满足是对生活缺乏自信的一种逃避，这将使他陷入无知和遗忘。正如存在主义者解释的那样，不真实地活着给了个体某种舒适感，然而这是在损害本真的生活的情况下进行的。尽管真实使得一个人必须接受某些烦扰的事实，但它让一个人诚实地面对生活。

　　所以，当虚拟世界成为人们感官愉悦的天堂时，人们应认识到有比此中快乐更重要的东西。在大多数情形下，人们会看重真实世界而不是虚拟世界，并不意味着喜欢虚拟世界是不道德的。然而引导人们过度迷恋虚拟世界的生活，则是不道德的。因为这意味着追求真实与自由的权利被剥夺了。网络产生了一个虚幻的世界，而不是一个不道德的世界。但网络的不道德性在于它的终极掠夺能力：它偷走了我们的自由，我们却从未发现这种偷窃行为。虚拟角色中的人们在某种程度上来说其实是奴隶，他们被束缚在一个不自觉的牢狱中，无论他们看起来拥有什么样的自由，都是一种幻象。虚拟角色可以强化我们的肉体体验，但是它却偷走了我们对它的控制力。一个人就不再把他的身体和他自己联系在一起，主体越来越"成了附属物"，在虚拟性增加的错误伪装下，不知不觉地被剥夺了权利。那种表面上自我的解放和自由的幻想其实并不能掩盖自我的被支配的地位。主体的内在价值、责任、道德观念逐渐丧失，对自我和他人也是一种非本真的理解。

　　网络中虚拟自我的幸福可能不符合传统意义上关于幸福的定义，而且与身边一切事物癫狂地融为一体，忘却其他一切、包括自己的

"自我",这在情感上可能是非常愉快的。某些西方哲学家和心理学家甚至认为这种状态是人唯一能够达到的"真正的存在"。[①] 但是,真实地活着为个体提供了一种独特的平静,尽管存在的真相可能是让人沮丧的,但那就是我们所拥有的全部和我们的本质所在。对于无法超越的障碍体验,其实是一种积极的条件,它代表了一种自我开放和对是什么的一种接受。真实地活着是一种对社会负责的积极的态度。人的本质特征在于能动地从事社会实践活动。真实的世界是包含人与人的真实关系的世界,是我在其中影响别人并接受别人影响的世界。如科恩所说,"真正的存在"不可能是自私的,它要求生活与自然规律、社会智慧和普遍智慧协调一致。企图固守自己渺小经验"自我"的人,必然感到孤独和一事无成。[②] 那些选择只是为快乐而活的人,其实已经预先假定了快乐是值得他们活着的唯一理由。

"微时代",网络媒介已成为现代人获取信息的主要渠道,其处于思想舆论的前沿阵地,必须成为舆论引导的力量,肩负起媒体应承担的责任。然而,受社会转型期经济利益的驱使,一些自媒体为换取浏览量不惜传播低俗信息、虚假信息,违背公序良俗,甚至为谋求商业利益恶意传播不良信息,造成非理性虚拟自我的泛滥。这类不良网络文化脱离主流意识形态,迎合了部分虚拟自我的非常态心理需求,导致道德评判标准的模糊化,进一步导致自媒体公信力丧失。中国社会科学院调查显示,当前中国受众对信息传播平台的信任度排名依次为,电视新闻、广播、报纸、网络新闻。已成为公众获取信息主要平台的自媒体,公信力的缺失势必影响其长远发展。因此,社会有必要不断调整社会规约系统,形成积极向上的社会风尚,主动引导"自我观念"的发展走向,给青少年"自我观念"的发展树立正确的参照系,使得青少年在社会体系中从容地寻找到"自我"的价值所在,从而减

[①] [苏] 伊·谢·科恩:《自我论:个人与个人自我意识》,佟景韩等译,生活·读书·新知三联书店1986年版,第426—427页。
[②] [苏] 伊·谢·科恩:《自我论:个人与个人自我意识》,佟景韩等译,生活·读书·新知三联书店1986年版,第88页。

少对非理性"虚拟自我"的依赖。这就要求自媒体发挥健康舆论导向作用,在信息传播内容上讲求娱乐性的同时,更要注重精神内涵的提升,要有品味、有情趣,以此来引导人、教育人。在舆论引导上,要形成正确舆论的强势空间,这会对青少年的观念起到整合作用,从而削弱非主流声音,进而形成积极向上的社会公约。自媒体同传统媒体一样肩负着传播先进文化,弘扬中华民族优秀传统文化,抵制低俗文化的重任。"微时代"不应该成为缺乏审美的、一切都淹没在消遣娱乐、游戏、低俗文化当中的时代,不要让青少年的"自我"在自媒体平台上找不到良好发展的空间。

三 网络自媒体的社会责任意识

"微时代"网络技术带来的一些产品在传播科学精神、道德价值观和政治理念上,缺乏严肃认真的态度,甚至存在严重的缺陷,对青少年产生了巨大的影响,导致青少年非理性虚拟自我的出现。以网络游戏为例,网络游戏的主要受众为青少年,网络游戏企业必须具有高度的社会责任感,研究并解决青少年沉迷网络游戏的办法。[①] 如果网游企业将经济利益放在首位,研发推广某款游戏的终极目标仅仅为牟取暴利,而丧失文化输出企业应有的道德责任意识,那么他们在网络游戏中将不可避免地加入一些色情暴力元素,以此诱惑青少年投入其中。青少年处于价值观形成阶段,身心发展尚不成熟,人格发育尚不健全,对不良信息缺乏足够的判断力,自我控制能力较差,网络游戏中的这种场景的设置必然对青少年产生不良影响,阻碍身心健康发展。这些不良内容,不能在现实中兑现,青少年必然要再次回到网络中去寻求慰藉,这就进一步加剧了网络游戏成瘾。随着青少年网瘾问题的不断加深,他们会失去对现实自我的控制力,导致人格自我出现严重认同危机。

无论是大型网络游戏还是手机游戏,都是一种文化产品,而一款

---

① 龙新民:《网络游戏企业应该有社会责任感》,《中国国际数码互动娱乐产业高峰论坛》,2006 年 7 月 30 日。

影响力大的游戏往往会带动其他相关产业的发展,甚至会掀起一种文化的流行。而网络游戏的主要受众多为青少年,他们崇尚流行元素,乐于模仿游戏中的人物,甚至痴迷游戏中的生活方式和行为方式,网络游戏文化对他们的影响要远远超过成年人。一款流行甚广的游戏所宣扬的文化理念可能会成为日后青少年的价值观,进而影响一个人的精神信仰。因此,网络游戏不能只打出"沉迷危害身体健康"的标语就可以推卸责任,而必须要采取切实的策略,让青少年在游戏的同时得到正确价值观的引导和先进文化的熏陶,杜绝不良虚拟自我的出现。

要培育青少年的良性虚拟自我意识,必须加强对"微时代"网络企业和网络相关产业的规范。以网络游戏为例,网络开发商在设计网络产品时应杜绝色情、暴力元素的混入,降低游戏的紧张刺激程度,加入有益于身心健康的内容。网络企业应该通过提高游戏文化内涵,提升服务质量等方面承担起社会责任。另外,国家应大力倡导网络企业开发有利于青少年健康成长的游戏,将学习内容和积极向上的文化理念融入游戏中,寓教于乐,让青少年在玩游戏的过程中实现知识的获得,让游戏产业成为青少年丰富文化生活、提升精神境界的一个渠道。同时,游戏产业应建立分级制度,对游戏内容应有相应的价值评判标准,对以反人类、反社会、反人道为内容的游戏开发商应予以查封,以防青少年长期沉浸在此类游戏中产生错误的价值观,从而将违背人类基本道德的虚拟行为向现实社会转化。因此,网络游戏开发商应杜绝黄、赌、毒元素混入游戏设计中,使"微时代"网络发挥学习、娱乐的功能,网络运营商应为良性虚拟自我的建构提供一个健康的环境,树立积极经营理念、加强自律意识,承担起相应的社会责任。

"微时代"网络相关企业属于文化产业范畴,具有意识形态属性,不能一味追求商业利益,需考虑企业产品的文化内涵。网络企业承载传播先进文化的重要责任,其对于塑造良性虚拟自我,推进社会文明进步具有重要作用。网络企业应打造自己的企业文化,树立品牌影响力和企业公信力,而不应该靠"眼球经济"来维系,这并不是企业发展的长久之道。网络企业只有从网民的身心健康出发,明是非、辨美丑、讲诚信,承担起应有的社会责任,才能获得长足的发展。

四 完善"微时代"网络伦理章程

社会公众对网络技术行为的观点通过媒介传播,汇总交流为集体意识,引起社会对网络伦理问题的注视。"微时代"网络传播参与者逐步将网络伦理意识转换为内在的道德原则,成为传播参与者良性虚拟自我意识养成的外在监督手段。"微时代"网络伦理意识属于新生事物,处于起步阶段,要使网民拥有网络伦理素养,除自身道德约束外,还必须要有强有力的保障制度,网络伦理素养以及青少年的良性虚拟自我意识养成的成效才会明显。因此,要完善制度约束,加快网络伦理相关章程的落实。

第一,建立网络伦理素养的职业认证制度。我国自20世纪90年代以来建设职业认证制度,职业认证体系也日趋完善。当前,自媒体传播成为信息的主要传播方式,自媒体从业人员鱼龙混杂,职业素养亟待提高,因此对自媒体从业人员进行职业认证成为当务之急。自媒体从业人员不仅应具备专业的传播技能,更应该能够对自媒体传播行为作出合乎伦理的评价,促进自媒体传播向着有利于社会发展和人类进步的正确方向发展。因此,应尽快建立自媒体从业人员职业素养认证制度,确立网络伦理的重要地位。各级学校也应相应地开展网络伦理素养教育课程,青少年受到系统的网络伦理教育后,在进行网络虚拟实践时将会有意识地运用网络伦理知识进行选择和判断。由此,全社会的网络伦理素养将会得到大幅度提升,人们对网络伦理的学习也会从被动走向主动,最终使网络伦理素养成为网络活动参与者的内在道德意识。

第二,将网络伦理意识养成内容纳入人才选拔制度建设。当前,中国人才选拔主要还是通过理论考试,这使得实践能力往往被忽略。轻实践导致学习了网络伦理的青少年,在进行网络虚拟实践时,也会有违反网络伦理的失范行为出现。当前学校教育文理分科严重,理工科学生只关注本学科领域内容的学习,文科生的科学素养更是普遍偏低。缺乏科学素养的青少年进入"微时代"网络世界，出现网络伦理问题不可避免。因此，"微时代"要高度重视人才选拔制度，将网络伦理意识的养成纳入人才选拔的相关制度建设中去，这将有助于公众科学素养的提升，以及青少年良性虚拟自我意识的养成。

第三，促进"微时代"网络伦理评价体制的制度化，建立"负责任创新"伦理评价机制。网络伦理评价不仅要关注"微时代"网络技术发展趋势，更要重视如何发展。网络伦理评价体系将使青少年在网络活动中依据伦理的视角对技术与人的关系作出判断，对技术发展加以监控。因此，网络伦理评价体系的建立，能够在一定程度上促进青少年对自身进行伦理评价，从而有助于青少年虚拟自我伦理意识的养成。

以手机依赖导致的青少年自我认同危机为例，青少年手机依赖现象不仅仅是思维和心理问题，还涉及技术价值和技术伦理问题。手机具有的功能应为手机使用者服务，这应当是技术研发人员的终极目的，手机功能设计者本身承担着一定的伦理责任，应该从技术设计角度尽可能限制以至消除手机依赖现象。手机技术研发人员应遵循"人是目的而不是手段"的伦理原则，避免为了企业经济利益而对使用者的思维和行为习惯进行隐形控制，助长其非理性倾向。手机的功能设计需要构建人性化模式，而不是通过诱导使用者非理性的消费，填充使用者的空余时间。手机技术设计不宜用隐匿方式对使用者进行控制，不应造成使用者朝着不由自主的方向发展，这是手机功能设计者和运营商应尽的伦理责任。要保证手机功能设计者和运营商尽到应有的伦理责任，需要通过制度化的技术评估途径。近年来，欧美发达国家和我国很多企业开展"负责任创新"，即强调技术创新和企业社会责任必须有机结合，这种理念应该贯彻到对手机技术的评估和引导之中。对于那些不负责任，以各种显性或隐性手段加重手机依赖现象的手机功能开发者和运营商，需要通过具有技术伦理导向的技术评估加以揭露、批评和限制，促使其向为手机使用者负责，进而为全社会负责的方向发展。① 手机技术是人类建构的，人类可以并且应该在现有手机技术的基础上发展新的技术，来超越现有技术的局限性，克服现有技术对人造成的异化。

综上所述，我们入侵虚拟也被虚拟入侵。人们创造了网络，缔造了整个网络时代，而在这个新兴时代里，青少年对网络以及网络技术的依赖远远超过了预期，全然不觉自身已慢慢陷入了这张自己编织的网中，更没有意识到在主宰网络的过程中，最终被主宰的恰恰是自己。在应然的层次上，青少年与网络的关系是主体与客体、目的与手段的关系；但是在实然的层次上，青少年往往会迷失在网络世界中，迷失在网络世界的海量信息中，迷失在众多低级趣味中。伴随而来的是越来越严重的道德滑坡、情感冷漠、信仰危机和人格丧失，这标志着青少年由于对网络技术的盲从与过分依赖而迷失了自我，丧失自己应有的价值目标和理想追求，从而被虚拟这种手段同化为网络世界的一部分。自我的网络异化就是虚拟侵蚀现实的典型表现，也是虚拟自我与现实自我对立的典型体现。在这一过程中，现实自我与虚拟自我的关系颠倒了，即本来应该作为主导和目的的现实自我，现在被虚拟自我侵蚀并产生了形变，受制于虚拟自我；而本来应该作为现实自我补充的虚拟自我现在却成为主导自我发展的动力，冲击现实自我，控制现实自我。进一步发展有可能导致青少年沉浸在虚拟自我中不能自拔，而忽略了现实自我的存在，甚至用虚拟自我代替现实自我。

网络中虚拟自我的发展，应该经历一个由初级阶段到高级阶段，由实然到应然的过程，使网络活动成为真正由自我意识主宰的活动，成为自我整合、自我协调和人格升华的活动。网络中虚拟自我的良性发展首先应该是理性自觉的活动。依赖网络环境的虚拟自我在没有明显外界约束并造成明显恶果的情况下，很难自发地演变成网络中自主的虚拟自我。而思想境界的提升需要对虚拟自我和现实自我关系的理性认识，这就需要发挥哲学思维的引导作用。在理性思维引导下，虚

---

① 晏萍、张卫、王前：《"负责任创新"的理论与实践述评》，《科学技术哲学研究》2014年第2期。

拟自我和现实自我才能够充分整合，网络中自主的虚拟自我才有坚实的思想根基。网络中虚拟自我的良性发展又是道德自觉的过程。中国古代先哲提出的"慎独"要求，对网络中虚拟自我的良性发展具有重要意义。另外，青少年网络中虚拟自我的良性发展需要良好的外界环境，需要学校、家庭和社会各方面的共同努力。"微时代"网络技术引发的社会问题有些久拖不决，甚至愈演愈烈，原因之一是忽视了网络中虚拟自我能否良性发展的问题。专家学者们为戒除青少年"网瘾"提出了各种方案，但很少关注他们在网络中虚拟自我存在的缺陷。因此，在学校、家庭和社会上，都应注重培养学生健康向上的自我意识，锻炼健全的意志品质，树立面对诱惑时能够自我控制的信念，这才是使青少年彻底摆脱"网瘾"危害的治本之法。解决青少年的自我认同危机问题也需要良好的社会环境，这主要是指媒体舆论导向发挥道德教化作用，将网络中虚拟自我的二重性展现在公众面前，引导青少年对保持自我价值、自我意义的评价能力，对网络中虚拟自我带来的社会问题进行反思和批判。青少年在网络世界的自控能力很可能远远小于在现实世界的自控能力，青少年的盲目自信也可能排斥对自我内在冲突的及时调整。要消除青少年的虚拟自我认同危机，使虚拟自我与现实自我整合起来，还需要适当发挥心理咨询的干预作用，不断化解网络中虚拟自我带来的消极影响，充分发挥网络中虚拟自我的积极作用。

附 录

后现象学技术哲学视野中的
手机依赖现象探析

徐琳琳　王　前

手机依赖现象是微时代技术引发的一种病态社会现象，属于一个全新的研究领域，这种现象的典型特征是使用者的自主行为与不由自主行为并存。后现象学技术哲学为思考手机依赖现象的成因提供了重要理论基础和方法，这一理论聚焦于生活世界，拒斥一般性的超验技术观念。为便于读者更好地理解微时代技术引发的主体问题，了解相关研究的前沿状况，特附上最新的一篇研究论文。

随着现代信息技术的不断发展，手机已从简单的通话工具演化为移动多媒体终端，几乎所有媒体终端的功能都可以在手机上实现，手机的移动性和便携性优势对使用者产生了强烈吸引力，这种变化对人们心态和行为的影响极为深远。人们对手机的依赖广泛渗透社会生活各个角落，这种依赖超过对历史上其他任何工具的依赖。手机依赖是过度利用信息技术导致的一种痴迷状态，表现为使用者难以控制使用时间和频率，一有机会就会不停摆弄而难以放手。在后现象学技术哲学的视野中考察手机依赖现象，有助于发现其形成的深层原因，进而从根本上找到解决问题的对策。

一 手机依赖现象的技术哲学特征

手机依赖现象在国内外都普遍存在，人们逐渐习以为常，见怪不怪。然而有些统计数字和典型案例一旦公布出来，还是令人震撼、令人深思的。手机依赖现象在我国现实社会生活中相当突出。截至 2016 年 12 月，我国手机网民规模达 7.31 亿人，网民中使用手机上网的比例为 95.1%，手机在上网设备中占据绝对主导地位。[①] 手机功能逐渐从碎片化阅读、聊天等相对简单的应用，向黏度较大、时长较长的视频和商务类应用发展。手机网民平均每天累计手机上网时长 124 分钟，每天上网 4 小时以上的重度手机使用者比例达 22%。[②] 随着智能手机全面普及和 App 的丰富，使用者在手机上花费的时间还会不断延长。一些人在开车时仍在不停地看手机，由此导致的交通肇事屡屡发生。全国多地统计数据表明，开车玩手机已经取代酒驾，成为交通事故的第一杀手。2015 年全国共查处此类案件 40.3 万起。因分心看手机导致的交通事故 74746 起，占事故总数的 37.98%，造成 21570 人死亡，76984 人受伤，直接财产损失达 4.58 亿元。[③] 有人洗浴时边充电边看手机被电击死亡，有人为获得"点赞"去冒险自拍而丧命。中央电视台就曾经播出一段一位女士低头看手机，不慎跌入河里被淹死的视频。[④]

手机依赖现象在国外也相当突出。2013 年在德国召开的数码科技会议公布数据显示，全球共有 18.3 亿部智能手机，每位手机用户平均每天查看手机 150 次，即除休息时间外，平均每 6 分半钟就要看一次手机。英国一项调查公布，有 60% 的年轻人和 37% 的成年人认为自己对手机"高度上瘾"。其中，60% 以上的人睡觉也拿着手机，30% 以

[①] 中国互联网络信息中心：《第 39 次中国互联网络发展状况统计报告》，2017 年 1 月 23 日。

[②] 中国互联网络信息中心：《2012 年中国移动互联网发展状况统计报告》，2013 年 5 月 14 日。

[③] 《手机是引发死亡交通事故第一杀手》，网易新闻，2015 年 12 月 3 日（http://news.163.com/15/1203/00/B9SDDC7K00014AED.html）。

[④] 秦尚斌：《"低头族"是现代病》，人民网，2016 年 1 月 14 日（http://gs.people.com.cn/n2/2016/0114/c188868-27539820.html）。

上的人在走路时会不断查看手机。① 使用者的手机依赖行为往往并非刻意，而是已经深入潜意识之中，人们逐渐适应了这种反常现象的存在，并将其视为一种正常状态。

从技术哲学角度看，手机依赖现象的典型思想特征是使用者的自主与不由自主并存，而使用者往往并未意识到这一特征的存在。表面看起来，使用者是充分自主的，在何时何地以何种方式使用手机，与什么人联系，参与什么话题，完全取决于自己。但是使用者却又不由自主地利用一切可能的时间、地点和方式使用手机，仿佛受某种"魔力"驱使，而此时自主性似乎不起任何作用。正因为手机功能同时带来了使用者的自主与不由自主，才在介入人际交往时引发了一系列新的社会问题。手机依赖现象的这种特征，是人机关系在信息时代进一步复杂化的体现。后现象学技术哲学为思考手机依赖现象的成因提供了重要理论基础和方法，值得深入加以探究。

二 基于后现象学技术哲学的成因分析

美国技术哲学家唐·伊德开创的后现象学技术哲学，是当代技术哲学研究的新领域。唐·伊德继承了胡塞尔和海德格尔的现象学研究传统，结合梅洛-庞蒂的知觉现象学和杜威的实用主义哲学，从探讨技术的中介调节作用角度入手，建构了后现象学技术哲学理论体系。这一理论聚焦于生活世界，拒斥一般性的超验的技术观念，在人—技术—世界的关系中研究具体的技术现象，深入讨论了在人—技术—世界的4种关系，即"具身关系""解释关系""它异关系"以及"背景关系"，因而是一种"关系本体论"。② 手机作为一种特殊的技术人工物，也遵循技术中介作用的一般规律。而恰恰是以上4种关系在手机上的耦合与凸显，导致了人对手机的过度依赖，进而丧失了理性的自主性。

---

① 《"自拍死"谁之过，谁之殇？》，中国青年网，2016年7月11日（http://pinglun.youth.cn/wztt/201607/t20160711_8262349.htm）。

② 北京大学市场与媒介研究中心：《2011年手机人大调查》，2011年11月15日。

(一)"具身关系"导致自主性的非理性扩张

伊德认为,"人是通过技术这一中介来感知世界的,因此人与技术就体现为具身关系"①。"具身关系"将技术的应用视作我们参与环境或世界的方式,直接影响了我们的知觉能力。

从使用者角度看,人与手机的"具身关系"结构为:(人—手机)→世界,主体对世界的认知经验被手机居间调节,人与手机共生为一体。这种技术关系使手机展现出部分透明性,手机本身并不是主体关注的焦点,手机作为海德格尔所说的上手事物在使用中退隐,主体关注的焦点是手机的意向性和反映的信息。人使用手机与使用其他工具不同,手机意向性指向的是虚拟世界。由手机创设出来的世界并不是一个自然世界,而是人为构造出来的,是经由手机的使用来实现的,这使得手机对使用主体产生了极大的吸引力,"具身关系"在这里会明显影响知觉和判断的理性程度。

一般情况下,人在面对外界有吸引力的事物时具有一定的权衡能力。当外界信息的通道几乎一样,没有更吸引人的方式时,人们会较为理性。而手机带来的是强烈的刺激信号,把人了解外部信息的渠道放大,这能够改变使用者的权衡能力,因而容易使人的自主选择变得非理性。在手机出现之前,人的自主性建立在人们相互接触的范围相对固定、信息交流渠道相对固定、知识范围相对固定的基础上,一个人该干什么、不该干什么的价值观和道德规范体系也相对固定。在这个固定的框架里,人的自主性当然会较为理性。随着手机功能与互联网技术的紧密结合,人们获得了越来越多的自主选择空间,很多人在这样的空间中呈现出自主权的任意扩张状态。他们缺乏理性层面的自我主宰,缺乏反思,不能控制那些由欲望带来的非理性冲动,自主权的任意扩张最终使手机的社会功能和时代价值受到严重扭曲。马尔库塞认为:"现代工业社会的技术进步给人类提供的自由条件越多,给人的种种强制也

---

① 王磊:《你被智能手机绑架了吗?》,《中国报道》2011年第11期。

就越多。"① 信息技术的不断发展使手机承载的功能越来越多，使用者在控制手机的同时也受制于技术。人的自主性是人作为活动主体，在对客体的作用过程中所表现出来的创造性或能动性。当技术在"具身关系"中被异化为支配人类的工具时，人的自主性也必然遭受异化。

（二）"解释关系"导致主体被隐蔽地操控

伊德认为："解释关系不是扩展或模仿感觉和身体能力，而是语言及解释能力。"② "解释关系"表明，人需要通过技术展现出来的数据对世界进行感知，世界变成了一个文本，人和世界之间具有不透明性。

从获得内容的角度看，人与手机的"解释关系"结构为：人→（手机—世界），手机成为世界的解构者，向主体展现的是一种表象，主体通过手机所知觉到的并不是世界本身，而是获得间接性的经验。然而，在人与手机的解释关系中存在一个谜团，主体一般无法确认手机展现的世界是否为真实世界。当手机出现故障时，主体会怀疑手机展现世界的真实性；而当手机正常运行时，主体就会信任手机所展现的世界，"解释关系"增加了使用主体对手机的依赖。

因此，"解释关系"可能导致一种主体隐蔽地被操控状态。手机制造和使用领域的技术专家系统在不知不觉中引导了整个手机自媒体行业的发展方向，使之变得统一化、单向化，而使用者对这一行业的影响逐渐被弱化甚至忽略。正如伽达默尔所说："交往的现代技术导致一种对我们头脑的愈加有力的操作。人们可以有目的地把公众舆论引向某个方向，并出于某些决定的利益而对其施加影响力。"③ 手机的功能设计充分考虑到使用者的感知和需求。人们接触手机的整个过程都在专家的设计、测评、反馈之中，个体的实践体验实际上被专家所控制。手机信息的发送建立在后台数据流的交换上，其实质就是信息编码→传输→解码的过程，而这一过程又是实际用户难以见证的。手

---

① ［美］唐·伊德：《技术与生活世界从伊甸园到尘世》，韩连庆译，北京大学出版社2012年版，第72—117页。

② 陈凡、曹继东：《现象学视野中的技术——伊德技术现象学评析》，《自然辩证法研究》2004年第5期。

③ ［美］马尔库塞：《单向度的人》，刘继译，上海译文出版社2008年版，第3页。

机技术的开发者却可以依据营销目的对数据流进行筛选和控制，进而深刻影响人与手机展现的世界之间的"解释关系"。因而，手机使用中的"不由自主"是自主性与"他者"控制不断较量的产物，而在这种较量中"他者"控制又往往通过使用者的"不由自主"而占上风。

（三）"它异关系"促逼着主体成为技术对象物

"它异关系"是指"技术在使用中成为一个完全独立于人的存在物，技术成为一个他者，人不是通过技术来知觉世界，而是单纯与技术发生关系"[1]。"它异关系"体现了技术本身的自主性，特点是技术能够按照自身需求发展并且"摆置"人的生存状态。

人与手机的"它异关系"结构为：人←手机→（世界），这种关系体现了手机技术将使用者摆置到技术系统中，促逼着人去适应技术系统规定的思维方式和行为方式。手机技术提供了在信息时代约束人类生活的一种"座架"，逐渐由解放人的工具沦为主宰人的不可抗拒的力量。正如海德格尔所说，"座架把人会集到技术展现中，即唤起他的限定方式的全部思想、追求和努力，并使它们只集中在这一种方式的展现上⋯在我们的时代，不仅仅人，而且所有的存在者，自然和历史，鉴于他们的存在，都处于某种要求之下"[2]。在他看来，人在技术意志塑造下，成为失去自主性的异化的人。而手机技术呈现的"它异关系"，正在使海德格尔的忧虑部分地变成现实。

当前，手机的设计和使用正朝着"它异关系"更加明显的方向发展，它使世界以信息的方式被展现，信息通过手机载体传播，进而成为一种象征着发展空间和财富的资源。"人被一股力量安排着、要求着，这股力量是在技术的本质中显示出来而又是人自己所不能控制的力量。"[3]

---

[1] Don Ihde, Instrumental Realism, *The Interface between Philosophy of Science and Philosophy of Technology*, Bloomington and Indianapolis: Indiana University Press, 1991, p. 75.

[2] ［德］伽达默尔：《科学时代的理性》，薛华译，国际文化出版公司1988年版，第64页。

[3] Don Ihde, *Technics and Praxis: A Philosophy of Technology*, Dorderecht: Reidel Publishing Company, 1979, p. 35.

(四)"背景关系"导致主体丧失批判能力

伊德认为:"我们处处存在主义地遭遇机器。背景关系是使现象学的观察从前景中的技术发展到背景中的技术,并成为一种技术环境。"① 在当前技术化程度越来越高的社会中,人和技术的关系更多地展现出以机器为背景的状态。技术的使用由直接退居幕后。基兰认为,这些不在场的技术,恰恰更加深刻地影响着人类自身的建构,人类好像生活在一个"技术茧"之中。②

人与手机的"背景关系"结构是:[(人)←手机/世界],这种关系表明手机以潜在的、缺席的方式影响主体生活,人被手机包围,形成一种人在技术网络之中的关系。在"背景关系"中,手机接收指令后自主处理问题,主体与手机之间是瞬间操作关系,主体生活在手机营造的世界之中,而手机日益成为人们不自觉的生活背景。

手机的使用从来都不是一个孤立的存在,手机运营商、专家系统、手机研发人员、手机媒体从业人员、手机使用者等共同构成一个庞大的系统。在这个体系里,使用者甚至觉察不到自己身处现实空间还是虚拟空间。使用者在手机技术所构造的环境中似乎已经变成一个启动代码,一经开启便无法停止。正是这个系统以显性或隐性的方式影响着手机使用者的观念和行为。手机技术用它的各种便利性取代了人的自主性,也渐渐地剥夺了人的主体性地位。人们已经习惯于被包裹在手机布控的世界中,暴露在以"镜头"为象征的第三只眼的注视下,生活被粉饰成文化制品,使人们产生错觉,进而依赖手机造成的幻象。在手机技术控制下,人们被同质化而失去自主性,甘于沉浸在手机世界之中,乐此不疲。使用者可以利用手机替代其他技术工具完成诸多任务,这使自身陷入被计算的技术氛围中,人格被符号代替,行为被数据表达,思想受信息左右,人的特征变成了二进制代码。手机提供

---

① [德]冈特·绍伊博尔德:《海德格尔分析新时代的科技》,宋祖良译,中国社会科学出版社1993年版,第87—88页。
② [德]海德格尔:《海德格尔选集》,孙周兴译,上海三联书店1996年版,第946、953页。

的背景越是隐性化，对使用者生活的影响就越大，越难以识别和控制。

手机与其他工具的一个重要区别，在于后现象学技术哲学所说的 4 种人机关系在手机的使用中可以耦合在一起，从而产生更为复杂的影响。对于人来说，手机的使用既是"具身"的，能够直接影响人们的知觉和判断，又具有解释功能，还受到手机作为"它者"的明显"摆置"，直至成为人的生活背景的组成部分。因而才造成手机使用中自主与不由自主的现象并存，出现明显的手机依赖特征。

三　消除手机依赖现象的相应思路

要消除手机依赖现象，主要应从两方面入手：一方面需要转变手机使用者的技术理念，倡导理性的使用方式，而技术哲学工作者在这方面可以发挥重要作用；另一方面手机功能设计人员和运营商需要承担相应的伦理责任，促进人机关系的和谐，保障人在手机使用中的真正自主性。

（一）转变手机使用者的技术理念

要消除手机使用中的不由自主，关键是使用者的自主性需要建立在理性层次上，这就需要转变手机使用者的技术理念，而这种需求是以往人类使用其他工具时未曾凸显的。手机使用者的技术理念指的是使用者对手机的功能以及人与手机关系的根本性认识，涉及技术的价值论、伦理学和心理学的深层次问题，这是每个手机使用者都会遇到但却难以辨识清楚的问题。转变手机使用者的技术理念，意味着人们应该在使用手机时实现从观念到行为的根本转变。要达到这一目标，需要技术哲学工作者及时"出场"，提供必要的思想资源和教育支持。后现象学技术哲学提供的独特视角，有助于人们更清楚地了解手机新技术带来的负面影响及其思想症结，因而可以在重塑使用者自主性，逐步消除手机依赖现象方面充分发挥作用。

手机依赖现象深深植根于人们的思维方式和心理习惯之中，需要通过学校教育和科学普及的途径，引导人们不断进行反思，发现自己思维和行为习惯中的问题，充分意识到手机依赖现象的消极后果，掌握手机的理性使用方式，树立技术理性和价值理性相结合的观念。当代技术不断改变人的基本生存方式，人需要技术去改造世界并适应技术发展，而技术也需要人性化发展。通过加强人对技术化生存的适应性教育和引导，可以拓宽手机使用者的视域，从正反两方面认识手机使用的利弊得失，使手机使用者提高理性自主能力，去适应技术化生存，提升对手机技术的认知能力和技术价值的判断。在从小学到大学的学校教育中，应该开展有针对性的合理使用手机的教育，在大众传媒的内容中也应该有深入分析手机依赖现象的弊端、思维症结和消除途径的相关介绍。

在转变手机使用者的技术理念方面，除了后现象学技术哲学以外，还有一些相关的哲学理论和方法也具有重要引导作用。马克思主张异化与异化扬弃的辩证统一。海德格尔建议"反价值"而思，从而守护"存在"。齐泽克认为需要创造一种新的集体性，即共同地、完全地投身于实践，取消造成无限倒退的"第三只眼"的注视。① 哈贝马斯交往理论认为，社会成员应遵守共同的普遍规范标准，由共同的规范标准指导实现行为的合理化。② 这就要求技术哲学工作者为手机功能设计者与手机使用者提出一种符合社会发展模式的伦理要求和具体规范，这种主体间的承认是应用伦理有效性的基础。有了这样一个基础，在面对技术生产、技术传播、技术应用等问题时，就能采取客观化的、符合规范的立场来解决，也能处理好虚拟世界与现实世界间的联系，在消除手机依赖现象的消极后果方面发挥应有作用，这是当代技术哲学工作者的一项历史使命。

（二）手机功能设计者和运营商的伦理责任

手机依赖现象不仅仅是思维和心理问题，也涉及技术价值和技术伦理问题。手机具有的功能应为手机使用者服务，这应当是技术研发

---

① Don Ihde, *Philosophy of Technology: An Introduction*, New York: Paragon House, 1993, p. 18.

② Kiran A. H., "Technological Presence Actuality and Potentiality in Subject Constitution", *Human Studies*, No. 1, 2012.

人员的终极目的。手机功能设计者本身承担着一定的伦理责任，应该从技术设计角度尽可能限制以至消除手机依赖现象。手机技术研发人员应遵循"人是目的而不是手段"的伦理原则，避免为了企业经济利益而对使用者的思维和行为习惯进行隐形控制，助长其非理性倾向。手机的功能设计需要构建人性化模式，而不是通过诱导使用者非理性的消费，填充使用者的空余时间。手机技术设计不宜用隐匿方式对使用者进行控制，不应造成使用者朝着不由自主的方向发展，这是手机功能设计者和运营商应尽的伦理责任。

要保证手机功能设计者和运营商尽到应有的伦理责任，需要通过制度化的技术评估途径。近年来，欧美发达国家和我国很多企业开展"负责任创新"，即强调技术创新和企业社会责任必须有机结合，这种理念应该贯彻到对手机技术的评估和引导之中。对于那些不负责任，以各种显性或隐性手段加重手机依赖现象的手机功能开发者和运营商，需要通过具有技术伦理导向的技术评估加以揭露、批评和限制，促使其向为手机使用者负责，进而为全社会负责的方向发展。[①] 手机技术是人类建构的，人类可以并且应该在现有手机技术的基础上发展新的技术，来超越现有技术的局限性，克服现有技术对人造成的异化。

总之，在人认识世界和改造世界进程中，"人—手机—世界"之间的关系日益复杂多样，手机成为主体认识世界的新渠道，改造世界的新工具。通过后现象学技术哲学的分析，着眼于手机使用主体知觉和经验的变化过程，有利于揭示手机在人与世界关系中起到的不同作用，找到手机依赖现象形成的深层原因，避免技术工具论和本质主义，进而转变手机使用的观念和思维方式，以便从根本上解决手机依赖问题。

（徐琳琳　王前）

---

① ［法］F. 费迪耶:《晚期海德格尔的三天讨论班纪要》，丁耘译，《世界哲学》2001 年第 3 期。

参考文献

中文文献

著作类

［法］阿尔贝·加缪：《西西弗的神话》，刘琼歌译，光明日报出版社 2009 年版。

［美］阿尔伯特·班杜拉：《社会学习理论》，陈欣银等译，中国人民大学出版社 2015 年版。

［美］阿尔温·托夫勒：《未来的震荡》，任小明译，四川人民出版社 1985 年版。

［德］埃德蒙德·胡塞尔：《欧洲科学危机和超验现象学》，张庆熊译，上海译文出版社 1988 年版。

［德］埃德蒙德·胡塞尔：《生活世界现象学》，倪梁康等译，上海译文出版社 2002 年版。

［美］埃瑟·戴森：《2.0 版：数字化时代的生活设计》，胡泳等译，海南出版社 1998 年版。

［美］艾瑞克·埃里克森：《同一性：青少年与危机》，孙名之译，浙江教育出版社 1998 年版。

［美］艾瑞克·弗洛姆：《健全的社会》，孙恺祥等译，上海译文出版社 2007 年版。

［美］艾瑞克·弗洛姆：《寻找自我》，陈学明译，工人出版社 1988 年版。

[英] A. J. 艾耶尔：《语言、真理与逻辑》，尹大贻译，上海译文出版社 2006 年版。

[英] 安东尼·吉登斯：《现代性与自我认同》，赵旭东等译，生活·读书·新知三联书店 1998 年版。

[美] 安乐哲：《自我的圆成：中西互镜下的古典儒学与道家》，彭国翔译，河北人民出版社 2006 年版。

[美] 安德鲁·芬伯格：《技术批判理论》，韩连庆等译，北京大学出版社 2005 年版。

[法] 保罗·利科：《作为一个他者的自身》，佘碧平译，商务印书馆 2013 年版。

[美] 本·阿格尔：《西方马克思主义概论》，慎之等译，中国人民大学出版社 1991 年版。

[美] 大卫·雷·格里芬：《超越解构：建设性后现代哲学的奠基者》，鲍世斌译，中央编译出版社 2002 年版。

[英] 大卫·雷斯曼：《保守资本主义》，吴敏译，社会科学文献出版社 2003 年版。

[美] 道格拉斯·凯尔纳：《媒体文化：介于现代与后现代之间的文化研究、认同性与政治》，丁宁译，商务印书馆 2004 年版。

[英] 蒂姆·伯纳斯·李：《编织万维网：万维网之父谈万维网的原初设计与最终命运》，张宇等译，上海译文出版社 1999 年版。

[德] 恩斯特·卡西尔：《人论》，甘阳译，上海译文出版社 2013 年版。

[德] 弗里德里希·席勒：《美育书简》，冯至等译，上海人民出版社 2003 年版。

[德] 弗洛姆：《寻找自我》，陈学明译，工人出版社 1988 年版。

[德] 冈特·绍伊博尔德：《海德格尔分析新时代的技术》，宋祖良译，中国社会科学出版社 1993 年版。

[德] 格尔达·帕格尔：《拉康（大哲学家的生活与思想）》，李朝晖译，中国人民大学出版社 2008 年版。

[法] 古斯塔夫·勒庞：《乌合之众》，冯克利译，中央编译出版社

2004年版。

［德］汉斯·约纳斯：《技术、医学与伦理学：责任原理的实践》，张荣译，上海译文出版社2008年版。

［德］黑格尔：《精神现象学》，贺麟等译，商务印书馆1979年版。

［法］亨利·列斐伏尔：《日常生活批判》，叶齐茂等译，人民出版社2007年版。

［美］Patricia Wallace：《互联网心理学》，谢影等译，中国轻工业出版社2001年版。

［加］埃里克·麦克卢汉、弗兰克·秦格龙：《麦克卢汉精粹》，何道宽译，南京大学出版社2000年版。

［加］马歇尔·麦克卢汉：《理解媒介：论人的延伸》，何道宽译，商务印书馆2000年版。

［美］简·卢文格：《自我的发展》，韦子木译，浙江教育出版社1998年版。

［美］凯文·凯利：《网络经济的十种策略》，萧华敬译，广州出版社2000年版。

［德］克劳斯·迈因策尔：《复杂性中的思维物质、精神和人类的复杂动力学》，曾国屏译，中央编译出版社1999年版。

［美］理查德·A. 斯皮内洛：《世纪道德：信息技术的伦理方面》，刘钢译，中央编译出版社1999年版。

［美］罗杰·菲德勒：《媒介形态变化：认识新媒介》，明安香译，华夏出版社2000年版。

［美］罗洛·梅：《焦虑的意义》，朱侃如译，广西师范大学出版社2010年版。

［德］马丁·海德格尔：《存在与时间》，陈嘉映等译，生活·读书·新知三联书店2006年版。

［美］马尔库塞：《爱欲与文明》，黄勇等译，上海译文出版社2005年版。

［美］马尔库塞：《单向度的人：发达工业社会意识形态研究》，刘继

译，上海译文出版社2014年版。

［美］马克·波斯特：《第二媒介时代》，范静哗译，南京大学出版社2000年版。

［美］迈克尔·海姆：《从界面到网络空间：虚拟实在的形而上学》，金吾伦等译，上海科技教育出版社2000年版。

［美］尼尔·波兹曼：《娱乐至死》，章艳译，广西师范大学出版社2004年版。

［美］尼古拉·尼葛洛庞帝：《数字化生存》，胡泳等译，海南出版社1997年版。

［美］尼古拉斯·卡尔：《浅薄：互联网如何毒化了我们的大脑》，刘纯毅译，中信出版社2010年版。

［美］乔治·H.米德：《心灵、自我与社会》，赵月瑟译，上海译文出版社2008年版。

［法］让－保罗·萨特：《存在与虚无》，陈宜良译，生活·读书·新知三联书店2007年版。

［法］让－保罗·萨特：《自我的超越性》，杨小真译，商务印书馆2010年版。

［法］让·鲍德里亚：《物体系》，林志明译，上海世纪出版集团2001年版。

［瑞士］卡尔·古斯塔夫·荣格：《未发现的自我》，张敦福译，国际文化出版社2007年版。

［德］A.施密特：《马克思的自然概念》，欧力同等译，商务印书馆1988年版。

［美］斯蒂文·贝斯特、道格拉斯·凯尔纳：《后现代理论：批判性的质疑》，张志斌译，中央编译出版社1999年版。

［丹］索伦·克尔凯郭尔：《概念恐惧》，京不特译，上海三联出版社2005年版。

［苏］伊·谢·科恩：《自我论：个人与个人自我意识》，佟景韩等译，生活·读书·新知三联书店1986年版。

［美］D. 泰普思科:《泰普思科预言:21 世纪人类生活新模式》,卓秀娟等译,时事出版社 1998 年版。

［美］唐·伊德:《技术与生活世界:从伊甸园到尘世》,韩连庆译,北京大学出版社 2012 年版。

［美］唐·伊德:《让事物"说话":后现象学与技术科学》,韩连庆译,北京大学出版社 2008 年版。

［美］托马斯·弗里德曼:《世界是平的》,何帆等译,湖南科学技术出版社 2006 年版。

［美］威廉·欧文:《黑客帝国与哲学》,张向玲译,上海三联书店 2006 年版。

［奥］西格蒙德·弗洛伊德:《精神分析新论》,车文博译,九州出版社 2014 年版。

［美］许烺光:《中国人与美国人——两种生活方式比较》,华夏出版社 1989 年版。

［美］雪莉·特克:《在一起孤独》,洪世民译,时报文化出版企业股份有限公司 2017 年版。

［美］雪莉·特克:《虚拟化身:网络世代的身份认同》,谭天等译,台湾远流出版公司 1998 年版。

［法］雅克·卢梭:《社会契约论》,庞珊珊译,光明日报出版社 2009 年版。

［美］亚伯拉罕·马斯洛:《存在心理学探索》,李文湉译,云南人民出版社 1987 年版。

［美］亚伯拉罕·马斯洛:《自我实现的人》,许金声等译,生活·读书·新知三联书店 1987 年版。

［英］伊恩·伯基特:《社会性自我——自我与社会面面观》,李康译,北京大学出版社 2012 年版。

［法］伊夫·戈菲:《技术哲学》,董茂永译,商务印书馆 2000 年版。

［德］尤尔根·哈贝马斯:《公共领域的结构转型》,曹卫东等译,上海学林出版社 1999 年版。

［德］尤尔根·哈贝马斯：《交往行动理论（第2卷）》，洪佩郁译，重庆出版社1994年版。

［德］尤尔根·哈贝马斯：《现代性的哲学话语》，曹卫东译，译林出版社2004年版。

［美］约翰·布洛克曼：《未来英雄》，汪仲译，海南出版社1998年版。

［美］约翰·杜威：《经验与自然》，傅统先译，商务印书馆2014年版。

［德］约翰·戈特利布·费希特：《论学者的使命人的使命》，梁志学等译，商务印书馆2008年版。

［德］约翰·戈特利布·费希特：《人的使命》，梁志学等译，商务印书馆1982年版。

［荷］约翰·胡伊青加：《人：游戏者》，成穷译，贵州人民出版社1998年版。

［美］约翰·罗尔斯：《正义论》，谢廷光译，上海译文出版社1991年版。

［英］约翰·洛克：《人类理解论（上）》，关文运译，商务印书馆1959年版。

［美］约翰·奈斯比特：《大趋势：改变我们生活的十个新方向》，梅艳译，中国社会科学出版社1984年版。

［美］詹姆斯·米勒：《傅柯的生死爱欲》，高毅译，时报文化出版公司1995年版。

［德］伽达默尔：《哲学解释学》，夏镇平等译，上海译文出版社1994年版。

［荷］威伯·霍克斯、彼得·弗玛斯：《技术的功能：面向人工物的使用与设计》，刘本英译，科学出版社2015年版。

鲍宗豪：《数字化与人文精神》，上海三联书店2003年版。

车文博：《弗洛伊德主义原著选辑》，辽宁人民出版社1988年版。

陈勤：《媒体创意与策划》，中国传媒大学出版社2012年版。

戴嘉枋、王建、孔祥宏等：《雅文化——中国人的生活艺术世界》，中州古籍出版社1998年版。

邓晓芒：《人之镜——中西文学形象的人格结构》，云南人民出版社1996年版。

董耀鹏：《人的主体性初探》，北京图书馆出版社1996年版。

方益波：《网络之音：信息世界疆域的终结者》，世界图书出版公司2001年版。

冯契：《人的自由和真善美》，华东师范大学出版社1996年版。

冯务中：《网络环境下的虚实和谐》，清华大学出版社2008年版。

冯友兰：《三松堂全集：第十三卷》，河南人民出版社2000年版。

冯友兰：《中国哲学史》，华东师范大学出版社2011年版。

傅佩荣：《自我的意义》，北京理工大学出版社2011年版。

高宣扬：《弗洛伊德传》，作家出版社1986年版。

顾明远：《教育大辞典（简编本）》，上海教育出版社1999年版。

郭冲辰：《技术异化论》，东北大学出版社2004年版。

郭良：《网络创世纪：从阿帕网到互联网》，中国人民大学出版社1998年版。

胡泳：《另类空间：网络胡话之一》，海洋出版社1999年版。

胡泳：《我们是丑人和Luser——网络胡话之二》，海洋出版社1999年版。

黄传武：《新媒体概论》，中国传媒大学出版社2013年版。

黄少华：《重塑自我的游戏：网络空间的人际交往》，兰州大学出版社2002年版。

黄希庭：《人格心理学》，浙江教育出版社2002年版。

姜华：《大众文化理论的后现代转向》，人民出版社2006年版。

《礼记·礼运》。

李河：《得乐园失乐园：网络与文明的传说》，中国人民大学出版社1997年版。

李玉华、卢黎歌：《网络世界与精神家园——网络心理现象透视》，西安交通大学出版社2002年版。

梁永安：《重建总体性：与杰姆逊对话》，四川人民出版社2003年版。

林琳:《现代科学技术的伦理反思——从"我"到"类"的责任》,经济管理出版社2012年版。

刘北成:《福柯思想肖像》,北京师范大学出版社1995年版。

刘大椿:《科学技术哲学导论(第2版)》,中国人民大学出版社2005年版。

刘大椿、刘劲杨:《科学技术哲学经典研读》,中国人民大学出版社2011年版。

刘大椿:《在真与善之间——科技时代的伦理问题与道德抉择》,中国社会科学出版社2000年版。

陆俊:《重建巴比塔:文化视野中的网络》,北京出版社1999年版。

罗钢:《消费文化读本》,中国社会科学出版社2003年版。

孟建、祁林:《网络文化论纲》,新华出版社2002年版。

苗力田:《亚里士多德选集(伦理学卷)》,中国人民大学出版社1999年版。

欧庭高:《自然辩证法概论》,湖南大学出版社2012年版。

彭兰:《社会化媒体理论与实践解析》,中国人民大学出版社2015年版。

乔瑞金:《马克思技术哲学纲要》,人民出版社2002年版。

秦艳华:《全媒体时代的手机媒介研究》,北京大学出版社2013年版。

全增嘏:《西方哲学史上册》,上海人民出版社1983年版。

覃征:《网络应用心理学》,科学出版社2007年版。

田智钢:《自媒体》,人民日报出版社2014年版。

王桂山:《技术理性的认识论研究》,东北大学出版社2006年版。

王海明:《新伦理学》,商务印书馆2001年版。

王前:《"道""技"之间——中国文化背景的技术哲学》,人民出版社2009年版。

王前:《技术伦理通论》,中国人民大学出版社2011年版。

王前:《科技伦理意识养成研究》,人民出版社2012年版。

王生平:《"天人合一"与"神人合一"——中西美学的宏观比较》,

河北人民出版社 1989 年版。

王文宏：《网络文化多棱镜：奇异的赛博空间》，北京邮电大学出版社 2009 年版。

王治河：《扑朔迷离的游戏》，中国社会科学出版社 2005 年版。

谢俊：《虚拟自我论》，中国社会科学出版社 2011 年版。

许良：《技术哲学》，复旦大学出版社 2004 年版。

薛桂波：《科学共同体的伦理精神》，中国社会科学出版社 2014 年版。

杨鑫辉：《心理学通史（第五卷）》，山东教育出版社 2000 年版。

杨中芳：《试论中国人的"自己"：理论与研究方向》，载杨中芳、高尚仁《中国人·中国心（人格与社会篇）》，远流出版公司 1991 年版。

仰海峰：《西方马克思主义的逻辑》，北京大学出版社 2010 年版。

张春良：《网络游戏忧思录》，中央民族大学出版社 2005 年版。

张品良：《网络文化传播：一种后现代的状况》，江西人民出版社 2007 年版。

张怡：《虚拟认识论》，学林出版社 2003 年版。

周辅成：《从文艺复兴到十九世纪资产阶级哲学家政治思想家有关人道主义人性论言论选辑》，商务印书馆 1996 年版。

周建南：《自我心理咨询的理论与方法》，人民军医出版社 2007 年版。

周能友、朱晓兰：《Internet 集中营》，中国城市出版社 1998 年版。

朱银端：《网络伦理文化》，社会科学文献出版社 2004 年版。

《庄子·内篇·应帝王》。

　　论文类

白新欢：《手机依赖症的哲学诊断》，《南方论刊》2016 年第 12 期。

M. 邦格、吴晓江：《科学技术的价值判断与道德判断》，《哲学译丛》1993 年第 3 期。

包晓霞：《现代西文社会心理学关于自我研究的基本理论述评》，《社会心理研究》1995 年第 2 期。

鲍丽娟：《自我认同与化身的文化分析——基于网络角色扮演游戏》，

《北京邮电大学学报》2012年第3期。

曹继东：《技术文化观的现象学解析——论唐·伊德的技术文化观》，《哲学动态》2009年第4期。

曹继东：《唐·伊德的后现象学研究》，《哲学动态》2010年第6期。

曹继东：《现象学的技术哲学》，博士学位论文，东北大学，2005年。

曹继东：《现象学与技术哲学——唐·伊德教授访谈录》，《哲学动态》2006年第12期。

常晋芳：《网络哲学论纲》，《现代哲学》2003年第1期。

陈凡、傅畅梅：《现象学技术哲学：从本体走向经验》，《哲学研究》2008年第11期。

陈坚、王东宇：《存在焦虑的研究述评》，《心理科学进展》2009年第1期。

陈进华、张寿强：《论自媒体传播的公共性及其道德底线》，《江海学刊》2012年第6期。

陈士部：《马克思"感性理论"与胡塞尔现象学比较》，《淮北师范大学学报》（哲学社会科学版）2018年第10期。

陈志良：《虚拟：人类中介系统的革命》，《中国人民大学学报》2000年第4期。

代玉梅：《自媒体的传播学解读》，《新闻与传播研究》2011年第5期。

丁道群：《论虚拟在人格发展中的作用》，《求索》2003年第1期。

丁道群、叶浩生：《人格：从本质论到社会建构论》，《心理科学》2002年第5期。

董海军、杨荣辉：《大学生手机依赖与需求的实证分析》，《中国青年研究》2014年第4期。

段文阁：《传统习惯的手段性质疑》，《伦理学研究》2003年第4期。

范钦莜：《手机的过度使用与人的异化——基于马尔库塞单向度理论的分析异化》，《艺术科技》2017年第4期。

冯鹏志：《迈向共生的理想——关于网络化与人类生存方式之前景的思考》，《新视野》2000年第3期。

郭冲辰、陈凡：《技术异化的价值观审视》，《科学技术与辩证法》2002 年第 2 期。

韩登亮、齐志斐：《大学生手机成瘾症的心理学探析》，《当代青年研究》2006 年第 12 期。

韩连庆：《技术哲学研究中应该注意的三个问题》，《自然辩证法研究》2004 年第 1 期。

洪艳萍、肖小琴：《大学生手机依赖状况及其与人格特质》，《中国健康心理学杂志》2013 年第 4 期。

黄冬：《微时代下科技传播的现状、问题及对策——以微信传播为例》，《科技传播》2014 年第 6 期。

黄剑：《技术化生存状态中的自我认同》，《自然辩证法研究》2010 年第 2 期。

黄漫、刘同舫：《现代技术文化之拯救与超越》，《自然辩证法通讯》2010 年第 3 期。

黄振地：《"自我"的形上建构——德国古典哲学中自我学说的发展》，博士学位论文，吉林大学，2007 年。

霍洪田：《"把关人"在网络媒体中的角色重构》，《编辑之友》2013 年第 4 期。

计海庆：《后现象学思想解惑——唐·伊德技术哲学的实用主义与解释学维度》，《长沙理工大学学报》（社会科学版）2015 年第 5 期。

计海庆：《用丰富的经验克服形而上的命运——唐·伊德对海德格尔技术哲学的批判及意义》，《哲学分析》2013 年第 1 期。

贾国华：《吉登斯的自我认同理论评述》，《江汉论坛》2003 年第 4 期。

贾英健：《论虚拟生存》，《哲学动态》2006 年第 7 期。

贾楠：《技术哲学视域下的技术心理现象探析》，博士学位论文，东北大学，2008 年。

H. B. 科蕾特妮科娃、张广翔：《互联网时代的网络依赖性及人格缺失》，《社会科学战线》2013 年第 12 期。

匡文波：《"新媒体"概念辨析》，《国际新闻界》2008 年第 6 期。

拉里·A. 希克曼：《后现象学与实用主义：可能会比你认为的更具相关性》，《洛阳师范学院学报》2018 年第 7 期。

雷雳、陈猛：《互联网使用与青少年自我认同的生态关系》，《心理科学进展》2005 年第 2 期。

黎力：《虚拟的自我实现——网络游戏心理刍议》，《中国传媒科技》2004 年第 4 期。

李辉：《网络虚拟交往中的自我认同危机》，《社会科学》2004 年第 6 期。

李蕾、高海珍：《微信：3 亿用户的背后——本刊专访微信团队》，《前沿》2013 年第 4 期。

李明伟：《媒介环境学派与"技术决定论"》，《国际新闻界》2006 年第 11 期。

李晓文：《自我（self）心理学对精神分析学说的发展》，《心理科学》1996 年第 5 期。

李艺、钟柏昌：《论虚拟社会中的多重人格》，《江西社会科学》2004 年第 2 期。

李荫榕、张亮：《社会信息化对人的主体性影响的二重效应》，《自然辩证法研究》2000 年第 2 期。

李志红：《网络与人的思维方式变革》，《江西社会科学》2004 年第 3 期。

梁晓杰：《网络自由》，《开放导报》2000 年第 12 期。

廖凤林、车文博：《西方自我概念研究中的哲学基础》，《心理科学》2002 年第 3 期。

林慧岳、黄柏恒：《荷兰技术哲学的经验转向及其当代启示》，《自然辩证法研究》2010 年第 7 期。

林慧岳、夏凡：《经验转向后的荷兰技术哲学：特文特模式及其后现象学纲领》，《自然辩证法研究》2011 年第 10 期。

林绚晖：《网络成瘾现象研究概述》，《中国临床心理学杂志》2002 年第 10 期。

刘丹鹤：《虚拟世界的自我虚构与超真实》，《晋阳学刊》2006年第2期。

刘钢：《从信息的哲学问题到信息哲学》，《自然辩证法研究》2003年第1期。

刘晓蕾：《胡塞尔现象学的产生和它的心理学意蕴》，《社会心理科学》2013年第12期。

刘友红：《人在电脑网络社会里的"虚拟"生存——实践范畴的再思考》，《哲学动态》2000年第1期。

龙斌：《人的自我论：实践和文化活动中的个人》，博士学位论文，中国人民大学，1998年。

芦文龙、文成伟：《科技伦理意识养成——科技人员面临的挑战与出路》，《科技进步与对策》2012年第3期。

马智：《科技伦理问题研究述评》，《教学与研究》2002年第7期。

倪志娟：《人文视野中的数字化生存》，《科学技术与辩证法》2003年第4期。

彭文波、徐陶：《青少年网络双重人格分析》，《当代青年研究》2002年第4期。

任东景：《马克思自由概念的人学透视》，《理论月刊》2009年第10期。

沈亚生：《马克思主义哲学视野中的人格自我与个体性》，博士学位论文，吉林大学，2004年。

师建国：《手机依赖综合征》，《临床精神医学杂志》2009年第2期。

苏洁、叶勇：《技术哲学视野下智能手机对大学生的异化及对策研究》，《思想教育研究》2018年第12期。

孙立军：《内心信念与当代青年伦理道德的维系》，《中国青年研究》2005年第10期。

孙周兴：《后哲学的哲学问题》，《中国社会科学》2006年第5期。

王冰：《自媒体的"歧路花园"——博客现象的深层解读》，《学术论坛》2005年第1期。

王卉珏:《从哈贝马斯的生活世界殖民化理论看网络空间中的入侵行为》,《马克思主义与现实》2012 年第 4 期。

王建设:《技术决定论:划分及其理论要义》,《科学技术哲学研究》2011 年第 4 期。

王磊:《你被智能手机绑架了吗?》,《中国报道》2011 年第 11 期。

王丽:《微公益与自媒体时代的存在焦虑》,《宁波大学学报》(教育科学版)2014 年第 6 期。

王庆丰:《哲学的反思与表征——评九卷本〈孙正聿哲学文集〉》,《社会科学战线》2007 年第 4 期。

王卓斐:《网络自我认证悖论的审美反思》,《社会科学辑刊》2007 年第 6 期。

《"微时代"来临:更多表达更浮躁》,《新华日报》2011 年 5 月 18 日第 B3 版。

魏晨:《论网络社区的社会角色与行动》,《徐州师范大学学报》(哲学社会科学版)2001 年第 6 期。

文祥、曹志平:《伊德科学现象学的缘起与特质》,《科学技术哲学研究》2013 年第 2 期。

吴潮:《新媒体与自媒体的定义梳理及二者关系辨析》,《浙江传媒学院学报》2014 年第 5 期。

吴国林:《后现象学及其进展——唐·伊德技术现象学述评》,《哲学动态》2009 年第 4 期。

吴宏:《对虚拟自我认同问题的初步探索》,《湖北经济学院学报》2012 年第 2 期。

吴文新:《试从"自我"角度探求科技人性化之路径》,《哈尔滨学院学报》2006 年第 2 期。

吴小玲:《网络游戏对古典作品的重构》,《当代传播》2005 年第 2 期。

吴玉军:《现代社会与自我认同焦虑》,《天津社会科学》2005 年第 5 期。

徐琳琳、王前:《后现象学技术哲学视野中的手机依赖现象探析》,

《大连理工大学学报》（社会科学版）2017年第4期。

徐琳琳、王前：《网络技术引发的虚拟自我认同危机与伦理建构》，《科学技术哲学研究》2009年第6期。

徐琳琳：《网络中的虚拟自我探析》，博士学位论文，大连理工大学，2010年。

徐琳琳：《网络中的虚拟自我新探》，《自然辩证法研究》2011年第2期。

徐琳琳：《微时代下科技工作者科技伦理意识养成探析》，《文化学刊》2015年第10期。

闫芳洁：《自媒体语境下的"晒文化"与当代青年自我认同的新范式》，《中国青年研究》2015年第6期。

杨富斌：《虚拟实践的涵义、特征与功能》，《社科纵横》2004年第1期。

杨庆峰：《伊德工具实在论理论内涵及悖论分析》，《东北大学学报》（社会科学版）2009年第1期。

杨宜音：《自我与他人：四种关于自我边界的社会心理学研究述要》，《心理学动态》1999年第3期。

杨逐原：《媒介化社会中真正的"容器人"》，《消费导刊》2010年第4期。

叶丹：《微信游戏月入过亿，小飞机打出新天地》，《南方日报》2013年10月24日第B03版。

叶浩生：《关于"自我"的社会建构论学说及其启示》，《心理学探新》2002年第3期。

殷正坤：《"虚拟"与"虚拟"生存的实践特性——兼与刘友红商榷》，《哲学动态》2000年第8期。

余惠琼、谭明刚：《论青少年网络媒介素养教育》，《中国青年研究》2008年第7期。

於贤德：《论技术美的本质》，《浙江大学学报》（社会科学版）1991年第2期。

袁祖社:《"人是谁?"抑或"我们是谁?"——全球化与主体自我认同的逻辑》,《马克思主义与现实》2010年第3期。

曾令辉、郑永廷:《马克思主义自由观视阈下人的虚拟自由》,《思想教育研究》2008年第6期。

曾向、黄希庭:《国外关于身体自我的研究》,《心理学动态》2001年第1期。

詹启生、乐国安:《百年来自我研究的历史回顾及未来发展趋势》,《南开学报》(哲学社会科学版)2002年第5期。

张彬:《对"自媒体"的概念界定及思考》,《今传媒》2008年第8期。

张来举:《在"生活世界"里反思技术的意义——伊德技术哲学初探》,《自然辩证法研究》1994年第7期。

张秋成:《海德格尔后期技术哲学方法之辨:"先验"抑或"经验"?——对Verbeek式解读的回应》,《东北大学学报》(社会科学版)2016年第18期。

张首先:《当代大学生的自我认同危机与核心价值体系》,《北京青年政治学院学报》2007年第2期。

张卫:《道德物化:技术伦理的新思路》,《中国社会科学报》2016年1月19日第890期。

张文喜:《马克思的自我认同观与现时代》,《浙江社会科学》2000年第1期。

张意轩:《我国微信用户超过四亿》,《人民日报》(海外版)2013年7月25日第1版。

张湛:《神性自我:灵知的理论、历史和本质》,博士学位论文,复旦大学,2007年。

张正清:《对"多重稳定性"概念的澄清与质疑——以赛博空间中的变项分析为例》,《自然辩证法研究》2014年第10期。

张正清:《用知觉去解决技术问题——伊德的技术现象学进路》,《自然辩证法通讯》2014年第2期。

赵东海、牛婷:《论非理性因素在认识中的作用》,《内蒙古大学学报》

（人文社会科学版）2000 年第 3 期。

郑剑虹：《自强的心理学研究：理论与实证》，博士学位论文，西南师范大学，2004 年。

周丽昀：《唐·伊德的身体理论探析：涉身、知觉与行动》，《科学技术哲学研究》2010 年第 5 期。

周勇：《网络传播中的"马太效应"——关于华南虎照片真伪事件的实证研究》，《国际新闻界》2008 年第 3 期。

英文文献

著作类

Andrew Keen, *Digital Tlertigo: How Today's Online Social Revolution is Dividing, Diminishing, and Disorienting Us*, London: Constable & Robinson, 2012.

Barry Wellman, *Networks in the Global Village*, CO: Westview Press, 1999.

Bermudez, Jos'e Luis, *The Paradox of Self-consciousness*, MA: Massachusetts Institude Technology Press, 1998.

Brian Solis, *Engage: The Complete Guide for Brands and Businesses to Build, Cultivate and Measure Success in the New Web*, Hoboken: John Wiley & Sons Inc., 2010.

Burr V., *An Introduction to Social Construction*, London: Routledge Press, 1995.

Bianca Maria Pirani, Ivan Varga, *Acting Bodies and Social Networks: A Bridge Between Technology and Working Memory*, Maryland: University Press of America, 2010.

Chadwiek A., *Internet Politics: States, Citizens, and New Communication Technologies*, London: Oxford University Press, 2006.

Campbell, John, *Past, Space, and Self*, MA: Massachusetts Institude Technology Press, 1998.

Chellis Glendinning, *When Technology Wounds: The Human Consequence of Progress*, New York: William Morrow and Company Inc. , 1990.

Charlene Li, Josh Bernoff, *Groundswell: Winning in a World Transformed by Social Technologies*, MA: Harvard Business School Press, 2008.

Claude Fischer, *America Calling: A Social History of the Telephone to 1940*, CA: University of California Press, 1992.

Donald J. Munro, *The Concept of Man in Contemporary China*, Ann Arbor: University of Michigan Press, 1979.

Festinger L. , *A Theory of Cognitive Dissonance*, San Francisco: Stanford University Press, 1957.

Howard Rheingold, *The Tlirtual Community: Homesteading on the Electronic Frontier*, MA: Addison-Wesley Pub Co. , 1993.

J. LA Vopa, Anthony, *Fichte: The Self and the Calling of Philosophy*, Cambridge: Cambridge Univ. Press, 1998.

Jùrgen Habermas, *Knowledge and Human Interests*, Boston: Beacon Press, 1972.

John Paul Russo, *The Future Without A Past: The Humanities in a Technological Society*, Missouri: University of Missouri Press, 2005.

Karl Popper, *Objective Knowledge: An Evolutionary Approach*, Heidelberg: Heidelberg, 1973.

Kirk St. Amant, Sigrid Kelsey, *Computer Mediated Communication Across Cultures: International Interactions in Online Environments*, PA: IGI Global, 2012.

Keller, Pierre, *Kant and the Demands of Self-consciousness*, Cambridge: Cambridge Univ. Press, 1998.

Lippa R. A. , *Introduction to Social Psychology* (2th ed.), Belmont: Wadsworth Pub Co. , 1990.

Myers D. G. , *Social Psychology* (5th ed.), New York: McGraw-Hill, 1996.

Maslow A. H. , *Motivation And Personality*, New York: Harper & Row Publishers, 1970.

Pervin L. A. , *Handbook of Personality: Theory and Research*, NewYork: The Guilford Press, 1990.

Richard Davis, *The Web of Politics: The Internet's Impact on the American Political System*, London: Oxford Univ. Press, 1999.

R. Randle Edwards, *Human Right in Contemporary China*, New York: Columbia University Press, 1986.

Sherry Turkle, *Life on the Screen: Identity in the Age of the Internet*, London: Weidenfeld & Nicolson, 1996.

Sherry Turkle, *Alone Together: Why We Expect More from Technology and Less from Each Other*, New York: Basic Books, 2011.

Steven Jones, *Virtual Culture: Identity and Communication in Cyberspace*, London: SAGE Publications Ltd. , 1997.

Sara Kiesler, *Culture of the Internet*, NJ: Lawrence Erlbaum Associates, 1997.

Sandel M. , *Liberalism and the Limits of Justice*, Cambridge: Cambridge University Press, 1982.

Wertheim, Margaret, *The Pearly Gates of Cyberspace: A History of Space from Dante to the Internet*, New York: W. W. Norton, 1999.

William J. Mitchell, *City of Bits: Space, Place and the Infobahn*, MA: MIT Press, 1995.

William H. Dutton, *Society on the Line: Information Politics in the Digital Age*, London: Oxford Univ. Press, 1999.

论文类

Antoine Naud, Shiro Usui, "Exploration of a Text Collection and Identification of Topics by Clustering", *Lecture Notes in Computer Science*, No. 12, 2007.

Brenda Danet, Lucia Ruedenerg-Wright, Yehudit Rosenbaum-Tamari,

"Writing, Play and Performance on Internet Relay Chat", *JCMC*, Vol. 2, No. 4, 1997.

Beyers, W. & Cok, F., "Adolescent Self and Identity Development in Context", *J Adolesc*, Vol. 31, No. 2, 2008.

Brunet, P. M. & Schmidt, L. A., "Is Shyness Context Specific? Relation between Shyness and Online Self-disclosure with and without a Live Webcam in Young Adults", *Journal of Research in Personality*, Vol. 41, No. 4, 2007.

Coleman R., "Public Life and the Internet: If You Build a Better Website, Will Citizens Become Engaged?", *New Media Society*, Vol. 10, No. 2, 2008.

Dahah M. Boyd, Nicole B. Ellison, "Social Network Sites: Definition, History, and Scholarship", *Journal of Computer-Mediated Communication*, Vol. 13, No. 1, 2007.

Douglass, D. W. M., "Cyberself: The Emergence of Self in On-line Chat", *The Information Society*, Vol. 13, No. 4, 1997.

Dunn, R. A. & Guadagno, R. E., "MyAvatar and Me Gender and Personality Predictors of Avatar-self Discrepancy", *Computers in Human Behavior*, Vol. 28, No. 1, 2012.

Gronlund K., "Wing and not Wing: The Internet and Political Information", *Scandinavian Political Studies*, Vol. 30, No. 3, 2007.

Gerhards J., &Schafer M. S., "Is the Internet a Better Public Sphere? Comparing and New Media in the USA and Germany", *New Media &Society*, Vol. 12, No. 2, 2010.

Granovetter, M., "The Strength of Weak Ties: A Network Theory Revisited", *Sociological Theory*, No. 1, 1973.

J. C. R. Licklider, Robert W. Taylor, "The Computer as a Communication Device", *Science and Technology*, No. 4, 1968.

John Suler, "The Online Disinhibition Effect", *International Journal of Applied *Psychoanalytic Studies*, No. 2, 2005.

Jim Kelly, "The 'Shock' of the News Magazine Death: Tina Brown, Robert Hughes, and the Dwindling Cult of Authority", *Vanity Fair*, No. 10, 2012.

Jin, S. A., "The Virtual Malleable Self and the Virtual Identity Discrepancy Model: Investigative Frameworks for Virtual Possible Selves and others in Avatar-basedidentity Construction and Social Interaction", *Computers in Human Behavior*, Vol. 28, No. 6, 2012.

John Perry Barlow et al., "What are We Doing on Line?", *Harper's*, No. 8, 1995.

John Paolillo, "The Yrtual Speech Community: Social Network and Language Tlariation on IRC", *JCMC*, Vol. 4, No. 4, 1999.

Mesch, G. S. & Beker, G., " Personal Information. Are Norms of Disclosure of Online and Offline Associated with the Disclosure of Personal Information Online?", *Human Communication Research*, Vol. 36, No. 4, 2010.

McCoy M. E., "Dark Alliance: News Repair and Institutional Authority in the Age of the Internet", *Journal of Communication*, Vol. 51, No. 1, 2001.

Nah S., Veenstra A. S. & Shah D. V., "The Internet and Anti-War Activism: A Case Study of Information, Expression, and Action", *Journal of Computer-Mediated Communication*, Vol. 12, No. 1, 2006.

Philip N. Howard, Muzammil M. Hussain, "The Role of Digital Media", *Journal of Democracy*, Vol. 22, No. 3, 2011.

Ron Rosenbaum, "The Spy Who Came In From The Cold 2.0", *Smithsonian Magazine*, No. 1, 2013.

Schumacher, P. & Morahan-Martin, J., "Gender, Internet and Computer Attitudes and Experiences", *Computers in Human Behavior*, Vol. 17, No. 1, 2001.

Steven J. H. , "Divergent Consequences of Success and Failure in Japan and North America: An Investigation of Self-improving Motivations and Malleable Selves", *Journal of Personality and Social Psychology*, No. 4, 2001.

Stanley Milgram, "The Small World Problem", *Psychology Today*, No. 2, 1967.

Stephen Marche, "Is FacebookMaking Us Lonely?", *ATLANTIC*, No. 5, 2012.

Tim Merel, "Digi-Capital", *Global Video Games Investment Review*, No. 2, 2011.

Tsai, C. , Lin, S. S. J. & Tsai, M. , "Developing an Internet Attitude Scale for High School Students", *Computers & Education*, Vol. 37, No. 1, 2001.

Wolfendale, J. , "MyAvatar, Myself: Virtual Harm and Attachment", *Ethics and Information Technology*, Vol. 9, No. 2, 2007.

Xujun Eberlein, "Human Flesh Search: Vigilantes of the Chinese Internet", *New America Media*, Vol. 30, No. 4, 2008.

Yee, N. , "Motivations for Play in Online Games", *CyberPsychology & Behavior*, Vol. 9, No. 6, 2006.

Yee, N. Bailenson, J. N. , "The Proteus Effect: The Effect of Transformed Self-representation on Behavior", *Human Communication Research*, No. 33, 2007.

Zhang W, et al. , "The Revolution Will be Networked: The Influence of Social Networking Sites on Political Attitudes and Behavior", *Social Science Computer Review*, Vol. 28, No. 1, 2010.

后　　记

本书是国家社科基金青年项目"微时代"技术引发的青少年虚拟自我认同危机及良性虚拟自我意识养成研究（批准号 14CZX057）和辽宁省"百千万人才工程"项目（编号 2020921124）的最终研究成果。

书稿付梓之际要感谢的人很多。首先要感谢国家社科基金对本项目的资助，使我能够对这一领域进行较为深入的研究。衷心感谢沈阳师范大学马克思主义学院的各位领导和老师们给予的大力支持和帮助。特别感谢我的导师，大连理工大学王前教授，他在本书写作过程中给予的中肯意见，大大提升了本书的学术水平。衷心感谢中国社会科学出版社赵丽老师为本书出版所付出的辛勤劳动，她的校改为本书增添了诸多成色。感谢我的研究生张媛、牛梦芸、梁爽，她们分别为本书的第三章、第四章、第五章做了大量的资料收集与整理工作，在此一并感谢。本书非一家之言，我力求一一列入参考文献，若有遗漏，敬请谅解，在此向所参阅文献的作者们致谢。最后要感谢我的家人，他们是我前进的不懈动力。

本书对"微时代"技术引发的青少年虚拟自我认同危机及良性虚拟自我意识养成问题进行了初步的理论分析，但"微时代"背景下的网络技术哲学研究和虚拟自我问题研究，还需要进一步吸收西方技术哲学的合理成分和思想精华，更密切地联系中国社会发展的实际情况。要充分发挥网络技术哲学研究的现实作用，就需要将技术哲学研究同技术教育、技术管理、技术评估有效地结合起来，在解决现实问题中进一步发挥其应有价值，这些将是本人日后进一步研究的方向所在。由于学养有限，书中一定存在诸多纰漏之处，万祈专家和读者悉心指导，我将不胜感激。

昔日的求道艰辛，皆化作今日之成绩。路漫漫其修远兮，吾将上下而求索！

徐琳琳　谨谢

2019 年 12 月 15 日于沈阳